U0157932

"卓越教师教育精品丛书"编委会

卓越教师教育精品丛书

化学教育研究方法与案例分析

李 佳 王后雄 主编

科学出版社

北京

内 容 简 介

本书旨在帮助化学教师成为高素质的研究者。全书包括理论基础、研究方法、数据分析与成果总结三部分，共十二章。理论基础部分介绍化学教育研究的本质，讨论一些基本概念和范式，采用案例向读者展示如何提出化学教育问题，介绍文献检索的基本方法与文献综述的写作技巧，展示研究设计与实施过程的概貌。研究方法部分描述并举例说明化学教育研究中最常使用的五种研究方法（实验研究、调查研究、课堂观察、行动研究、内容分析法）。数据分析与成果总结部分说明如何分析定量与定性资料，如何撰写研究报告、学术论文、学位论文等。

本书可以作为师范院校化学教育专业学生的教学用书，也可作为一线化学教师、化学教育研究者的参考资料。

图书在版编目（CIP）数据

化学教育研究方法与案例分析/李佳，王后雄主编. —北京：科学出版社，2020.11

（卓越教师教育精品丛书）

ISBN 978-7-03-066924-7

Ⅰ.①化…　Ⅱ.①李…　②王…　Ⅲ.①化学教学-教学研究　Ⅳ.①O6

中国版本图书馆 CIP 数据核字（2020）第 225838 号

责任编辑：乔宇尚　孙静惠/责任校对：杨　赛

责任印制：张　伟/封面设计：华路天然工作室

科 学 出 版 社 出版

北京东黄城根北街 16 号

邮政编码：100717

http://www.sciencep.com

固安县铭成印刷有限公司 印刷

科学出版社发行　各地新华书店经销

*

2020 年 11 月第　一　版　　开本：787×1092　1/16

2023 年 2 月第三次印刷　　印张：20 3/4

字数：484 000

定价：69.00 元

（如有印装质量问题，我社负责调换）

《化学教育研究方法与案例分析》编委会

本丛书获得华中师范大学国家教师教育创新平台教师教育理论创新与实践研究项目资助

湖北省教育科学规划 2020 年度重点课题"中学教师学科德育能力现状与发展路径研究"（项目编号：2020GA011）、湖北省高校学生工作精品项目"基于移动学习共同体的卓越化学教师班级建设路径研究"（项目编号：2018XGJPB3002）、重庆市人文社会科学重点研究基地项目"科技馆科学教育活动国际比较研究"（项目批号：18SKB035）、华中师范大学 2019 年教学研究项目"智能时代卓越化学教师化学学科核心素养测评与提升研究"（项目编号：201904）成果

前　言

　　20世纪80年代以来，"教师成为研究者"（teachers as researchers）已经成为一个新的口号，它作为教师专业化发展的同义语，已经成为一个蓬勃发展的研究领域和新的焦点。教师是教育改革的关键性因素。要想使教育改革得以实施，就必须提高教师素质，促进教师专业化发展，使教师成为研究者，改变教师的职业形象，使教师不仅具有崇高的社会地位，而且具有崇高的学术地位。为了帮助化学教师成为高素质的研究者，华中师范大学化学学院为化学教育专业本科生、化学课程与教学论专业与学科教学（化学）专业硕士研究生开设了专业选修课程"化学教育研究方法与案例分析"，并在专业必修课程"化学教学论"中设置专门章节辅导学生学习化学教学研究设计，为学位论文的设计、写作打基础，也为教师专业发展奠定能力基础。但市场上已出版的相关教材或者缺少化学教育研究的特点，或者以非常抽象的理论字眼呈现研究方法的理论逻辑，读者难以借此实施具体的研究。承担上述课程的教师只好依据课程目标重新架构课程讲义，寻找新鲜、合适的案例，为学习者剖析化学教育研究原理、设计程序、研究实施与评价、论文写作等。经过多年的教学积累，华中师范大学化学教育研究所一直酝酿以现有讲义等资源为基础，吸纳同类教材之精华，编写化学教育研究者所需的教科书。

　　为了帮助读者了解化学教育研究所依据的理论原则，向读者提供理解化学教育研究过程（包括从想法的形成到数据的分析与解释等）所必需的基础知识，帮助读者运用这些知识解决对感兴趣的某个化学教育问题，阅读和理解化学教育研究文献，设计并实施自己的研究计划，本书较全面地阐述化学教育研究的一般原理、研究设计与实施的程序，并以具体案例的形式分析研究方法的选择与运用，展现定性、定量研究数据的分析与统计，说明课题申请书、研究报告、学位论文等的撰写规范及评价，向读者展现出化学教育研究的主要理论和方法架构，帮助读者对化学教育研究设计形成比较全面的了解。

　　本书包括三部分，共十二章。第一部分为理论基础，由四章构成，介绍化学教育研究的本质，讨论一些基本概念和程序，采用清楚适宜的案例，向读者展示如何提出一个研究问题以探讨感兴趣的化学教育问题，介绍文献综述的基本方法与写作技巧，展示研究设计与实施过程的概貌。第二部分为研究方法，描述并举例说明化学教育研究中最常使用的五种研究方法（实验研究、调查研究、课堂观察、行动研究、内容分析法），每一章都以公开发表的研究文献结束，并对每个研究案例进行系统分析。第三部分为数据分析与成果总结，说明如何分析定量与定性资料，如何进行教育研究数据的统计，如何撰写研究报告、学术论文和学位论文等，并以案例的形式分析如何申报各级课题。

　　本书在设计上具有如下特点。

　　研究练习：本书按照研究者在提出一个研究方案或者实施一个研究计划时常常遵循的步骤，组织了第一部分内容，并要求完成一定的研究练习，以促进对概念的理解和研究计划的设计。

　　案例分析：本书提供了大量研究案例，并以评注的形式说明具体方法的使用，分析了每项研究的优点与不足，并提出了可能的改进意见。

表述风格：全书以清楚、易懂的方式表述，在陈述中融入案例和总结性的图、表等。每章开头都列出学习目标，结尾配有小结和讨论的问题。

拓展性资源：为了方便读者获得更多化学教育研究的拓展性学习资源，本书建设了配套微信公众号"化学教育研究与实践"（CERP），为本书赋予了动态生成性，为读者提供更多的化学教育研究案例和方法论指导，也为广大的教师移动学习共同体成员提供了进一步深入探讨的平台。

本书的写作历时八年，成稿得益于湖南师范大学吴鑫德教授，华中师范大学崔鸿教授、乔翠兰教授，江西师范大学姜建文教授，河南师范大学刘玉荣教授，重庆师范大学许应华教授，合肥师范学院姚如富教授，西南大学皇甫倩副教授等同行的悉心帮助，得益于华中师范大学化学教育研究所全体成员的共同努力。研究生陈肖宇、陈元、张思佩、李凤、郑美菊、王玥、田颖、胡倩、代云参与了书稿的文献整理工作，研究生李露、李云爽、马凯旋、刘艳、谢嘉玲、张文芝、汪灵娇等参与了书稿的修订工作。在此感谢他们付出的辛勤劳动。

最后，真诚感谢华中师范大学教师教育学院洪早清教授、吴伦敦教授、吴军其教授、何静院长、吴梦文副院长等专家、领导的无私帮助，感谢科学出版社编辑团队不辞辛劳的巨大付出。

由于作者的水平和能力有限，书中尚有诸多疏漏之处，恳请广大读者和同仁不吝赐教。

华中师范大学化学教育研究所

李　佳　王后雄

2020 年 7 月于桂子山

目　录

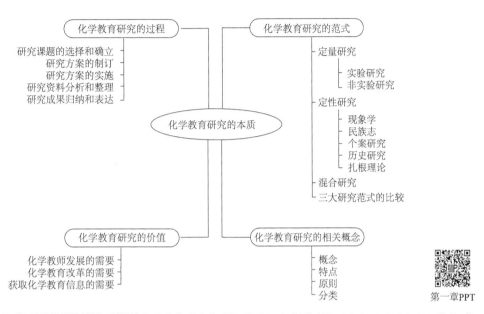

第一章PPT

学习目标

◇ 解释"化学教育研究"这一术语的含义，并举出教育研究者可能会研究的两个化学教育研究选题。

◇ 解释科学研究的方法学知识对化学教育研究者的价值。

◇ 能够解释三种主要研究范式分别适用于何种情况。

◇ 简要描述研究过程的基本组成部分。

社会快速发展，越来越需要人们以研究的态度对待生活与工作，化学教育领域更是如此。让教师成为研究者和反思的实践者已成为教师专业发展的重要路径。在当代中国，教育改革需要吸取以前的经验教训，并将教师的积极参与视为决定教育改革成败的一个重要因素。化学教育工作者必须更深入地理解教育研究的理论和方法。

第一节 化学教育研究的相关概念

思考题

1. 什么是化学教育研究？

2. 化学教育研究的研究领域是什么？与普通的教育研究的区别在哪里？

一、化学教育研究概述

从汉语构词的角度来看，"研"有探求考察之意，"究"本意为溪流的尽头，可引申为事物的本质，所以"研究"是指探求事物的本质。《现代汉语词典》对研究有两种解释："探求事物的真相、性质、规律等"；"考虑或商讨（意见、问题）"。[①]一般认为"研究"是一种系统的探究活动，是人们探求事物真相、性质或规律以便发现新的事物、获得新信息的活动，[②]也可视为有计划、系统性地收集、分析并解释资料以有效地解决问题的历程[③]，研究从根本上说是一种活动或一个过程，有如下五个基本特征：研究是经验的、系统的、有效的、可靠的，研究可能有多种形式。[④]

教育研究是以发现或发展科学知识体系为导向，通过对教育现象的解释、预测和控制，促进一般化原理、原则的发展。教育研究作为科学研究的一种形式，与所有科学研究一样具有以上五个基本特征，也是由三个基本要素组成：客观事实、科学理论和方法技术，同样执行着解释、预测和控制的功能，只是研究对象的特点不同，其宗旨是解决一定的教育科学问题[⑤]。

要全面实现化学教育的教育目标，有效地提高化学教育的质量，就必须按照其规律实施教育教学活动，而这有赖于化学教育研究的开展。化学教育研究是从客观存在的化学教育事实和现象出发，采用科学的方法，对有关的化学教育问题进行分析、解决，从而发现化学教育规律，促进化学教育发展的科学研究活动。研究内容包括化学教育思想、化学教育目标、化学教育内容、化学教育方法、化学教育评价等化学教育系统问题，以及开展化学教育科研的基本过程和方法等。[⑥]

化学教育研究具有一般教育研究方法的特点。

（1）研究的目的在于探索教育规律，以解决重要的教育理论与实践问题为导向。无论是以发现或发展一定的原理、原则、方法或理论为目的的探索性研究，还是以寻求解决现实问题答案的对策性研究，都要求做出理论说明和进行逻辑论证，而不是简单的资料收集或言论罗列。

（2）要有研究问题及科学假设，研究问题有明确的目标和可供测量的指标。

（3）有科学的研究设计，准确系统的观察记录和分析，并收集可靠的资料数据。也就是说，要以充分的科学事实和一定的数据作为依据形成结论。

（4）强调方法的科学性。化学教育研究所运用的科学方法是可辨认的，其运用过程和研究结果可以在实践中检验。

（5）重视研究的创造性。对原有理论体系、思维方式及研究方法有所突破，这是研究最重要的特点。

化学教育研究还有区别于普通教育研究的特点，主要表现在：研究对象的独特性，研

① 中国社会科学院语言研究所词典编辑室. 现代汉语词典[M]. 7版. 北京：商务印书馆，2016：1507.

② 陈秀珍，王玉江，张道祥. 教育研究方法[M]. 济南：山东人民出版社，2014：2.

③ 苗深花，韩庆奎. 现代化学教育研究方法[M]. 北京：科学出版社，2009：4.

④ 维尔斯曼 W. 教育研究方法导论[M]. 袁振国，译. 1997. 北京：教育科学出版社.

⑤ 裴娣娜. 教育研究方法导论[M]. 合肥：安徽教育出版社，2000：4.

⑥ 毕华林. 化学教育科研方法[M]. 济南：山东教育出版社，2001：1.

究问题的针对性、实践性等。同时化学教育研究也带有很强的综合性和整体性，研究的周期较长，需要化学教育科研工作者与一线化学教师积极参与。

二、化学教育研究的基本原则

（一）客观性原则

在教育科学研究过程中要坚持实事求是，一切以客观实际为准绳，根据事实本来面目加以考察，排除一切主观偏见。要有严肃的科学态度和严谨的工作作风，要坚持从实际出发。

（二）创新性原则

密切关注本研究领域和研究方向的研究动态，及时发现那些还未被研究或者未被解决的问题，要多角度思考问题，善于从那些已经被研究过的问题中发现新的创造空间。

（三）伦理性原则

在教育研究过程中所采用的方法必须符合当前的道德伦理，尊重研究者和参与研究者的权利，尊重参与研究者的隐私和秘密，慎重解释研究材料或研究结果，避免给研究对象或教育实践造成消极的后果。[1]

（四）效用性原则

化学教育研究应当密切结合我国化学教育事业发展的实践需要和实际问题，重视教育理论的建构及其对教育的指导作用，形成和发展教育理论，努力运用教育理论指导教育实践，推动教育理论和实践向前发展。

（五）生态性原则

在教育研究过程中要考虑研究的生态效应。生态效应，即研究的外部效度，研究效果的普遍代表性、适用性、可推广性。在进行科学研究设计和方法选择时，都要考虑研究情境与真实教育情境是否相符，只有相符研究结果才有一定的代表性，才有较好的生态效应。

（六）系统性原则

在教育研究过程中，要用整体系统的观点来看待教育现象，指导科研活动。教育是一个复杂的系统，内部各个元素相互联系，与外部的家庭、社会有各种联系。当研究某一教育问题时，要尽量分析教育内部各种联系，从多角度考虑，才能较全面、系统地把握问题。[2]

三、化学教育研究的基本类型

目前常用的分类方式有以下几种。

---

① 陈秀珍，王玉江，张道祥. 教育研究方法[M]. 济南：山东人民出版社，2014：4-5.
② 卢家楣. 教育科学研究方法[M]. 上海：上海教育出版社，2012：20-22.

（一）按研究目的、功能、作用分

按研究目的、功能、作用的不同，可以将化学教育研究分为基础研究和应用研究。基础研究的主要目的在于发展和完善理论。通过研究，寻找新的事实，阐明新的理论或重新评价原有理论，它回答的是"为什么"的问题，与建立化学教育科学的一般原理有关。例如，关于化学教育本质、化学教学过程规律（揭示内在一系列关系）、化学教育目的论等的研究，宗旨在于如何建立具有中国特色的现代化学教育理论体系。应用研究用于应用或检验理论，评价它在解决教育实际问题中的作用。应用研究具有直接的实际应用价值，解决某些特定的实际问题或提供直接有用的知识，回答"是什么"的问题。目前绝大多数化学教育研究是应用研究，如基于化学学科核心素养的教学研究、高中化学学业水平考试的研究等。基础研究与应用研究的划分有时是相对的，常常互为补充。基础研究提供解决教育问题的理论，应用研究提供事实材料去支持和完善理论，或促进新理论的产生。

（二）按研究方法分

按研究方法的不同，又可以将化学教育研究分为历史研究、调查研究、课堂观察研究、实验研究等。

第二节 化学教育研究的价值

当前，"科研兴教""向教育科研要质量"已经成为中小学教育改革过程中的重要观念和教育工作者的迫切愿望。化学教育研究也越来越受到化学教育工作者的重视，在教育面临多种挑战和变革的今天，开展化学教育研究意义重大，势在必行。化学教育研究如此重要，其研究价值是什么？

一、化学教育研究是化学教师发展的需要

长期以来，化学教师在教育活动中的任务被认为是"传道、授业、解惑"。只要具备了一定的教育学、心理学和化学学科的专业知识，能够参考行政人员、教育专家、化学教科书编纂者的指导，把有关的知识传授给学生，就能胜任"化学教师"这一角色。化学教师进行化学教育教学活动，或依靠前人已经总结出的研究成果，或依靠自己在实践中摸索得到的经验做法，缺乏对化学教育教学过程中存在的问题进行系统的分析和研究，以及对自身的教学行为进行理性的思考和评定。在人们的观念中，化学教师只是一个知识的传递者，一个"教书匠"。

现代科学技术的迅猛发展，尤其是信息技术的广泛应用，对学校教育提出了新的挑战，提高了人才培养的规格。要培养社会发展所需的高素质人才，就必须对学校教育进行深刻的变革。教师作为教育改革的关键性因素，必须适应这种新的变革和挑战，如转变传统的"教书匠"观念、重视培养学生的创新精神和实践能力等。所以，教师必须认真反省自身的教育实践，积极探讨教书育人的新规律、新方法，参与化学教育研究，成为教育实践的研究者、探索者，而这也是化学教师专业化发展的重要途径。

具有化学教育研究的意识和能力也是 21 世纪化学教师必须具备的基本素质。化学教育教学过程是一个复杂的活动过程，与教学有关的各方面因素总是在不断地发展变化。此外，化学教师在职前教育和职后培训中所学习的大多是抽象的教育理论知识，它们只具有相对的概括性与理论性，而且这些抽象、概括的理论知识并不能直接地"驱使"教育实践，而需要一个"媒介"，这个"媒介"就是化学教育研究。教师直接参与化学教育研究，能增强教师工作的责任感，并有助于教师针对教学实践中的具体问题，创造性地运用相关理论知识来解决。这样，教师的教学理论与教学实践紧密地结合起来，既提高了教育理论研究成果对具体教学实践变革的驱动力，又有利地促进了教师教育观念的更新，不断改善教师的教学行为，逐渐形成可持续发展的化学教育教学能力。[①]

思考题

你开展过化学教育研究吗？它对你自身的发展有哪些促进作用？

二、化学教育研究是化学教育改革的需要

随着时代的发展，人们越来越清楚地意识到教育对社会发展与进步的重要性，教育改革已成为全社会关注的焦点。由"应试教育"向"素质教育"全面转轨，从关注"三维目标"到关注"核心素养"，涉及教育思想、教育内容、教育方法、教育评价等多方面的综合改革。教育改革需要教育研究的大力开展，教育研究正成为教育改革的一个重要组成部分。

化学教师不仅是教育改革的实践者，更是教育改革的研究者。教育研究能更新化学教师的教育思想观念，为顺利实现教育改革扫除障碍。化学教师先进的教育思想观念并不是凭空就能产生的，它必须建立在对化学教育本质的正确理解上，对化学教育发展的趋势和方向的正确判断上。化学教育研究通过探索化学教育的内在规律，分析影响化学教育的各方面因素，树立科学的化学教育思想观念，从而保证化学教育改革的顺利进行。

教育改革的最终目的就是提高学校的教育质量，而教师的教育教学方法是贯彻教育思想、实现教育目标的关键性因素。科学有效的教学方法的获得，同样也离不开化学教育研究。实践表明，通过教育科研可以揭示影响学生化学学习的各变量之间的关系，从而选择恰当的教学方法和教学策略，有效地促进学生的学习。例如，化学教师通过深入研究化学学科的特点及学生学习化学的规律而提出的"实验探究教学法"，既调动了学生学习化学的兴趣，充分体现了学生学习化学的主体性和探究性，也有力地促进了学生对化学知识的理解，这是培养学生的科学素养的有效途径。

教育要改革，教育研究需先行。化学教育改革是一部发动机，推动着化学教育的创新和发展，而化学教育研究则是燃料仓，能够为化学教育改革提供先进的教育教学思想和方法等重要保障。开展化学教育研究既是教师发展的迫切需要，更是教育改革的强烈需要。

① 毕华林. 化学教育科研方法[M]. 济南：山东教育出版社，2001：3.

三、化学教育研究是获取化学教育信息的需要

教育管理部门、化学教师、家长、学生如何才能获得有用的化学教育信息呢？当然，获取化学教育信息的方法有很多，既能查阅书籍，又能向专家咨询，也能询问或观察有相关经验的同伴的做法，抑或参考自己过去的经验，甚至依靠直觉等，但这并不总是可靠的。所查资料文献也可能没有任何有价值的观点；专家也不可能永远是对的；同伴也许在这个问题上没有经验；个人的经验或直觉也可能与这件事无关或者是被曲解了。

这也正是化学教育研究的价值所在。科学方法提供了另外一种获得信息的方法，这些信息是我们所能获得的最精确和最可靠的信息。那么，这种方法是什么？

从本质上来说，它涉及在公开场所检验观点的问题。在我们所体验到的感觉信息中，我们基本上都能建立关系、看到关系或联系，几乎所有人把这种关系看作"事实"，即我们所生活的这个世界的知识元素。例如，我们可以推论，在化学课堂上教师讲授可能不如让学生参加讨论更能使他们集中注意力。但在上述的例子中，我们并不能肯定我们的想法就是正确的。我们正在做的事仅仅只是推测或预感，或者说是假设。

现在必须要做的事就是对每种推测或预感进行严格的检验，看看它们在其他条件下是否也成立。为了科学地研究关于学生注意力的推测，就要仔细而系统地观察在进行讲授或课堂讨论时学生的注意力如何。

但是，这类研究并不能构成科学，除非它们能公开进行。这暗示着研究的所有方面都要被充分详尽地描述，以便人们随时检验。这些程序可以归结为以下五个独立步骤[①]。

第一，发现某类问题干扰了我们的生活。但我们绝大部分人都不是科学家，这种干扰可能成为压力，或造成正常生活程序的中断。对科学家来说，这可能就是个别知识领域中不能解释的差异，是一个需要被填补的缺口。

第二，采取一些步骤来更精确地定义要回答的问题，以便更清楚地了解研究的真正目的。

第三，尝试确定什么样的信息能够解决这一问题。

第四，尽可能地确定如何组织所获得的信息。

第五，在收集和分析信息之后，还必须对结果进行解释。

在许多研究中，对某一问题或现象可能有多种解释，称为假设。假设可以出现在研究的任何阶段。一些研究者在研究开始时就提出假设，如"在课堂讲授时学生的注意力比课堂讨论时差"。在其他情况下假设是在研究的过程中提出的，有时是在对收集到的信息进行分析和解释时提出的。我们想强调科学研究的两个关键特征：自由的思考和公开的程序。在研究的每一步中，最重要的是研究者要尽可能地对所有的可能性保持一种开放的态度，即关注和澄清问题、收集和分析信息、解释结论。此外，研究程序也要尽量公开，它并不是一项由知情者进行的秘密游戏。科学研究的价值也正在此，它能被任何对此感兴趣的人所重复。

总之，所有研究在本质上都源于好奇心，即找寻一种事物发生的方式和原因的愿望。对科学的一种常见误解产生了这样一种观念，即对某个问题有一种固定的一劳永逸的答

---

① 杰克·R. 弗林克尔，诺曼·E. 瓦伦. 美国教育研究的设计与评估[M]. 4 版. 蔡永红，等译. 北京：华夏出版社，2004：6.

案。这种错误的观念使我们形成了一种倾向，即倾向于接受或严格地坚持对非常复杂的问题给予过分简单的解答。尽管确定性对我们有吸引力，但它却违反了科学的基本前提：只要有新的观点和证据作保证，那么所有结论都应该被看成暂时的和允许改变的。对化学教育研究者来说，牢记这点非常重要。

思考题

科学研究的方法学知识为什么对化学教育研究者有价值？

第三节　化学教育研究的范式

研究范式是一个研究群体所持有的研究视角，是建立于一系列共享的假设、概念、价值观和实践基础上的，它是一种思考和开展研究的方法。[1]本节介绍三种主要的化学教育研究范式：定量研究（quantitative research）、定性研究（qualitative research）和混合研究（mixed research）。

一、定量研究

在介绍定量研究的不同方法之前，我们先了解变量的概念，因为定量研究者经常通过变量来描述世界，他们试图通过阐明变量间的关系来解释和预测世界的各个方面。

（一）变量

变量是能够承载不同的值或类别的条件或特征。例如，智力是教育领域常被研究的变量，不同人的智力有高有低；年龄是另一个从低到高的变量。为了更好地理解变量的概念，可与"常量"进行对比。常量是一个变量的单一值或类别，如"性别"变量是两个常量的集合：男性和女性。"男性（女性）"类别（即常量）仅仅是一个事物的集合。

上面提到的变量（年龄和性别）其实是不同类型的变量。年龄是定量变量，而性别是类别变量。定量变量是随程度或数量变化而变化的变量，通常涉及数字。类别变量是随类型或种类变化而变化的变量，通常涉及不同群体。年龄承载数字（如几岁），而性别承载两个类型或种类（男性和女性）。

此外，变量的另一种分类是自变量和因变量。自变量是被认定为引起另一个变量发生变化的变量。有时，自变量被研究者操纵（研究者决定自变量的值）；其他时候，自变量由研究者研究但不被操纵（研究者对自变量自然发生的变化进行研究）。自变量是先行的变量，因为如果它要制造变化，就必须要在其他变量之前出现。因变量是被认定为由一个或多个自变量影响的变量。当自变量的变化倾向于引起因变量的变化时，自变量与因变量之间就会产生因果关系。有时，研究者称因变量为结果变量或反应变量。

另一个类型的变量是干预变量（通常也称中介变量）。干预变量或中介变量出现在因

---

① 约翰逊 B，克里斯滕森 L. 教育研究：定量、定性和混合研究[M]. 4 版. 马健生，等译. 重庆：重庆大学出版社，2015：31.

果链中两个其他变量之间。如果用 X 代表自变量，用 Y 代表因变量，可以写成 $X{\rightarrow}Y$。箭头"$\rightarrow$"表示"倾向于引起变化"或"影响"，即"自变量 X 的变化倾向于引起因变量 Y 的变化"。在 $X{\rightarrow}Y$ 中，只有一个自变量和一个因变量。在 $X{\rightarrow}I{\rightarrow}Y$ 中，有一个干预变量 I 出现在另外两个变量之间。识别干预变量是很重要的，因为这些变量可以帮助解释自变量引起因变量发生变化的过程。

最后一种变量是调节变量。调节变量是改变或调节其他变量关系的变量。它描绘不同条件或情境下，不同类型的人之间关系是如何变化的。例如，你可能分析一套研究数据，发现用讲座法教出来的学生与用小组学习法教出来的学生取得的分数差别极小或没有。在这个例子中，人格类型是一个调节变量，教学方法和成绩的关系由学生的人格类型决定。了解调节变量很有帮助，这样教师就能相应地调节教学方法了。

（二）基本过程

定量研究通常经历以下八个基本步骤：第一，基于该领域已有研究及理论基础，建构理论框架。第二，基于研究问题形成理论假设。第三，为了增强量化研究的操作性，对核心概念明确操作性定义。第四，明确研究对象的总体，确定抽样方案，选择样本或受试者。第五，设计研究工具并利用工具采集数据。如果是调查研究，通常需要设计访谈提纲或调查问卷。如果是实验研究，则需要设计实验组与控制组。第六，实施观察、访问或问卷调查，收集数据。第七，采用人工或计算机软件处理并分析数据。第八，根据数据分析结果，做出合理推论和总结，形成研究结论。如图 1-1 所示。

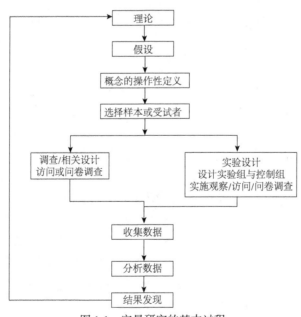

图 1-1　定量研究的基本过程

（三）实验研究

实验研究的目的是判断因果关系。实验研究方法能够使我们识别因果关系，因为它允许我们在可控的条件下观察系统改变一个或多个变量的效果。具体地说，在实验研究中，研究者操纵自变量，然后观察发生的事情。于是，操纵作为实验者研究的干预行为，是实验研究关键的定义和特征。在研究因果关系时，操纵的运用是基于因果关系的活动理论。只有实验研究才涉及积极的操纵。正因如此（因为实验控制），在所有研究方法中，实验研究对因果关系的存在提供了最有力的证据。

（四）非实验研究

如果想要研究因果关系，应该开展一项实验，但有时这并不可行。当重要的因果类研究问题亟待回答却不能开展实验时，研究仍然必须进行。在研究中，我们试图竭尽所能地做到最好，但是有时，这意味着我们必须使用较薄弱的研究方法。例如，在 20 世纪 60 年代有大量研究涉及吸烟与肺癌的关系。用人类做实验研究是不可能的，也是不道德的。因此，除了用实验室动物做实验研究之外，医学研究者依赖于非实验研究方法对人类进行了大量研究。

一种非实验研究有时被称为因果比较研究。在因果比较研究中，研究者研究一个或多个类别自变量与一个或多个定量因变量的关系。在最基本的情况下，有一个类别自变量与一个定量因变量。自变量是有类别的（如男性和女性、家长和非家长），因此不同组别的因变量平均分可以拿来比较，从而判断自变量与因变量之间是否存在关系。另一种非实验研究方法被称为相关研究。和因果比较研究一样，在相关研究中，自变量不被操纵。相关研究中，研究者研究一个或多个定量自变量与一个或多个定量因变量的关系；也就是说，在相关研究中，自变量与因变量都是定量的。

二、定性研究

定性研究是基于定性数据，倾向于遵循科学方法的探究性模式。常见的定性研究包括：现象学、民族志、个案研究、历史研究、扎根理论。[①]

（一）现象学

现象学是定性研究的第一大主要类型。当开展现象学研究时，研究者试图理解一个或多个个体是如何体验一种现象的。现象学研究的关键要素是研究者试图理解人们如何从自己的角度体验一种现象，其目标是进入每个参与者的内心世界，从而理解他（她）的视角和体验。

（二）民族志

民族志是教育领域最受欢迎的定性研究方法之一。民族志一词在字面上的意思是"关于人的著作"。当民族志学者开展研究时，他们致力于描述一个人群的文化并从群体成员的角度去了解作为一名成员的感受。也就是说，他们的兴趣在于记录一个人群所共享的态度、价值、标准、实践、互动模式、视角和语言等方面，他们也可能感兴趣于群体成员生产或使用的物质。例如，该群体的穿衣风格、民族食物、建筑风格。民族志学者试图使用

---

① 约翰逊 B，克里斯滕森 L. 教育研究：定量、定性和混合研究[M]. 4 版. 马健生，等译. 重庆：重庆大学出版社，2015：47.

整体性描述,也就是说他们试图描述群组成员是如何互动、如何走到一起组成一个整体的,对此可以理解为这个整体比各个部分之和要大。

（三）个案研究

在个案研究中,研究者提供了一个或多个个案的详细记述。个案研究尽管总是依赖于定性数据,但也使用多种方法。个案研究可以用来回答探究性、描述性和解释性研究问题。与关注一些现象的个体体验的现象学、关注于某个方面文化的民族志,以及后面介绍的关注于发展解释性理论的扎根理论相比,个案研究更加多样化。然而,所有纯粹的个案研究都有一个共同点,就是它把每个个案都当作存在于现实生活背景中的一个整体单位（即个案研究是整体性的）。

（四）历史研究

从事物发生、发展和消亡的过程中探索其本质和规律性的方法,称为历史研究法。历史研究又被称为叙事研究,是指对过去发生事件的了解和解释。历史研究的目的在于对以往事件的原因、结果或趋向研究,以有助于解释目前和预测未来事件。应用到化学教育研究上,它则是一种借助于已发表的论著与资料,从历史发展的角度研究化学教育,以提高对化学教育的认识与改进的方法。历史研究比较适合于进行纵向研究分析,适合于整个历史时期或很长一段时期的研究,其研究目的往往是探索一种趋势。借助于历史研究,不但可以了解某教育问题的过去和现在,还可以推知它的将来,并从中把握发展的轨迹。

（五）扎根理论

扎根理论是用研究中收集到的数据生成和发展一个理论的定性方法,是生成理论或解释的归纳性方法。扎根理论的首要任务是建立介于宏大理论和微观操作性假设之间的实质理论（即适用于特定时空的理论）,但也不排除对具有普适性的形式理论的建构。然而,形式理论必须建立在实质理论的基础之上,只有在资料的基础上建立实质理论以后,形式理论才可能在各类相关实质理论之上建立起来。这是因为扎根理论认为知识是积累而成的,是一个不断地从事实到实质理论,然后到形式理论演进的过程。建构形式理论需要大量的资料来源,需要实质理论的中介。如果从一个资料来源直接建构形式理论,这其中的跳跃性太大,有可能产生很多漏洞。此外,形式理论不必只有一个单一的构成形式,可以涵盖许多不同的实质性理论,将许多不同的概念和观点整合、浓缩,生成一个整体。这种密集型的形式理论与单一的形式理论相比,其内涵更加丰富,可以为一个更为广泛的现象领域提供意义解释。

三、混合研究

在混合研究中,研究者在一项单一研究或一系列相关研究中,混合或结合使用定量与定性的方法、手段或概念。研究中的定性和定量部分可能会同时进行或先后进行,用以回答一个研究问题或一系列相关问题。混合研究有助于改善研究质量,因为不同的研究方法有不同的优势和劣势。

　　在一项研究中结合两个（或更多）拥有不同优势和劣势的研究方法，就不太可能错过重要的东西或是犯错误。在研究方法中，实验研究可能很好地证明了因果关系，但是由于研究实验室的限制，在体现现实主义上存在局限。另外，民族志研究可能不能很好地证明因果关系，但是可以进行田野研究，使研究者观察自然状态下发生的行为，并因此提高现实性。当两种方法都被利用时，因果证据有力了，现实性也不再是个大问题。尽管通常在一项研究中使用超过一种研究方法不太现实，但应该意识到使用多重方法和策略的潜在好处。另外，即便研究者不在单一研究中使用多重手段或方法，已发表的相关研究也总是包括基于不同研究方法的研究。

　　当一项研究发现已经证明是采用了多种类型方法的研究，就可以更加相信它。我们认为，如果不同类型的研究都发现了相同的结果，那么这个研究发现就是被确证了。相反，如果不同的数据来源或研究类型获得了互为冲突的信息，那么就需要补充数据，来更彻底地探究现象的本质，并判断冲突的来源。也就是说，如果不同类型的研究得出了不同的研究发现，那么研究者就应该更深入地研究该现象，从而判断相互矛盾的结果产生的确切原因。

四、三大研究范式的比较

　　纯粹的定量研究依赖定量数据（数值型的数据）的收集，纯粹的定性研究依赖定性数据（非数值型的数据，如文字、图画）的收集。混合研究涉及定量和定性研究的混合。准确的、恰当的混合是由研究者面临的研究问题及情境性、实际性问题决定的。这三种研究范式对于解决教育领域面临的多方面复杂问题都是十分重要的。表 1-1 是这三种研究范式的比较。

表 1-1　定量研究、定性研究与混合研究的重点[①]

项目	定量研究	定性研究	混合研究
科学方法	验证性或"自上而下"的方法；研究者用数据来检查假设和理论	探究性或"自下而上"的方法；研究者基于实地研究所得数据来生成或构建知识、假设和扎根理论	验证性和探究性方法
本体论（现实/真理的本质）	客观的、物质的、结构的、一致同意的	主观的、精神的、个人的、构想的	多元主义；客观的、主观的、主体间的现实与其相互关系的评价
认识论（关于知识的理论）	科学的现实主义；寻找真理；通过对假设的实证性验证进行辩护；普遍的科学标准	相对主义；个体与群体的辩护；不同的标准	辩证的实用主义；实用主义的辩护（具体情况下什么为谁效力）；普遍的标准（如永远要遵循伦理）和基于某群体具体需要的标准的混合
有关人类思想与行为的观点	有规律的，可预见的	环境的、社会的、情境的、个人的、不可预见的	有活力的、复杂的、部分可预见的；多重影响的，包括环境/培育、生物/自然、自愿/代理、机会/偶然

---

① 约翰逊 B，克里斯滕森 L. 教育研究：定量、定性和混合研究[M]. 4 版. 马健生，等译. 重庆：重庆大学出版社，2015：47.

续表

项目	定量研究	定性研究	混合研究
最常见的研究目标	定量的/数值的描述、因果解释、预测	定性的/主观的描述、有移情作用的理解、探究	多重目标；提供复杂的、全面的解释与理解；理解多重视角
利益	识别普遍的科学法则；体现国家政策	理解并评价特殊群体及个体；体现地方政策	连接理论与实践；理解多重因果关系、定律式的（普遍的）因果关系及个别的（特殊的、个体的）因果关系；连接国家和地方的利益和政策
焦点	窄角镜头，检验具体的假设	广角的、"深角的"镜头，检验现象的广度与深度，从而获得更多了解	多物镜的焦点
观察的本质	在可控的条件下研究行为；孤立单一变量的因果	研究自然条件下的群体和个人；试图理解局内人的观点、含义和视角	研究多重情境、视角或条件；研究多重因素同时运作的效果
所收集数据的形式	使用结构化的、经验证的数据收集工具进行精确测量，基于收集的定量数据	收集定性数据，如深度访谈、参与式观察、田野记录、开放式问题，研究者是首要的数据收集工具	收集多种数据
数据的本质	变量	文字、图像、类别	变量、文字、类别和图像
数据分析	识别变量间的数据关系	使用描述性数据，寻找模式、主题和整体特征；评价差异/变化	分别地、结合地进行定量和定性分析
结果	可推广的发现，代表了总体客观的、局外人的观点	推广独特的发现、局内人的观点	提供了主观的局内人和客观的局外人的观点；多重维度和视角的呈现与整合
最终报告的格式	正式的统计报告（如有关联变量、方法的对比及对研究结论的统计意义的报告）	非正式的陈述性报告，有对情境的描述和相关参与者的直接引语	数字与陈述的结合

思考题

三大研究范式的异同点在哪里？你能举出3个化学教育研究的案例吗？

定量研究、定性研究和混合研究三大范式各有其独特的价值。定性研究倾向于使用探究性的科学方法来生成假设，加深对特定人、地和群体的理解（如个案研究、民族志、现象学和历史研究）。定性研究者一般对概化推广不感兴趣，唯独一个例外就是定性研究中的扎根理论。定性研究是以发现为导向，在自然条件下开展的。另外，定量研究一般是在严格控制的条件下进行的，倾向于使用验证性的科学方法，关注于假设检验。定量研究者希望找到思想和行为的普遍模式，并且使其得到广泛的推广。在混合研究中，研究者在一项单一研究或一系列相关研究中，混合或结合使用定量与定性的方法、手段，有助于改善研究质量。

第四节　化学教育研究的过程

一般的教育研究的过程包括确定问题、查阅文献、收集资料、分析资料、得出结论，而化学教育研究在研究过程处理上存在较大的弹性。一个具体的化学教育研究课题的完成，包含一系列步骤，即包括研究课题的选择和确立、研究方案的制定、研究方案的实施、研究资料的分析和整理、研究成果的归纳和表达。[①]

一、研究课题的选择和确立

化学教育研究从选题开始，这一步骤十分关键，决定化学教育研究的发展方向，也反映一个化学教育工作者研究水平的高低。一个好的研究课题，应该具备以下特点：问题必须有价值；问题必须有科学的现实性；问题必须具体明确；选题要新颖、有独创性；问题要有明确的内涵与外延、有可行性。

案例分析

高中化学概念学习的认知研究[②]

高中化学概念学习的认知研究中，研究的原因——概念学习是中学化学知识学习的主要内容，研究高中学生在化学概念学习和掌握过程中的认知和发展差异，从中寻找有效的教学方法和措施，具有非常重要的现实意义；该研究提出的三个问题——优秀生的成绩要好于落后生，但是造成该状况的原因何在呢（排除智力迟滞因素）？男女生在概念获得过程中是否有所不同呢？教育教学如何弥补这些认知差异呢？该研究的目的是：试图研究优秀生与后进生、男女生对高中化学概念的认知差异，寻找概念形成过程中的认知特点，分析和探讨产生认知差异的原因，从而更好地优化教学过程。

二、研究方案的制订

研究方案是对下一步工作的统筹性规划，提出并实施研究活动的可操作性计划，是进行化学教育研究的重要步骤。

（一）文献检索与分析

文献资料是宝贵的财富。研究者在研究之前查阅、了解有关该课题的研究情况和指导理论是非常必要的。当今社会信息高度发达，从大量信息中迅速查找出符合特定需要的文献是关系着课题研究后续步骤的关键环节。文献检索与分析一般包括以下几个阶段。

---

① 维尔斯曼 W. 教育研究方法导论[M]. 6 版. 袁振国，译. 北京：教育科学出版社，1997：5.

② 丁伟，王祖浩. 高中化学概念学习的认知研究[J]. 上海教育科研，2007(4)：88-90.

第一，在选定课题后需要对研究课题进行初步的分析，列出已掌握和还未掌握的相关研究内容。将众多的文献按一定的规律排列、存储起来，进而和自己的研究目的比较，明确需要检索的对象和范围，查找符合研究课题的文献。

第二，根据事先拟定的需要，选择检索途径和条件进行检索。检索途径包括网上的公共资源和各种研究机构数据库的付费资源。需要注意的是，一般在进行检索时范围应由大到小，逐渐缩小检索范围，检索范围可适当大于所需查阅内容的范围。

第三，对文献进行初步加工，即对检索的文献进行筛选、鉴别和阅读。此步骤要求对文献所体现的事实、数据进行定量和定性的分析，使研究课题具体化，并使它建立在先进的教育科学发展的水平上。

（二）研究方案的设计

研究方案的设计是一个很重要的环节，是在选定课题和检索文献的基础上制订的科学的研究计划和安排。此过程直接关乎课题研究的质量高低和成功与否。周密的研究方案有助于达到预期的研究目的，揭示教育现象的特点和规律，并使预期的研究成果在教育改革实践中具有推广应用价值。

首先，应该对研究课题有清晰的研究构想，即假设。假设是根据一定的科学知识和新的科学事实对所研究问题的规律或原因做出的一种推测性论断和假定性解释，是在进行研究之前预先设想的、暂定的理论。对各教育问题和现象所做的且尚持怀疑态度的初步解释都属于假设性质。其次，设计拟订合理的研究方案。对于化学教育研究而言，主要是为了澄清和发展某些概念和理论，扩展化学教育实践的经验。

论文方案一般包括以下内容：课题名称；研究目的和意义；研究范围，包括研究对象、研究内容、采用资料等；研究方法；资料和数据的主要来源；研究步骤和时间分配，参加人员、协作单位；分工负责情况和信息沟通时间，经费和仪器设备等。

三、研究方案的实施

这是研究方案的落实阶段，同时也是研究工作的主体阶段。研究者要依照所制订的研究方案，采用调查、实验、观察或其他不同方法和手段在化学教育实践活动中实施研究活动。

首先，搜集、整理对课题有用的资料。以自己的选题为中心，从化学教育类期刊、与化学教育有关的材料中搜集信息，进行必要的调查研究。其次，做好有用数据的处理、加工并提炼观点，这是一个长短不一的过程，也是一个对资料进行深入理性分析、科学综合、反复思考提炼的过程。

在收集资料时，要坚持实事求是的原则，客观地记录研究资料，避免主观态度带来的研究上的误差；同时要及时将所得资料按其性质和特点，分门别类地、系统地进行整理，以便下一阶段的分析和处理。在分析的过程中，一定要根据实际情况，有效控制变量，以获得真实的结果。

四、研究资料的分析和整理

收集到的研究资料往往只是一些具体的研究事实或数据，难以说明问题的实质。但教育科研不能单纯地停留在对资料的广泛搜集或直观描述上，而必须对所搜集到的资料与事实运用统计原理和逻辑分析方法进行统计分析，从而更好地揭示教育现象的本质和规律。值得指出的是，对化学教育研究结果的分析不是化学教育研究过程的一个孤立环节，研究实践表明，一旦开始了资料或数据的收集、整理，分析也就开始了。对于研究结果的分析，一般从定性和定量两个方面考察。

（一）定性分析

定性分析就是采用逻辑方法（如比较、归纳、演绎、分析、综合、抽象概括）对数据、资料的整理和质性分析，从中发现规律性知识。其主要特点是：以描述性资料作为分析的基础；以逻辑归纳作为分析方法；关注研究背景与各因素的影响；适用于过程与发展研究。

（二）定量分析

定量分析包括对特征数值的计算和分析，根据研究数据进行推断、检验和预测。它在化学教育研究中应用较为广泛。在实际的化学教育改革实验中，多采用研究样本均数差异的显著性来评价"对照实验"的结果，样本情况不同时，具体检验计算的方法不同。一般情况下样本容量足够大时使用 Z 检验。检验多个样本的均数差异，可以使用方差分析基础上的 F 检验。定量研究主要以数学和教育统计学知识为基础，涉及研究的变量和参数较多，使用的方法繁杂，人工计算费时费力，容易出错。现在信息技术的开发和应用大大提高了工作效率，广泛使用的统计分析软件有 SAS（Statistical Analysis System）和 SPSS（Statistical Package of Social Science），其中 SPSS 的详细使用方法可参考第十章。

在化学教育研究过程中，通常会把定量分析和定性分析结合起来，进行去粗取精、去伪存真、由此及彼、由表及里的思维加工，进行科学抽象，揭示出事物的规律，概括出结论。但据此得出的结论还需要到教育实践中加以检验、反复校正，才能得出符合实际的正确结论。

五、研究成果的归纳和表达

作为化学教育研究的最后一个阶段，研究成果的归纳和表达是为了将研究成果以一定的形式表征出来，供大家研讨与借鉴。因此，研究成果是否能为大家接受和认可在很大程度上取决于本阶段工作的质量。此外，研究成果通常以研究报告或论文的形式进行表述。表述内容包括：课题名称、研究目的、研究过程和方法、收集到的数据资料及其分析、研究结论，还要包括对整个科研过程和科研结果做出的总结和评定。

表述研究结论实际上就是研究者对自己所经历的研究实践进行全面反思和总结的过程，这能促使研究者今后把化学教育研究工作做得更好，很明显这对于提高研究者的科研能力是十分有益的。

讨论

1. 谈一谈开展化学教育研究对于你自身专业发展的意义。

2. 结合化学教育研究实际，比较定量研究和定性研究的优缺点。

3. 如果你在非实验研究中找到了两个变量间的统计关系（如性别与年级、学习的时间与年级），你能自信地判断一个变量是另一个变量的成因吗？为什么？

4. 简述化学教育研究过程的基本组成部分。

5. 定性研究有哪些不同类型？每种类型有何典型特征？

6. 简述混合研究在化学教育研究中的优势。

研究练习

解释"化学教育研究"这一术语的含义，并举出两个教育研究者可能会研究的化学教育研究选题。

小结

1. 化学教育研究是教育研究的分支，从不同的角度可以对化学教育研究进行多种分类。化学教育研究需要遵循以下基本原则：客观性原则、创新性原则、伦理性原则、效用性原则、生态性原则、系统性原则。

2. 化学教育研究有定量研究、定性研究、混合研究三大范式。三者在科学方法、本体论（现实/真理的本质）、认识论（关于知识的理论）、有关人类思想与行为的观点、最常见的研究目标、利益、焦点、观察的本质、所收集数据的形式、数据的本质、数据分析、结果、最终报告的格式等方面均存在一定差异。

3. 化学教育研究要经历研究课题的选择和确立、研究方案的制订、研究方案的实施、研究资料的分析和整理、研究成果的归纳和表达五个步骤。

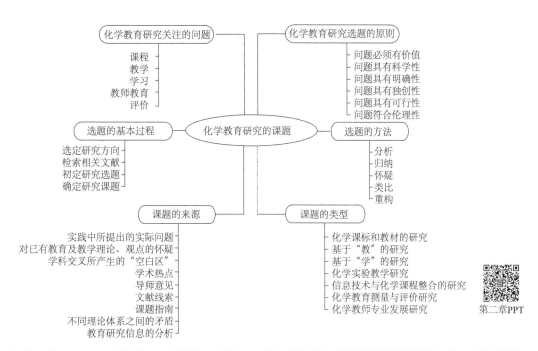

第二章PPT

学习目标

◇能说出化学教育研究中课题和问题的区别。

◇理解并解释化学教育研究课题的概念。

◇知道化学教育研究课题的来源及意义。

◇了解选题的过程和方法，并学会怎样选题。

◇尝试自己提出一个课题，并说明其能成为课题的原因。

化学教育研究是教育研究与化学学科相结合而形成和展开的，它具有化学科学和教育研究的共同的特点，化学教育工作者必须更深入地理解教育研究的理论和方法，而这一理解的起点就是了解化学教育关注的问题、研究的课题，以及选题的过程和方法等。

第一节　化学教育研究关注的问题

化学教育研究关注的问题必须是切实可行、清楚、有意义、合乎道德的问题，如以下几个例子。

● 某教育局想知道辖区内各高中学校的化学学业质量是否存在差异；

● 某高中校长想知道重点班的学生在某节化学课上的表现；

● 某高一化学教师想知道讨论法是否比讲授法更能激励学生有效学习化学概念；

● 一位高中学生的家长想知道哪些因素导致自己孩子学习化学有困难。

上面所举的例子尽管都是虚构的，但它们代表了化学教育中所面临的典型问题或关注话题。这些例子表明教师、管理者、家长等需要不断地获取信息以改进他们的工作。化学教师需要知道什么样的材料、策略和活动最有助于学生的学习；管理者需要知道如何创建一种愉快的、有利于学习的环境；父母需要知道如何帮助孩子在学校取得成功。

为了加深对化学教育研究的了解，下面先看看化学教育研究的几个领域。资料卡片列出了 2004～2013 年国际化学教育研究进展（表 2-1）[①]， 你会发现化学教育是一个包含许许多多不同研究方向的大领域（表 2-2）。

资料卡片

表 2-1　　2004～2013 年国际重要教育领域内发表的化学教育研究论文数量及其所占比例

领域	论文数量	比例/%
学习——学生和教师的概念及概念转变	170	26.2
教学	130	20.0
学习——课堂环境、学习者特征	126	19.4
目标和政策，课程，评价和评估	106	16.3
教育技术	71	10.9
化学教师教育	31	4.8
文化、社会和性别问题	11	1.7
历史、哲学和化学本质	4	0.6
非正式学习	1	0.1
合计	650	100

表 2-2　　化学教育的分类及子类

类别	附属类别
化学教师教育	·职前和在职化学教师的专业发展
	·化学教师教育计划和政策
	·从业经验
	·化学教师教育改革相关议题
	·作为研究者的化学教师/行动研究
教学	·教学知识和学科教学知识
	·教学策略，如比喻、图像、类比、证明、同伴学习、合作学习、启发、探究、模型、拼图等
	·教师目标和思想（如课程决策）
	·在职教师的教育理念

① Tang W T, Mei T G, Yeo L W. Chemistry education research trends: 2004–2013[J]. Chemistry Education Research and Practice, 2014(15): 470-487.

续表

类别	附属类别
学习——学生和教师的概念及概念转变	· 调查学生理解的方法 · 学生的前概念 · 促进概念转变的教学方法 · 学习者的概念转变 · 概念的形成
学习——课堂环境、学习者（学生和教师）特征	· 学生的动机、信念、态度、观念和焦虑（化学学习的情感维度），教师的观念、信念、理解、教学知识和教学准备 · 情感维度的测量工具 · 学习者的经验 · 学习环境（如实验室环境） · 个人差异（如化学素养、能力） · 推理、心智能力、竞争、困难 · 学习方法和风格 · 师生互动、生生互动 · 学习中的语言、写作、对话
目标和政策，课程，评价和评估	· 课程发展、变化、实现、情感评价 · 课程材料（内容和结构） · 评定和等级（如格式、类型和评测准则） · 情感评价建设和表现 · 表现的影响因素 · 教育测量（如工具的检验） · 科学在公共政策中的角色 · 目标和政策（如与化学相关的职业选择） · 化学课程改革
文化、社会和性别问题	· 与化学教育相关的文化、种族和性别问题 · 英语学习者（母语为非英语的英语学习者）的化学学习
历史、哲学和化学本质	· 化学史 · 哲学和化学 · 化学课程材料中的科学本质
教育技术	· 多媒体交互（如视频、动画） · 在教学和教师培训中融入技术 · 用技术进行学习和评价
非正式学习	· 校外学习

又如，中国化学会化学教育学科委员会基础教育"十二五"规划 2015 年度课题指南中划分的课题研究方向和范围及选题示例。

资料卡片

中国化学会化学教育学科委员会
基础教育"十二五"规划 2015 年度课题指南
课题研究方向和范围

    1. 中学化学学科核心素养研究；

    2. 基于科学素养培养的化学教学实践研究；

    3. 中学化学课堂教学新模式理论与实践研究；

    4. 中学化学新课程改革及深化研究；

    5. 中学化学教师专业发展理论与实践研究；

    6. 信息技术与化学教育教学研究；

    7. 社会生活与化学教育教学资源的开发；

    8. 中学化学精品课程建设与实施研究；

    9. 化学实验设计与创新研究；

    10. 学生化学实验技能形成与评价研究；

    11. 中学化学教学实验室建设与实施研究；

    12. 中外化学教育比较研究；

    13. 中学生化学学科能力发展与评价研究；

    14. 中学化学教学团队建设与实施研究；

    15. 高考和中考化学题型设计与功能研究。

课题研究选题示例

    [示例 1]　关于"5. 中学化学教师专业发展理论与实践研究"，可具体选择以下课题进行研究：①中学化学优秀教师教学特点研究；②中学化学教师专业发展对化学科学知识的需求研究；③中学化学教学中"教师的课程"生成研究。

    [示例 2]　关于"12. 中外化学教育比较研究"，可具体选择以下课题进行研究：①美国中学化学教材特点及对我国中学化学教材编写的启示；②中美化学探究教学比较研究；③英国的中学化学实验教学研究。

思考题

    通过上述两个资料卡片，试分析国内外化学教育研究方向有何异同。

    要想进一步知道化学教育研究者目前感兴趣的特定领域和主题，可以去图书馆或上网浏览化学教育期刊。表 2-3 为国内公开发行的化学教育类期刊，表 2-4 为国际上较有影响力的化学（科学）教育类相关期刊。

表 2-3　国内公开发行的化学教育类期刊

刊名	期刊简介	投稿方式
	《化学教育》1980 年创刊，由中国科学技术协会主管，中国化学会和北京师范大学主办，是全国中文核心期刊。读者群涵盖中学化学教师与学生、高等师范院校师生、广大的化学教育工作者和化学爱好者，开设了化学·生活·社会、课程·教材·评价、教学研究、教师教育、调研报告、信息技术与化学、实验教学与教具研制、理论教学、实验教学、职业教育、非化学专业化学教育、研究生教育、问题讨论与思考、化学奥林匹克、国内外动态、化学史与化学史教育、化学家谈教育等多个栏目	电子邮箱 hxjy-jce@263.net
	《化学教学》创刊于 1979 年，由教育部主管，华东师范大学主办，其主要读者为中学化学教师及高等师范院校师生。开设的模块有专论、课改前沿、聚焦课堂、实验研究、测量评价、教学参考、视野。《化学教学》始终走在教学改革的最前沿，努力打造促进教师专业成长的最佳平台	网上投稿 http://202.120.85.33:8081/journalx_hxjx/authorLogOn.action
	《中学化学教学参考》创刊于 1972 年 10 月，由教育部主管，陕西师范大学主办。辟有教育理论与教学研究、课程改革与教学实践、课程资源与教材研究、实验园地、复习应考、试题研究和动态资讯七大模块，共几十个栏目，是全国中文核心期刊	网上投稿 http://www.zhczz.com/ 纸质邮寄 西安市长安南路 199 号陕西师范大学《中学化学教学参考》编辑部 邮编 710062
	《化学教与学》是江苏省唯一化学教育教学类省级期刊，由江苏省教育厅主管，南京师范大学主办。 主要栏目包括：教育理论与教学、课堂教学与实践、课程与教学资源、实验教学研究、评价与考试、问题讨论与思考、化学竞赛研究、多媒体与化学教学、化学与社会、化学与生活、科普之窗等。读者群涵盖中学化学教师、化学教学研究人员、师范生等	网上投稿 http://www.jschemedu.com/
	《中学化学》是由哈尔滨师范大学主管主办的教育类的化学专业刊物，开设教学研究、教材研究、化学与社会、学习园地、备课札记、实验研究、方法与技巧、试题研究等栏目，面向全国各地中学（包括中专、中师、职中等）教师、中学教研员及所有教育研究者	电子邮箱 zxhx@hrbnu.edu.cn

表 2-4　国际上较有影响力的化学（科学）教育类期刊

期刊名称	影响因子*（2019 年）
化学教育类期刊	
Journal of Chemical Education（JCE）	1.385
Chemistry Education Research and Practice（CERP）	2.285
科学教育类期刊	
Journal of Research in Science Teaching（JRST）	3.370
Science & Education（SE）	3.500

期刊名称	影响因子*（2019 年）
International Journal of Science Education （IJSE）	1.485
Research in Science Education （RSE）	2.248

*期刊的影响力是以影响因子（impact factor）作为指标，社会科学引文索引（Social Sciences Citation Index，SSCI）所收录的期刊的影响因子定义为：本年度文章引用前两年该期刊文章的次数/前两年的该期刊总篇数。

第二节　化学教育研究选题的原则

研究问题是一种处于意义或内涵不明确、信息不充分，需要进一步探究的状态，等待研究者通过收集和分析资料来解释的待答问题。化学教育研究问题从问题的性质、对事物了解程度和探求的深度来看，可以分为三种类型：描述性问题、相关性问题、因果性问题。描述性问题主要是对事物或现象进行描述，了解现状，探讨是什么的问题。相关性问题主要了解事物之间的相互关系、密切程度，探讨如何的问题。因果性问题主要了解事物之间的因果关系或规律性，探讨为什么的问题。后两类问题通常涉及两个变量。化学教育中研究问题的选择涉及阅读、讨论、构思等活动。①

思考题

你认为好的化学教育研究问题应该有什么特点？并举例说明。

一个好的研究课题，必须先提出好的研究问题，化学教育研究问题的选择需要遵循以下原则。

一、问题必须有价值

选定的问题不仅对本学科研究领域具有好的内部价值（即理论上要有新突破，实践上要对教育改革有重要的指导作用），而且对其他相关领域有高的外部价值。问题的价值是确立选题的重要依据，它制约着选题的根本方向。

如何衡量选定课题有无价值及价值的大小，主要看两个基本方面。

一是所选择的研究课题是否符合社会发展、教育事业发展的需要，是否有利于提高化学教育质量，促进青少年全面发展。这方面强调的是课题的应用价值，选题范围要广，要从当前教育发展的实际出发，针对性要强，选取有代表性的、被普遍关注、争论较大的亟须解决的问题。

二是所选择的研究课题是否根据化学教育本身发展的需要，检验、修正、创新和发展化学教育理论，满足建立科学的化学教育理论体系的需要。一般这方面的课题较深，具有重要的学术价值，在理论上要有所突破和建树，或有重要的补充。化学教育研究的实际课

---

① 袁振国. 教育研究方法[M]. 北京：高等教育出版社，2000：19.

题，有的强调应用价值，有的强调学术价值，有的二者兼而有之。但无论哪一种，都要选择那些最有意义的化学教育问题作为研究对象。[①]

案例分析

● 新课程背景下的学校化学教师与学生应是怎样的关系？
● 如何开展化学后进生的教育？
● 初中化学教师是否存在教学效能感低下的问题？
● 中学生在开展中学化学实验学习过程中存在哪些心理活动？
● 2016 年浙江省高考化学试题有何特点？
● 高中生参加化学课外辅导的现状如何？
● 在化学教学中应用知识转化模型（SECI model）是否有助于教学质量的提升？
● 中学生在学习能量概念时存在怎样的学习进阶？
● 科学探究中小组合作行为是否有效？

试分析上述研究问题是否具有研究价值。

二、问题具有科学性

选定的研究问题要有科学性，表现在要有一定的事实依据，这就是选题的实践基础。研究课题是从实践中产生的，具有很强的针对性；实践经验同时又为课题的形成提供一定的、确定的依据。选定的研究问题要有科学性，还表现在以教育科学基本原理为依据，这就是选题的理论基础。教育科学理论将对选题起到定向、规范、选择和解释作用。没有一定的理论依据，选定的研究问题必然起点低、盲目性大。应该看到，选定的研究问题的实践基础和理论基础制约着选题的全过程，影响着选题的方向和水平。

案例分析

● 浅谈中学化学教师的能力问题。
● 与青年化学教师谈备课。
● 试论"实验培训"是提高化学教师实验水平的好办法。
● 基于 WebQuest 的建构探究学习模式研究。
● 专家型、新手型教师课堂教学中教师理答行为差异研究。
● 高中生化学学习自我诊断能力的调查研究。
● 高中化学问题中心模式研究性学习的应用研究。
● 高考新政下中学化学教学方式的调试。

试分析上述研究问题是否具有科学性。

[①] 朱玲娟. 教师专业成长新论[M]. 北京：研究出版社，2007：317-320.

三、问题具有明确性

选定的问题一定要具体化，界限要清晰，范围宜小，不能太笼统。大而空、笼统模糊、针对性不强的研究问题往往科学性差。只有对问题有清晰透彻的了解，才能为建构指导研究方向的参照系提供最重要的依据。

案例分析

- 新课程化学教师培养的理论和实践研究。
- 新课程背景下创新型学生培养和反思型教师培训研究。
- 中学化学教育教学理论与实践研究。
- 在初中化学教学中培养学生探究能力的实验研究。
- 基于化学学科核心素养的有效命题研究。
- 中学化学计算难点诊断及策略研究。
- 中日高中化学教材 STEM 教育内容的比较研究。
- 学生发展核心素养的现状调查。
- "互联网+"时代的化学教育研究。
- 基于信息流的高中化学协作学习交互分析研究。

试分析上述研究问题是否具体、明确。

四、问题具有独创性

选定的问题应是前人未曾解决或尚未完全解决的问题，通过研究应有所创新。要做到研究问题新颖，就要把研究问题的选择放在总结和发展过去有关学科领域的实践成果和理论思想的主要遗产的基础上，没有这个基础，任何新发展、新突破都是不可能的。即使是被人们认为非常新的、第一次开辟的新领域，也仍然是由以前同时代的人的工作提供了条件。因此，要通过广泛深入地查阅文献资料和调查，搞清所要研究课题在当前国内外已达到的水平和已取得的成果，要了解是否有人已经或者正在或者将要研究类似的问题。如果要选择同一问题作为研究课题，就要对已有工作进行认真审视，从理论本身的完备性、从研究方法的科学性等方面进行评判性分析，在此基础上，重新确定自己研究的着眼点。只有在原有研究成果基础上的突破和创新，才具有研究的意义。

案例分析

- 论教师在化学教学中的教育主导作用。
- 谈谈中学化学教师对教学资料的积累和整理。
- 职前化学教师教学反思能力及影响因素研究。
- 基于翻转课堂的化学实验教学模式及支撑系统研究。
- "问题链"的类型及教学功能——以化学教学为例。
- 科学论证在中学建模教学中的应用。

- 概念图在高中化学教学中的应用研究。
- PCK（学科教学知识）视域下高中化学教师课堂言语互动分析。
- 新课标背景下实施化学探究性教学的实践研究。
- 新高考改革地区学生课业压力分析。
- 中学化学与生物学科相互渗透的诊断研究。

试分析上述研究问题是否新颖。

五、问题具有可行性

可行性指的是问题是能被研究的，存在现实可能性。可行性包含三个方面的条件。

一是客观条件。指除必要的资料、设备、时间、经费、技术、人力、理论等条件外，还有科学上的可能性。有的选题，看起来似乎是从教育发展的需要出发，但不符合现实生活实际，违背了基本的科学原理，也就没有实现的可能。

二是主观条件。指研究者本人原有的知识、能力、基础、经验、专长，所掌握的有关这个课题的材料及对此课题的兴趣。对于刚从事化学教育研究的人，最好选择本人考虑长久、兴趣最大的课题。在教育第一线从事实践工作的教师，选题最好小而实。

三是时机问题。选题必须抓住关键性时期，什么时候提出该研究课题要看有关的理论、研究工具及条件的发展成熟程度，提出过早，问题会攻不下来。

在教育科学研究中经常出现以下选题不当的情况。一是范围太大，无从下手；二是主攻目标不十分清楚；三是问题太小，范围太窄，意义不大；四是在现有的条件下课题太难，资料缺乏；五是经验感想之谈，不是科研题目。因此，正确选题并非一蹴而就，它要求研究者不仅要把握该领域理论研究的全局，还要对教育实际有深入的了解；不仅要有问题意识，还要掌握选题的相关知识和方法，不断提高自己的选题能力及评价、创新等综合能力。[①]

案例分析

- 中国未来几年内普及高中教育的对策研究。
- "素养为本"化学课堂教学的能力研究。
- 现代信息技术与中学化学新课程的整合研究。
- 新时代化学教师专业化发展的模式与策略。

试分析上述研究选题的可行性。

六、问题符合伦理性

研究者认为道德的行为，就是与道德标准或规范一致的行为。美国心理学协会科学与专业道德委员会已经颁布了用人类被试做研究的一系列道德准则：开展研究时，教育研究者应该尊重和关心研究对象的尊严和福利，并遵守联邦和州的相关法律规定。

---

① 裴娣娜. 教育研究方法导论[M]. 合肥：安徽教育出版社，2000：74-78.

研究问题将不会对人类造成生理或心理上的伤害，或者对人类所生存的自然环境或社会环境造成损害。①

案例分析

　　20世纪50年代和60年代一系列研究在心理与教育领域引起了广泛的关注，并且其作者也因此而赢得声誉，甚至包括获得爵士爵位。他们提出一个问题：一个人在智商（intelligence quotient，IQ）测验上的表现有多少可能来自于遗传，而有多少是由环境因素造成的。

　　研究者对几组儿童研究了一段时间，这些儿童包括被一起抚养与分开抚养的同卵双生子，以及同一个家庭的兄弟姐妹。最终得到了广泛证据支持的结论，即IQ中大约有80%来自于遗传，20%来自于环境。当另一个研究者发现了远低于80%的IQ遗传率时，一些最初的问题又被提了出来。后来对最初的研究的详细调查显示，该研究对数据的处理很值得怀疑，其对研究程序的说明也不充分，对分数的调整也令人怀疑，所有这一切都暗示这些数据是不道德的。这一偶尔被报告的实例，强调了重复研究及所有程序和数据均能够接受公众检查的重要性。

讨论

　　好的研究问题是否必须同时具备上述六个特征？试设计一个研究问题，与同伴共同分析该问题是否符合上述六个特征。

第三节　化学教育研究课题的来源和类型

　　一切学术研究都始自问题，所有的理论创新皆源于发问本身。问题就是预期与现实之间的反差引起的心理困惑。据此可将问题分为三类：①理论与现实之间的差异；②政策与实践之间的差异；③在同类事物比较中的差异。由困惑上升到焦虑不安，这是研究的起点，也就是知困而学。研究的目的在于排除人们内心的困惑与焦虑，从而得到感悟。要从问题出发来研究课题，进而设计调研框架，要把握"选点"与"进场"两个关键环节，唯此方能通过调研扩大常识，解决困惑。

　　研究往往是从现象到问题。现象本身不是问题，但现象中蕴涵着问题。现象是事物表现出来的，能被人看到、听到、闻到、触摸到的一切情况。化学教育领域的"课堂教学低效""学生厌学""初高中化学学习衔接困难""化学教师职业倦怠"等都属于现象，这些现象背后是一系列值得思考的问题。问题域即问题的领域，具体而言，问题域指提问的范围、问题之间的内在关系和逻辑可能性空间。②化学教育中客观存在的大量问题只是潜在的可供选择的课题，并不一定就是研究课题，问题上升为研究问题才是研究课题。

---

　　① 杰克·R.弗林克尔，诺曼·E.瓦伦. 美国教育研究的设计与评估[M]. 4版. 蔡永红，等译. 北京：华夏出版社，2004：32.

　　② 裴娣娜. 教育研究方法导论[M]. 合肥：安徽教育出版社，1995：74-78.

思考题

1. 化学教育研究的课题可以从哪些领域的问题中得到？
2. 是不是任何化学教育领域的问题都可以成为课题？
3. 最好从哪些方面去获得化学教育研究领域的课题呢？

一、化学教育研究课题的来源

好的研究课题从何而来？化学教育研究的课题有何特点？下面介绍几种常见的课题来源。

（一）课题来源于课程改革及考试改革实践中所提出的实际问题

理论的意义和使命在于指导实践。理论之所以能够指导实践，是因为它来源于实践又高于实践。无论是自然科学还是社会科学，它的主要课题都来源于社会生产、生活的实际。就教育领域来说，教育实践中同样存在着这样或那样的研究课题，如现代信息技术的普及，学校教育已经无法回避来自社会各方面的影响，那么如何在新的形势下有效地开展教育工作呢？这就提出了很多可供科学研究和探索的问题。

由此化学教育研究可以提出如下课题：提升高中生化学信息素养途径和实践研究、化学翻转课堂对学生自主学习能力的影响研究等。每一个教育工作者，尤其是一线教师和管理者，他们几乎每天都会触及某一方面的教育课题，只要善做"有心人"，加强学习，促进自身素质的提高，应该说发现有价值、可以研究的课题并不困难。

（二）课题来源于对已有教育及教学理论、观点的怀疑

如果一种理论体系或观点在逻辑上存在不一致性，那么人们就完全有理由对该理论的真理性、科学性产生怀疑。科学史上，不少杰出的科学家都是从不成问题的地方找到了问题。爱因斯坦就是这样做的。当绝大多数物理学家完全不加怀疑地使用牛顿的时间和空间的公式时，他却尝试着对它不信任，并重新考虑全部问题。试想，如果爱因斯坦一味地信奉牛顿力学的时空观，那么，他还怎么形成狭义相对论思想？同样，盖伦医学观点被否定，亚里士多德许多结论被驳倒，燃料说被推翻……都是在前人认为已有答案的地方找到了答案的漏洞。对已有理论或观点的怀疑，是形成科学研究课题的重要途径。

在教育科学研究中，不少研究者也是通过发现已有理论、观点的内在矛盾，或与经验事实的矛盾来提出研究课题的。化学教育研究中就有，如《对苏教版〈化学 1〉教材修订内容的赏析与商榷》《对"由一道化学竞赛题引发的质疑和思考"的商榷》《敢于质疑——2011 年版义务教育化学课程基本理念解读》等论文，都来源于对化学教育方面的教科书或者理念的质疑，所以对已有教育理论、观点的怀疑常常成为课题的来源。

（三）课题来源于学科交叉产生的"空白区"及不同理论体系之间的矛盾

现代科学的发展趋势之一是交叉和渗透，如一门学科内各分支学科的交叉结合；各门学科相互交叉结合（包括社会科学和自然科学交叉结合）；科学与技术、艺术日益紧密结合；软科学、软技术大量出现；数学向一切学科领域渗透；系统论、信息论、控制论等新型学科向各门自然科学和社会科学领域渗透，等等。所有这些方面，都产生了大批崭新的

综合性的研究课题。因此，很多富有远见的研究人员都坚持认为，这种学科之间交叉和渗透所产生的"空白区"，是科学园地中所未开垦的"处女地"，那里的问题最多，非常需要有志之士去开垦和耕耘。例如，初中化学与小学科学教材衔接研究；化学与其他学科之间的协同与综合研究；化学课程中实施 STEM 教育的研究等课题都是源于学科交叉。

（四）课题来源于学术前沿热点及教育研究信息的分析

对于同一对象、现象或过程，存在着不同观点、不同学派之间的学术争论，这是科学发展过程中常有的。社会科学中，由于对象的特殊性、具体性，由于历史传统、文化、地域、利益等各方面因素，对于许多问题人们几乎都有不同的认识。人们也不应当满足于某种统一的、概念的抽象。于是，人们开始展开讨论。那些讨论较多、争论激烈，为众多的学者关注的问题，就是学术热点。教育领域也不例外。每一时期，都有大家普遍关心的、新的教育研究的热点问题。研究者只要进一步了解和分析有关的信息资料，就能从中发现和提出研究课题。[①]例如，近年来核心素养受到大家的关心和重视，因为这一信息对大家来讲比较新，量又多。但是，当你分析了所阅读的若干有关核心素养的研究文章，了解核心素养的现状后，就会看到目前核心素养的研究还侧重于理论研究，与实践联系尚不足，尚未把有关理论融入各项教育教学实际工作。有兴趣研究核心素养的研究者，不妨对核心素养的信息资料进行分析，从中选择一些研究课题，也许能为核心素养研究的开展找出新的突破口。

（五）课题来源于导师意见及有关文献提供的新线索

有经验的研究者，在自己的研究方向内有一系列研究课题。但当研究者还是科研新手时，由于知识经验等方面的限制不能自己选择好课题，指导教师的意见就值得认真考虑了。确定论文选题前要和导师沟通，听取导师的意见和建议。甚至可以从导师正在从事的研究课题中获得一定的选题，这有利于导师后期指导。

在围绕所感兴趣的研究领域进行文献检索与阅读时，通常需要对文献进行综合性述评，在这个过程中往往能产生新的研究问题和研究思路。例如，从《中考化学试卷探究题的评价内容与水平要求设置研究——基于与义务教育化学课程标准的一致性分析》和《中考命题与化学课程标准的一致性研究——基于九省市中等学校招生考试概念原理知识的比较》中可以挖掘出自己的课题，可以探究高考试题与高中课程标准的一致性，也可以以自己所在地为例，从不同的角度进行新的探索和研究。

（六）课题来源于国家、省部级等各级教育规划指定的课题指南

大到国家、省教育行政部门、教育研究部门，小到每一所学校，都会有教育科研规划。这些规划是依据当前教育改革发展情况，结合国家、地区、学校教育发展实际和教育科研现状制定的。它明确了国家、地区、学校教育科研在一定时期的目标和任务，提出了某领域教育研究的选题范围、需要继续研究的问题等，研究者可以依据自己的主客观条件，选择那些能够胜任的课题。[②]

---

① 钟以俊，龙文祥. 教育科学研究方法[M]. 合肥：安徽大学出版社，1997：52-59.

② 毕华林. 化学教育科研方法[M]. 济南：山东教育出版社，2001：23.

《全国教育科学规划课题管理办法》指出："全国教育科学规划每五年发布一次，通常在每个五年计划实施的第一年第一季度向全国公布；规划执行期间，每年发布年度课题指南并组织课题的申报和评审工作。""全国教育科学规划设立国家重大课题（国家社会科学基金教育学重大课题）、国家重点课题（国家社会科学基金教育学重点课题）、国家一般课题（国家社会科学基金教育学一般课题）、国家青年课题（国家社会科学基金教育学青年课题）、后期资助课题（国家社会科学基金教育学后期资助课题）、西部课题（国家社会科学基金教育学西部课题）、委托课题（国家社会科学基金教育学委托课题）（以上课题简称为国家级课题）；设立教育部重点课题、青年专项课题、规划课题（以上课题简称为教育部级课题），以及国防军事教育学科和其他部委课题。全国教育科学规划课题类型根据经济社会发展变化和教育科学发展需要，进行适时调整和不断完善，不同类型课题的资助领域和范围各有侧重。"

二、化学教育研究课题的类型

根据研究的内容对化学教育研究的课题进行如下分类。

（一）化学课程标准和教材研究

化学课程标准是化学教学的依据、考试命题的依据和对教学质量评估的依据及编制教材的依据。认真研究课程标准和教材，对于教师理解教学目标、教学内容、教学方法和教学评价是十分必要的，同时也是教师进行教学创新和专业提升所必需的前提和保证。课程标准和教材研究的内容主要有：中学化学课程标准的历史演变与发展；怎样在化学教学过程中完整地体现课程标准对知识和能力的规定；怎样在教学过程中形成课程标准规定的知识结构网络；如何把握化学教材的深度和广度；国内外化学教材的比较研究；化学与其他学科相互渗透解决问题的研究；化学教材如何联系生产和生活实际；适合各民族、各地区的民族教材和乡土教材的编制；化学教材功能的研究；化学教材编排体系的研究；化学教材编写与学生学习方式的转变研究；化学教材中习题和实验的编排研究等。表 2-5 中列出了更多的研究案例。

表 2-5　化学教育研究课题的类型

类型	涉及的研究内容举例	类型	涉及的研究内容举例
化学课程和教材研究	基于学科核心素养发展的高中化学课程改革； 国内外中学化学课程标准比较研究； 国内新旧高中化学课程标准比较研究； 国内外高中化学教科书比较研究； 中学化学教科书知识结构与体系研究； 中学化学教科书功能研究； 中学化学教科书内容的广度、深度和难度研究； 中学化学校本课程设计研究等	化学学习策略和方法研究	化学学科理解与关键能力研究； 中学生化学学习需求调查研究； 初中生化学起点能力现状分析研究； 初中生化学学习兴趣的调查研究； 中学生化学学习心理的调查研究； 中学化学学习策略的实践研究； 中学化学知识的类型及学习方法研究； 化学学习方式与学习效果的实验研究； 初中化学错题资源的利用策略； 高中生化学学习自我诊断能力的调查研究； 高中生化学三重表征转换能力调查研究； 高中化学学困生与学优生元认知策略的比较研究等

续表

类型	涉及的研究内容举例	类型	涉及的研究内容举例
化学教学模式和方法研究	化学高效课堂教学模式研究； 中学化学"以问题为核心"教学方法研究； 中学化学探究式教学方式研究； 基于化学学科本质的有效教学策略研究； 基于翻转课堂教学模式的化学教学实践研究； 培养学生化学核心素养的化学实验教学研究等	化学实验教学研究	中学化学实验的教育功能研究； 国内外化学教科书实验编排体系研究； 中学化学实验教学中学生心理活动研究； 中学化学教科书中实验改进与创新研究； 中学化学教师实验教学能力现状调查研究； 基于数字化（手持技术）的化学实验研究； 化学实验装置设计的课堂呈现方式研究等
化学教学设计与案例研究	面向学习者的化学教学设计研究； 高中必修阶段"化学键"教学问题的确立与分析； "素养为本"的化学教学设计案例研究； 基于化学观念建构的教学设计案例分析； 中学化学导学案的设计研究； 中学化学作业系统设计研究； 化学学科思想在元素化合物教学过程中的渗透的研究等	信息技术与化学课程整合研究	多媒体技术在化学教学中的应用研究； 提升高中生化学信息素养的途径和实践研究； 高中化学课开设化学信息学教学实践研究； 中学化学课程资源开发与利用研究； 从网络上获取中学化学教学资源研究； 移动技术在中学化学实验教学中的应用研究； 基于 WebQuest 的建构探究学习模式研究等
化学教学实施及教学技能研究	中学化学教师教学语言规范研究； 中学化学教师课堂提问的现状与分析研究； 化学课堂教学的时间变量及控制策略研究； 化学实验教学情境及其创设策略研究； 专家型化学教师课堂教学机智研究； 专家型、新手型教师课堂教学中教师理答行为的差异研究等	化学学科与其他学科关系研究	初中化学与小学科学教材衔接研究； 化学与其他学科之间的协同与综合研究； 化学教学中实施 STEM 教育的理论与实践研究； 化学与物理、生物、地理学科知识的同步性研究等
化学教育测量与评价研究	高中化学学业水平考试研究； 中学化学试题选材策略研究； 中学化学学业质量评价标准体系研究； 高考化学试题的质量标准研究； 高考化学试题特点分析研究； 化工流程题的特征及解题策略分析研究； 国外高考化学试题特点及启示研究； 国外高中化学竞赛大纲及题型特点分析研究； 国内外中学化学学业成绩评定方法比较研究； 高中化学学业水平考试与课程标准一致性研究； "素养为本"高中化学学业水平考试命题模式研究； 物质的量概念构建形成性评价研究等	化学教师专业发展研究	中学化学教师专业化发展的途径与方法研究； 初中化学教师教学效能感调查研究； 中学化学教师核心素养研究； 中学化学教师教育研究能力发展研究； 中学化学教师职业倦怠研究等

随着国家、地方与学校"三级课程管理"模式的确立，学校在自主开发具有地方特色与学校特色且适合学生实际的校本课程方面，具有了特殊的权力与机遇。教师及教师团队就成为校本课程开发的主力军。这也是教师教学研究的一个重要方面：进行课程开发的理论研究、规划设计、组织实施、总结评价及推广。

（二）基于"教"的研究

教学设计是对化学教学活动进行规划和安排的一种可操作的过程。自主学习、探究学习与合作学习等新的学习方式对"教师讲，学生听"的灌输式的课堂教学模式提出了挑战，随着课程教学改革的深入，多样化的新型课堂教学模式的建立已经成为必然的趋势。这方面有许多问题，如教学目标与教学重难点的确定原则与体现途径、教学环节与课型、边讲边实验的选材原则与实施方式、课堂练习的设置与组织。现代教学理论指导下的建构主义教学方法、探究教学方式、以问题为核心的教学方法已经进入了中学化学教师的视野，并在实践中为教师所采用。教师要敢于和善于运用教育学、心理学和现代教学原理方法，联系本学科的教学和学校与学生实际，改革和创新教学方法，以达到调动学生的积极性、主动性，提高教学质量，使学生全面发展的目的。

此类研究包括化学教学原则、规律的研究，化学教学模式、方法、策略的研究，化学教学设计的研究，化学教师课堂教学行为的研究，化学教学评价的研究等。具体研究案例见表2-5。

（三）基于"学"的研究

此类研究包括化学概念学习的研究、化学问题解决的研究、非智力因素的研究、学科核心素养的研究等。

学生是学习的主体，学生的学习过程具有不可替代性。要提高化学教学质量，必须重视学习方法的研究和指导，根据影响化学学习的内在因素和外在因素及学习内容的特点，有的放矢地研究如何培养学生的学习兴趣，如何指导学生预习、听课、复习和做作业，如何抓住各种教材的特点，学好各种类型的知识，结合各类知识采取不同的学习方法，如何克服学习过程中遇到的各种困难等方面的规律和方法，以指导学生提高学习效率和效果，均应结合学习理论在教学实践中进行探究和总结。具体案例可参考表2-5中"化学学习策略和方法研究"部分。

中学化学教学如何培养学生的化学学科核心素养，各种学科核心能力之间的关系如何，影响化学学科核心素养发展的因素等，都是当前化学教育研究的重要课题。

（四）化学实验教学研究

化学是一门以实验为基础的学科。重视和加强实验教学有助于培养学生的科学精神和科学方法，促使学生主动地学习，使他们切实掌握化学基础知识和技能，理解物质的组成、结构、性质、变化之间的辩证关系。同时在实验教学中，学生的观察、思维和操作等能力也得到充分的发展。因此化学实验研究和化学实验教学研究是化学教育研究中重要而广泛的课题，而课程改革更强调联系实际和应用社会资源，化学实验的研究视野将更加深入和开放。有关化学实验教学研究的内容主要有：化学实验教育系统的构建研究；化学实验教材的教育功能研究；化学实验教材的开发研究；化学实验教学模式研究；化学实验设计的方法论研究；化学实验教学如何促进学生形成化学概念的研究；化学实验教学中学生观察能力的培养研究；化学实验教学中学生思维能力的培养研究；化学实验教学中学生实验兴趣的培养和发展研究；化学实验教学中学生心理活动的研究；学生实验组织形式的研究；提高化学实验效果的研究；演示实验的关键和效果的研究；学生实验的组织和指导研究；化学实验在探究学习中的应用研究；如何进行合作实验探究研究；化学实验测评方法研究；微型化学实验的开发研究；手持技术实验研究；多媒体化学实验的开发研究等。

（五）信息技术与化学课程整合研究

现代化教学技术手段能提高教学效率，减轻学生的课业负担，提高学生学习的兴趣，促进课堂教学活动的优化，因此深受广大教育工作者和学生的欢迎。如何最大限度地发挥其正面作用，使之既有利于学生主动地学习，又有利于教师主导作用的发挥，也是教学研究的重要课题之一。其研究内容主要有：传感器、移动学习终端、电子白板等信息技术在化学教学中的应用，现代认知教学理论、建构主义教学理论指导下的现代教学手段的运用，等等。更多研究案例可参考表2-5中"信息技术与化学课程整合研究"部分，但在实践中要杜绝"唯科技"的做法，一味纯粹地应用"先进手段"而不重视教学基本功的提高或以影像代替化学实验操作的行为同样是不可取的。

（六）化学教育测量与评价研究

化学教育测量与评价是对化学教育中客体满足主体需要程度的价值判断活动，如对化学教学质量等进行定性、定量的比较和判定的过程。教育评价对教育具有导向功能、反馈和调节功能、发展和激励功能及甄别选拔功能。化学教育测量与研究可以促进化学教育实践的改革。该领域可以探讨教育评价的构成要素、类型、功能、改革方向等，也可以探讨化学教学评价与化学考试评价等，如新高考改革、高中化学学业水平测试等议题。

（七）化学教师专业发展研究

综观学者对于化学教师内在专业结构的研究，大致都是从知、情、意、行四方面来讨论。知即专业知识，情、意即专业信念，行即教师能力。情、意为知与行的根本，只有具有坚定的专业意志与专业信念，教师的专业知识与专业能力才能充分发挥。研究者可以选择教师信念、教师情感、教师知识和教师能力等展开理论与实践研究。可以从化学教师专业发展理论的历史发展、理论基础以及理论构成三个维度出发，研究教师的内在专业结构不断丰富和完善的过程。

第四节　化学教育研究选题的过程及方法

化学教育研究的选题是一个复杂的过程，由选定研究方向、检索相关文献、初定研究选题、确定研究课题等环节构成。需要强调的是，环节之间并不是单一线性的关系，而是有交叉、有重叠、有反复，最终目的是确定一个具有必要性、可行性和创新性的研究课题。[1]

---

① 卢家楣. 教育科学研究方法[M]. 上海：上海教育出版社，2012：39-42.

思考题

你认为选题包括哪些环节？可以采用什么方法进行选题？选题时应注意哪些原则？

一、选题的基本过程

（一）选定研究方向

研究方向是发现和提出问题的基础。教育科学研究选题最难的可能是不清楚该研究什么，之所以不清楚如何选择或者不能正确选择研究课题，首先就在于缺乏明确的研究方向。对于初做研究的人来说，一开始往往对多个研究方向感兴趣，而难以聚焦于某个方向，因此造成选题不确定，不利于学术积累，以致错失研究的时机，因此，选题必须首先确定正确的研究方向。

首先是在已有知识积累和实践反思的基础上，结合自己的专长和兴趣，圈定一个研究领域，并对该研究领域的研究现状长期持续跟踪，如课程改革领域、学科教学领域、学困生转化领域、实验教学领域、教师专业发展领域等。由于研究领域涉及的范围很广，因此教师需要在该领域内聚焦某方面的研究主题。研究主题是一组相关问题的集合，是对研究领域的进一步收敛。例如，在化学教学领域中，选择化学建模能力这一主题，这一主题包括教学中的建模能力的内涵与结构、评价标准、评价工具、教学策略等多个问题。明确研究方向，就是要圈定研究领域，聚焦研究主题，从而为研究问题的最终确立奠定基础。

例如，某硕士研究生对教学诊断很感兴趣，而教师专业发展也是研究的热点，所以他确定其选题方向为中学化学教师教学诊断能力。

（二）检索相关文献

文献是用文字、图形、符号、音频、视频等方式记录人类知识的一种载体，是记录、积累、传播和继承知识的最有效手段，是人类社会活动中获取情报的最基本、最主要的来源，也是交流传播情报的最基本手段。在教育科学研究中，检索相关文献实际上贯穿整个研究的各个环节，但在选题阶段尤为重要，这不仅因为选题的必要性、可行性，特别是创新性需要已有的研究文献提供解答，还因为文献本身就是选题的来源之一，选题来自已有研究的交流与争鸣，教育改革的发展与需要及教育理论的学习与应用，实际上都必须以文献作为基础。

化学教育研究中可利用的文献浩如烟海。如果按照文献的性质、内容的加工方式和用途来分，可以分为零次文献、一次文献、二次文献及三次文献。零次文献是指某些教育事件、行为、活动的当事人撰写的第一手资料，如教师日记、信件、教案、试卷、手稿等。一次文献是直接记录教育活动的事件、经过、成果、知识和技术的专著、论文、调查报告、档案材料等，具有很高的直接参考价值和借鉴价值。二次文献是对一次文献进行加工整理，使之系统、条理化的检索性文献，如题录、书目、索引、提要、文摘、检索光盘等，二次文献具有客观性、检索性、汇编性和简明性的特点。三次文献是在二次文献基础上对二次文献进行广泛深入的分析研究和综合浓缩的参考性文献，如动态综述、专题述评、进展报告、数据手册及辞书、年鉴等，具有综合性、概括性、浓缩性和参考性的特点。对于化学教育研究人员来说，经常检索的文献包括图书辞典、报刊论文、学位论文、会议论文、统计年鉴、教育档案等文字资料和光盘、磁带、照片、影视、实物等非文字资料。随着信息科学技术的发展，网络信息资源在教育科学研究中越来越重要。

（三）初定研究选题

化学教育中客观存在的大量问题只是潜在的可供选择的课题，并不一定就是现实的研究课题，问题上升为研究问题才成为课题。选题过程中检索文献的目的就是了解国内外在所选定的研究方向上的研究现状及存在的不足，最终将客观问题转化为研究问题，初步确定自己将要研究的课题。在这个环节中，初定问题的过程往往在范围上由大到小，逐渐明确、具体。初步提出的问题一般总是比较空泛、笼统的，需要进行分解。同时，这个环节往往还需要对关键概念进行操作性定义，以进一步明确研究的问题。

如前面例子所提到的，经过了前面的选定研究方向和检索相关文献后，该研究生对教师教学诊断的方向有了一定的了解，他把研究选题初步确定为化学教师自我诊断能力对教学有效性的影响。

（四）确定研究课题

课题初步确定后，在实施具体的研究之前，还必须对课题进行论证，在论证的基础上，最终确定研究课题。论证是对所选择的课题进行再认识、再分析和预测，也就是在文献资料的基础上，对选题的必要性、可行性和创新性进行理性的分析评价，认识课题的类型、目标和研究思路，预测课题的可能结果。进行课题论证的目的在于避免选题中的盲目性，明确研究思路，以便进一步提出研究假设、设计课题方案、拟定研究计划。一旦在论证中发现选题不当，则需进一步查阅相关文献，重新锁定研究课题，乃至调整研究方向。

课题论证包括自主论证和专家论证。自主论证，就是课题选定后，研究者本人对研究课题的目的、意义、内容、方法、步骤、与课题有关的研究动态、完成课题的主客观条件、最终成果等进行分析、评价和预测。任何一项教育科研课题的确立都有必要进行自主论证，自主论证一般无须写出论证报告。如果是申请立项的课题，则还需要进行专家论证，由研究者向有关专家或组织提交论证报告或项目申请书，由一些教育专家、同行、科研管理者对课题进行评审，对于重大课题，常常必须写出开题报告，组织开题报告会，并经过同行专家的审议。无论是自主论证还是专家论证，通常都要回答以下问题：研究问题的性质和类型，即具体要解决什么问题，要达到什么目的，问题的性质是什么，属于什么类型的问题；该课题的迫切性和针对性，具有的理论价值和实践意义，即课题为什么要研究、为什么值得研究，该课题以往研究的水平和动向，包括前人有关研究的基础，研究已有的结论及争论等，进而说明该课题研究将在哪方面有所创新和突破，该课题的理论、事实依据及限制，研究的可能性，研究的基本条件（包括人员结构、任务分配、物资设备及经费预算）等；该课题研究策略、步骤及成果形式，即要说明采用什么研究方法或手段完成课题研究，并预计课题研究的重难点，以及如何突破。

最后该研究生的选题得到指导教师的认同，他的硕士学位论文选题最终确定下来。如果是项目课题的申请，还需要上级领导部门的审批才能得到最后确定。

二、选题的方法

选题的关键在于能否提出有创意的问题，而选题的方法即是提出好的问题的方法。

（一）分析

通过对化学教育现状的分析，发现和揭露教育中存在的问题，从而选择适当的课题。分析现象可以是综合性的、宏观性的，也可以是典型性的，还可以是微观性的。分析着重于对教育现象各个方面性质的认识，是综合的基础。研究者还必须把自己对各方面的认识在思维中重新结合为整体，在对教育现象整体性认识的基础上提出问题。研究者具有敏锐、深刻的思维品质，从而及时捕捉具有价值的思想，发现深藏在现象后面的本质。

（二）归纳

化学教育工作者把在教育实践中积累的经验总结出来，上升到理论的高度，就可以归纳出一系列的研究课题。归纳是以科学理论的分析为指导，探索事物之间的内在联系与现象之间的因果关系，研究者要具备较高的理论素养和教育实践能力。

（三）怀疑

怀疑是对已有的结论、常规、习惯的行为方式等的合理性做否定的或部分肯定的判断，它可以引起人们对事物的重新审度，会在原以为没有问题的地方发现问题。怀疑要有依据，没有依据的怀疑是盲目的、徒劳的。怀疑的依据，一是事实与经验，二是逻辑推理。此外，研究者还可以通过对有关资料的分析，比较不同的观点，质疑前人的结论，揭露理论与实践的差异，从中产生课题。

（四）类比

类比运用到科学研究上来，就是通过与其他学科研究对象类比和借用其他学科的思维方法，来发现化学教育研究中的新问题。此方法要求研究者的知识面较广，在思维品质上具有较强的迁移性和概括性。

（五）重构

从不同的角度认识研究对象，以形成新的认识，它需要原有的思维定式和已有的知识的影响，实现意向转化。[①]但是换位思考不是简单地重新换了一个包装，而是应该有新的想法和意义，对原有选题进行重新构架。

科学而新颖的课题的选定，实际上是经过一个从产生研究动机到勾画出研究大致轮廓的过程，是对提出的初步的研究假设不断进行检验的过程。最初往往是在阅读、研究有关领域的文献，如教育期刊、研究报告、教育论文索引，或在教育教学实践过

_____

① 陈秀珍，王玉江，张道祥. 教育研究方法[M]. 济南：山东人民出版社，2014：19-20.

程中,受到某一点启发,产生联想,从而形成一个初步的研究假设,进而带着这个想法广泛查阅有关资料,了解前人在这方面的研究成果、研究方法及该问题目前被关注的程度。随着思考的深入,原来模糊的想法逐渐变得集中、清晰和明确,不仅对此问题的大致情况有一个总体把握,而且形成了如何进一步研究该问题的初步思路,这时就可以确定课题了。

三、选题的注意事项

选题的认识水平是灵活多样的。不同的研究课题,研究的性质、方向不同,加上研究者本身的差异,选题方法无一定之规。但要选好题,就要注意以下几个方面。

(一)有明确、相对稳定的研究方向

初学研究的人,一开始总是对几个研究方向同时感兴趣。如果要在某方面真正获得成果,而且有所成就,就必须把主要精力集中在一两个方向上。这里所谈的研究方向,其涵义有三层:一是总方向;二是某学科领域的方向;三是研究者个人的主攻方向。研究者个人主攻方向受前面两者制约,只有把个人的研究纳入某一具有强大生命力的学术系列中,个人的研究才会得到发展。

(二)善于对综合性的研究问题进行分解

要把一个大的问题按照内在逻辑体系分解成相互联系的许多问题,从而找到解决这个问题的步骤和相关的网络。也就是说,将所确定的研究问题展开成一定层次结构的问题网络,从而将问题具体化。正确地对问题进行分析,实际上也是预期课题将会以什么样的方式和步骤获得解决,从而为进行课题论证提供依据。善于对问题进行分析,也正是着手进行研究的一个重要的基本功。一个成熟的研究者,常常在这方面表现出特殊的才能、深刻的洞察力和远见卓识。

(三)善于转换问题,使问题形成系列

善于转换问题的提法是指能不断从一个新的角度提出问题。例如,多少年以来关于课堂教学环节的研究,从赫尔巴特、杜威到凯洛夫,似乎已形成了一套理论。在以后几十年的教学实践中,教师们在现代教学观指导下创造了生动丰富的新课堂教学结构,突破了原来那种单一僵化的教学环节的束缚,迫切要求从理论上得到科学的解释和说明。问题转换还指一个问题解决以后要把握时机,及时转向由此引申出的其他相关问题,表现出问题延伸的系列。也就是说,要使所研究的课题沿一定脉络具有前后的相关性。

(四)对选定的课题进行可行性论证

课题论证是对选定问题进行分析、预测和评价,目的在于避免选题中的盲目性。进行这种课题论证,本身也是一种研究,它必须依据翔实的资料,并以齐全的参考文

献和精细的分析支持自己关于课题的主张。通过课题论证，进一步完善课题方案，创设落实的条件。[①]

拓展性阅读

课题论证主要回答的问题

1. 研究问题的性质和类型。

2. 本课题研究的迫切性和针对性，具有的理论价值和实践意义。

3. 本课题以往研究的水平和动向。包括前人有关研究的基础，研究已有的结论及争论等，进而说明该课题研究将在哪方面有所创新和突破。

4. 本课题理论、事实的依据及限制，研究的可能性，研究的基本条件（包括人员结构、任务分配、物资设备及经费预算等）及能否取得实质性进展。

5. 课题研究策略步骤及成果形式。在系统地分析综合基础上写出概括、明确的论证报告，一般有五六百字。课题论证报告不仅用于申报研究项目，也应用于发表论文的开篇和学位论文的前言部分。

讨论

请谈一谈好的课题所应具有的特点。

研究练习

1. 从日常的学习中提出一个化学研究的选题，然后把它变为课题，体验化学研究的过程。

2. 尝试根据自己提出的化学课程与教学课题写一篇小论文。

3. 选题的过程中，除了本教材所提及的注意事项外，你认为还有什么需要注意的？

小结

1. 国内外化学教育领域的主要研究方向包括：学生和教师的概念及概念转变，教学，课堂环境、学习者特征，目标和政策、课程、评价，教育技术，化学教师教育，科学史和科学哲学（history and philosophy of science，HPS）等。

2. 无论是定性还是定量研究都需要提出一个好的选题，而选题能成为课题，最初还是从问题开始，好的问题应该具有价值性、科学性、明确性、独创性、可行性、伦理性等特点。

3. 在化学研究中课题的类型多种多样，一般来说都是从教师、学生、考试、课程标准等角度展开研究的，研究者要想做好课题就必须留心日常的教学活动，只有这样才能提出好的选题。可根据教科书、专著、文献、社会发展对化学教育提出的要求、

---

① 朱玲娟. 教师专业成长新论[M]. 北京：研究出版社，2007：321-322.

化学教育理论的建设、教育实践、日常观察、当前国内外教育信息、各级课题指南或规划等来源选题。

4. 选题从开始到确定一般会经过选定研究方向、检索相关文献、初定研究选题、确定研究课题四个阶段。选题通常使用分析、归纳、怀疑、类比、重构等方法进行，在选题过程中还要注意：有明确、相对稳定的研究方向；善于对综合性的研究问题进行分解；善于转换问题，并使问题形成系列；对选定的课题进行可行性论证。

研究选题练习

1. 我计划要研究的课题是：

2. 我的研究问题是：

3. 最适合研究这一问题的研究方法是：

A. 实验　　　　　　　　　B. 相关研究　　　　　　　C. 因果比较研究

D. 书面问卷调查研究　　　E. 访谈调查研究　　　　　F. 人种学研究

G. 案例研究　　　　　　　H. 内容分析研究　　　　　I. 历史研究

4. 这个研究课题中不太清楚并需要定义的关键术语是：

A.　　　　　　　　　　　　B.　　　　　　　　　　　　C.

D.　　　　　　　　　　　　E.　　　　　　　　　　　　F.

5. 我对这些术语的操作性定义：

6. 我研究这一课题的理由如下：

第三章 文献综述

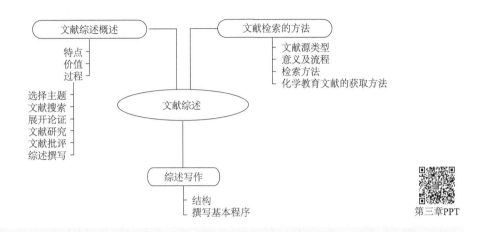

第三章PPT

学习目标

☆了解文献综述的定义，能说出文献综述的价值。

☆知道文献源的几种类型，掌握文献检索的方法。

☆知道获取化学教育文献的方法。

☆掌握文献综述写作的格式，知道文献综述撰写的基本程序。

文献综述的重要性和必要性是不言而喻的，但即使对于资深的研究者来说，文献综述也是一项复杂的工作。人们往往要通过不断碰壁和反复摸索来学习撰写文献综述。要顺利完成一项文献综述，研究者要具备很多技能，如缩小研究课题、聚焦搜索文献等。此外，研究者还要使用必要的工具，去查阅与研究课题相关的大量书籍、期刊和报告。本章介绍文献综述的概述、文献检索的方法及文献综述的写作。

第一节　文献综述概述

一、文献综述的特点

文，是文本记载；献，是口头相传。文献是通过一定的方法和手段，运用一定的意义表达和记录体系，记录在一定载体上的有历史价值和研究价值的知识。文献的基本要素包括：有历史价值和研究价值的知识、一定的载体、一定的方法和手段、一定的意义表达和记录体系。人们通常所理解的文献是指图书、期刊、典章所记录知识的总和。文献是记录、积累、传播和继承知识的最有效手段，是人类社会活动中获取情报的最基本、最主要的来源，也是交流传播情报的最基本手段。

文献综述简称综述，是一种书面论证，指在全面搜集有关文献资料的基础上，经过归纳整理、分析鉴别，对一定时期内某个学科或专题的研究成果和进展进行系统、全面的叙述和评论。文献综述除了要具备一般性学术论文逻辑性、学术性和简洁性的基本属性外，还应具有客观性、评述性、综合性、先进性、不受时空限制、信息容量大、费用低等特点。

客观性指要忠实于原始文献的数据、观点、结论等，主要有两种体现：一是每一种文献中作者的观点、思想是客观存在的，不能被他人曲解；二是现有文献研究成果的数量是有限的，这是客观存在的。

收集、整理文献是撰写文献综述的前提，评述则是撰写文献综述的目的。评述主要是针对前人的研究成果、存在的问题、发展趋势做出客观的分析。通过评述，可以帮助我们厘清某一领域或学科专业发展的脉络和特点，并为后续研究做铺垫。

综合性是指关于某一主题的研究在内容方面应涵盖古今中外所有的文献，尤其是对某一领域发展起着重要作用的文献，体现批判性和创新性的结合。综述不是写学科发展的历史，而是要搜集最新资料，获取最新内容，将最新的信息和科研动向及时传递给读者。

二、文献综述的价值

相信不少人心中会有这样一个疑问：我们已经有了那么多文献资料，为什么还要做文献综述呢？这个问题涉及文献综述的价值。

（一）厘清前人的研究成果，确定研究课题和研究方向

科学研究的本质是创新，创新是对现有研究不足的弥补或突破。确立任何研究课题，都要充分考虑现有的研究基础、存在的问题和不足、发展的趋势及在现有研究的基础上继续深入的可能性。通过查阅相关文献，可以了解别人在特定研究领域已取得的研究成果和发现的问题，以便对自己所选的问题和课题做系统的评判性分析。只有了解相关研究的最新动态，才能选定最有价值、最有可行性的前沿课题，才能发现前人研究问题所涉及的范围，从而进一步明确研究课题的科学价值，找准自己研究的突破点。

在文献综述中，"现有研究的基础"体现在"综"上。通过梳理和分析文献，能全面了解相关领域的研究现状，预测有无后续研究的必要。"问题和不足、发展的趋势"体现在"述"上，是综述撰写者结合自己的学术观点进行的反思与发现。通过撰写文献综述，对不同研究的视角、设计、方法、观点进行分析、比较、批判和反思，可以深入了解各研究的优点、不足、思路。在掌握研究现状的基础上寻找论文选题的切入点及突破点，使自己的研究真正"站在巨人的肩膀上"。

（二）为教育研究提供科学的论证依据和研究方法

做文献综述是跟踪和吸收相关领域里国内外学术思想和最新成就、了解科研前沿动态、获取新的情报信息的有效途径。从文献综述中获得的启发，一方面，可找到回答所提问题的线索，使研究范围内的概念、理论具体化，而且可以为科学地论证自己的观点提供有说服力的、丰富的事实和数据资料，使研究建立在可靠材料的基础上。另一方面，也可能在该过程中发现自己原来所选的问题价值不大，或者理由不充分，从而及时放弃原先的

选题。即使如此，这也使得我们的视野得到开阔、思想得到提升、方法得到改进，而不致陷于狭隘和浅薄却不自知。此外，做文献综述还能及时更新我们的知识，让我们用较少的时间和精力就能对某专题的现状、内容、意义和发展趋势等有一个系统、完整、明确的认识。

（三）避免科研中的重复劳动，提高科学研究的效益和效率

文献综述为科学研究提供有关信息，使研究者充分利用资料，避免重复前人已经解决的问题、重复前人已经提出的正确观点，甚至重犯别人已经犯过的错误。一直以来，很多人都缺乏本学科图书资料、文献体系、检索工具等相关的知识，导致在科学研究的过程中重复劳动，浪费了大量时间与精力。在教育领域，这种情形可能也比较突出。早有人尖锐地指出，新中国没有世界级的教育家，一个重要原因就在于低水平的经验积累和重复研究；这种工作和研究所采用的仍是"小农经济""工业经济"时代的思维方式和工作方式，难以适应世界变化和社会变化。因此，要想在某领域有所成就，就必须从各个渠道了解信息、论证自己的课题。

总之，文献综述不仅可以帮助研究者收集对特定研究问题感兴趣的其他研究者的观点，还能使研究者深入了解其他（类似的或相关的）有关特定问题的研究结果。也就是说，做文献综述可采众家之长、借鉴历史、启发创新、提高研究质量。

思考题

你阅读过与化学教育有关的文献综述吗？它对你有什么价值？

三、文献综述的过程

在文献综述中通常要经历选择主题、文献搜索、展开论证、文献研究、文献批评和综述撰写 6 个步骤（图 3-1）。

图 3-1　文献综述的过程

（一）选择主题

只有确定了研究方向才能开展文献综述的撰写工作。一般来说，在进行文献调研时就已初步确定了研究方向，但并不一定十分清楚该研究方向的最近研究进展，只有掌握了该研究领域的最新研究进展，才能推动该研究向下一步进行，否则很有可能做一些重复性工作或者错误性工作。在选择主题时范围既不能太大，又不能太小。范围过大，可能会由于研究者自身知识结构、时间、精力等因素所限而难于驾驭；范围太小，就会难于发现各事物之间的有机联系。因此在选择主题时，应该尽可能地缩小文献研究范围。对一个大型研

究课题而言，可以对其中各个不同方面分别进行文献综述，这样能更有效地进行相关参考文献搜索及文献综述的撰写。

（二）文献搜索

文献搜索决定文献综述将包含的信息。文献搜索的任务是选择信息，找出能支持论题的最有力的资料证据。在搜索文献时，必须预览、选择和组织资料，可以借助浏览、资料快速阅读和资料制图等技巧对相关资料加以分类和存储。具体来说，可从报纸、书籍、杂志、网络中获得有价值的文献，文献的来源要注重科学、真实、前沿。梁启超曾说："资料，从量的方面看，要求丰备；从质的方面看，要求确实。所以资料之搜罗和别择，实占全工作十分之七八。"[①]由此可见，文献搜索在研究中发挥了巨大的作用。文献搜索包括检索和初步筛选两个紧密结合的方面。

1. 文献检索

文献检索是指根据学习和工作的需要获取文献的过程。文献检索是一项实践性很强的活动，要善于思考，并通过经常性的实践，逐步掌握文献检索的规律，从而迅速、准确地获得所需文献。常用的文献检索方法有直接法、追溯法、工具法、综合法。

2. 初步筛选

与检索相伴的是对文献进行初步筛选。研究表明，按质量的优劣可将文献分为三种类别，第一种是占30%左右的必要情报，第二种是占5%左右的错误情报，其余的则是冗余情报。因此，鉴别材料在任何研究中都非常重要，可以在检索的同时鉴别文献的真实性、先进性和适用性，并进行筛选。

（三）展开论证

开始撰写高质量的文献综述前，要按照种类和主题将资料分类，发现论点；然后分析资料，了解与主题相关的研究已取得了哪些成绩。可以使用核心观点图（图3-2）、作者图谱（图3-3）、文献研究矩阵表（表3-1）等工具对文献进行整理。

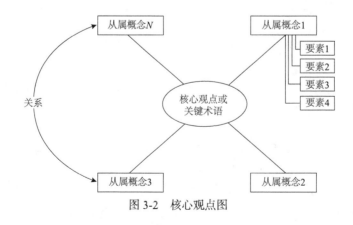

图 3-2 核心观点图

---

①   梁启超. 中国近三百年学术史[M]. 北京：团结出版社，2006：69.

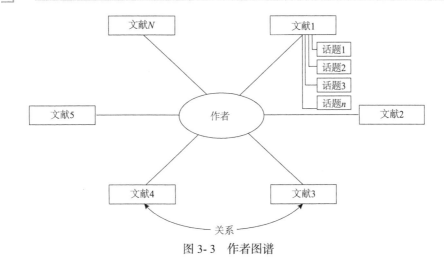

图 3- 3　作者图谱

表 3-1　文献研究矩阵表

阶段	第一阶段 集中资料				第二阶段 综合信息				第三阶段 分析资料类型		
	关键概念或者关键词（从图表和书目卡片中来）	引文或参考资料（从图表和书目卡片中来）	主要观点（从图表和书目卡片中来）	资料质量[资料是否符合质量标准（是或否）]	证据分类（将资料放在合适的位置作为证据）	论证方式和简单论证（这一组证据所使用的论证方式）	简单论断（这条资料是这一论断的证据）	论断的可接收性[论断是否符合可接受标准（是或否）]	简单论断前提（将简单论断作为主要论断的证据）	复杂论证（用于证明复杂观点的论证）	复杂论断（发现式论证的主题）
作者、篇名、期号（A）											
作者、篇名、期号（B）											
作者、篇名、期号（C）											
作者、篇名、期号（D）											

　　要成功地论证主题，需要建立和呈现论证方案。论证方案要对论断进行逻辑安排，对相关资料加以组织形成证据主体，发展研究课题的现有知识。[①]

（四）文献研究

　　文献研究收集关于研究课题的已有知识。在文献研究的初始阶段，须对通过文献

---

　　①劳伦斯·马奇，布伦达·麦克伊沃. 怎样做文献综述——六步走向成功[M]. 陈静，肖思汉，译. 上海：上海教育出版社，2011：48.

检索所获得的资料中的发现进行审查，再按照一定的逻辑将这些发现组织起来，最终形成结论。这将有助于我们了解关于眼前的研究课题知道什么。文献研究有三个阶段，如表 3-2 所示[①]。

表 3-2　文献研究的三个阶段及任务

研究阶段	任务
第一阶段：集中资料	1.分类记录有用的主要著作、期刊、文章等。 2.列出作者名单，对引文进行分类。 3.评估信息的质量和力度。 4.建立一个总体的记录矩阵图。 5.记录核心观点
第二阶段：综合信息	1.根据作者、关键词、主题、年代、理论等对主要文献进行分类。 2.根据主题类型，建立核心观点图，列出提纲。 3.扩展当前的作者图谱、理论图表和书目卡片的摘要，记录流行的理论原则等，建立简单论断
第三阶段：分析资料类型	1.审查核心观点图和矩阵图，形成论证方案和推理形式，进而确定关于研究课题"人们知道什么"。 2.列出梗概、蓝图和提纲；进行论证，做出主要论断。 3.就人们关于研究对象的现有知识写出一份发现报告，"讲述故事"

拓展性阅读

知识图谱应用于识别学科研究前沿

知识图谱（knowledge mapping，在图书情报界也称知识域可视化或知识领域映射地图）是显示知识发展进程与结构关系的一系列各种不同的图形，用可视化技术描述知识资源及其载体，挖掘、分析、构建、绘制和显示知识及它们之间的相互联系。具体来说，知识图谱是把应用数学、图形学、信息可视化技术、信息科学等学科的理论与方法、计量学引文分析、共现分析等方法结合，用可视化的图谱形象地展示学科的核心结构、发展历史、前沿领域及整体知识架构的多学科融合的一种研究方法。它把复杂的知识领域通过数据挖掘、信息处理、知识计量和图形绘制而显示出来，揭示知识领域的动态发展规律，为学科研究提供切实的、有价值的参考。迄今其实际应用在发达国家已经逐步拓展并取得了较好的效果，但在我国仍处于研究的起步阶段。

HistCite、CiteSpace、VxInsight 等软件都是面向知识域分析开发的，可视化分析能力强，形式丰富，将可视化技术运用到信息检索领域。

---

① 劳伦斯·马奇，布伦达·麦克伊沃. 怎样做文献综述——六步走向成功[M]. 陈静，肖思汉，译. 上海：上海教育出版社，2011：51.

研究前沿的可视化能提供重要的学科发展趋势，使研究人员更好地融入主流研究领域。研究前沿可视化的应用范例是美国 ISI（the Institute for Scientific Information，科学信息研究所）的科学前沿分析。ISI 利用共引分析进行科学前沿可视化分析，定期以热点问题、研究前沿等形式对分析结果进行跟踪报道。分析过程是通过识别 5 年内多学科中引用率最高的文献，用共引强度来确定研究前沿需要处理的共引文献集，将关系紧密的文献聚类。然后从符合临界值的一个共引对开始，进行单连接聚类，以此构建研究前沿的知识图谱，进行学科跟踪、趋势预测。例如，在 2006 年《自然》最后一期中刊登了一幅由 80 万篇 ISI 提供的科学文献分析产生的科学地图。将这样大规模的文献通过聚类分析，产生 700 多个聚类，以此为节点，文献之间引用关系作为边，同时将聚类文献关键词作为描述，绘出了各学科及子学科的关联分布图、国家和地区维度的科学地图，通过对比分析就可清晰地得到各国家和地区的科学研究战略重点及优势领域。

（五）文献批评

文献批评要对有关研究课题的已有知识加以阐释，并探究这些知识是如何回答研究问题的。当你构思文献批评时，问自己这样一个问题："基于已有的知识，我所提出的研究问题的答案是什么？"如果这个答案是清晰的，那么你就找到了文献综述的主题，达到了文献综述的目的，即对有关主题的已有知识进行综合并总结出一个论点。

大多数课程作业都只要求文献综述达到这个程度。然而，有些研究项目（如研究生学位论文）则要求研究者超越已有的知识，发现新的问题，从而拓展某一领域内的知识，进行原创性的探究。这个新的问题称为研究问题。你必须提出更多的问题：何种具有原创性的新知识能够扩展已有的知识领域？有关这一研究课题的论证揭示了哪些局限、矛盾、忽略与争论？在博士研究生阶段的研究项目中，文献批评不能仅仅是支持已有知识，还必须做得更加深入，必须寻找尚未解答的问题和只有通过新研究才能解答的问题。

（六）综述撰写

文献综述的撰写要求用心地创造、塑造和提炼材料信息。这一工作要从设想作品的最终模样开始。通过一步一步的修改（包括写作、审核、校订），论文才会变成最终的完美作品。良好的写作过程遵循两个阶段：第一阶段，作者通过写作增进自身的理解；第二阶段，作者通过写作促进他人理解自己。换言之，首先通过写作弄清楚自己想要说什么，然后通过写作弄清楚应该如何说。

具体来说，在第一阶段，作者应该沉浸到研究课题之中，对研究资料的深入理解使作者有能力对其进行批判性思考。只有当你能够脱离笔记而对这一主题侃侃而谈时，你才能够动笔写作。在第二阶段，进行尝试性写作时，首先要构建一个纲要，然后写出一份初步的草稿，并对草稿进行细致修改、完善，这是促进别人理解自己的开始。

文献综述的写作是一项写作与修改交替进行的渐进过程,每一次修改都是对文章的进一步完善,直至论文能清晰优雅地表达作者的观点[①]。

第二节　文献检索的方法

在正式确立课题之前,与发现问题同步或者紧接着进行的工作就是检索相关文献。在许多研究中,文献检索贯穿研究的全过程。在选择问题和课题时,需要借此打开视野。在实施和总结的过程中,需要借此提供方法和观点的借鉴。这是在继承前人研究成果的基础上创新的起点,关系到研究的速度、质量及能否出成果。对于工作任务比较繁重、时间和精力也比较紧张的研究者来说,有效地检索文献是拓展视野、学习最新研究成果的重要途径。

一、文献源的基本类型

文献源常分为三种基本类型:普通文献、主要资料、次要资料。

1. 普通文献

普通文献通常是研究者首先要寻找的资料,其作用是告诉研究者到哪里去寻找与研究问题直接相关的其他资料,如文章、书籍和其他文件。大多数普通文献是索引或者摘要。在索引中,会列出文章和其他资料的作者、题目和出版地。而在摘要中,除了各种出版物的作者、题目和出版地外,还会给出简短的摘要。

2. 主要资料

主要资料是研究者报告自己的研究结果的出版物。在这里,作者就自己的发现与读者进行直接交流。在化学教育领域中大部分的主要资料是期刊,如《化学教育》等,期刊中的文章通常都是有关某一特定研究的报告。还有以学术专著形式存在的主要资料,如《中国中小学教师专业发展状况调查与政策分析报告》等。

3. 次要资料

次要资料是指在作品中描述了其他研究者工作的出版物。在教育领域中,最常见的次要资料是教材。例如,为了说明不同的观点和概念,一本化学教育心理学教材可能会描述化学教育心理学领域中所做过的多个研究。其他经常使用的次要资料包括教育百科全书、研究回顾和年鉴等。

在特定领域内寻找资料的研究者一般会先去找一种或几种普通文献,用它们帮助自己寻找有价值的主要资料和次要资料。若想对问题进行快速回顾,次要资料可能是最好的选择。若想知道其他研究者所做研究的细节信息,主要资料是首选。

思考题

根据文献源的分类,想一想你平常查阅的文献资料属于哪种类型。

---

① 劳伦斯·马奇,布伦达·麦克伊沃. 怎样做文献综述——六步走向成功[M]. 陈静,肖思汉,译. 上海:上海教育出版社, 2011: 101.

二、文献检索的意义及流程

检索文献从各种不同的资料中获得与课题研究相关的有用信息,是化学教育研究过程中非常重要的一项活动,它贯穿教育研究的全过程。需要指出的是,查找文献不是对文献材料的罗列和堆积,而是要根据课题研究的目的和研究思路,对相关的文献资料进行分析和加工。

(一)文献检索的意义

从众多的文献中准确、迅速地查找到符合需要的资料,不仅是一个查找、搜集的过程,也是一个分析、研究的过程。在这个过程中,相关领域的研究情况逐步清晰起来,自己所选的课题和基本思路也在与这些文本进行着"对话"。当主要的文献被系统检索后,自己的研究课题和思路也将更清晰,当然,也有可能改变了主意。不过,即使改变了主意,也比盲目地、仅凭感觉和经验开展研究要好得多。况且改变了先前的主意,很可能是形成了更好的想法。当然,文献检索的过程也有高效与低效之分。采用的方法不当,查询过程缺乏秩序,有可能毫无收获,甚至浪费时间和精力。在科研工作中,一个重要的观点是最初的工作做得越完备、越准确,后面的工作才越有可能高效率、高质量。

(二)文献检索的流程

在研究课题已初步明确以后,文献检索通常按照图 3-4 所示的流程依次进行:首先确定与课题相关的关键词或词组,确定适合的索引或系统的材料来源,下载、查阅有关的文献资料,然后将材料按内容或重要程度排序或分类,剔除无关材料后,对包含相关信息的材料做摘要或总结,并准备完整的文献目录。

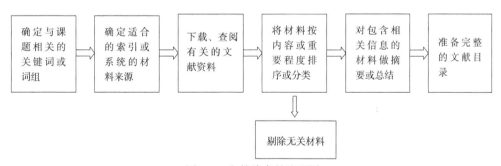

图 3-4 文献检索的流程图

研究者按照上述流程进行检索,可以显著提高查找文献的效率,节省时间和精力。第一步,要确定与课题研究相关的核心内容,一般是用 1~2 个关键词或词组表示,有时也进一步确定与课题有关的潜在关键词组。第二步,确定通过什么样的检索方式来查找有关的文献,一般可以通过查阅全国报刊文献索引或某些期刊的总目录等进行检索。第三步,根据查找到的文献篇目,研究者要查阅所有的原始文献,并进行复制或者摘录。第四步,将所复制的文献粗略地阅览一遍，按照其内容或重要性进行分类或排序，同时对这些文献做去粗取精、去伪存真、由表及里的加工工作。这主要包括剔除假材料，去掉重复、过时的资料，保留全面、完整、深刻和正确阐释相关问题的资料，以及含有新观点、新材料的资料。第五步，仔细阅读与课题有关的重要文献，并做出摘要，一份摘要就是一份对包含各种信息的研究报告或论文的总结，在此基础上有选择性地就前人已做过的工作进行分析评论，并写出文献综述。第六步，将所有的文献进行目录登记，以备写参考文献时引用。

在检索文献的过程中，应当认真、客观、慎重地对待每一篇文献。很多时候检索到的部分文献与我们所考虑的课题并没有直接的联系，但可以给我们某些启示。研究者的任务，就在于从检索到的若干文献中发现它们的相关关系，并归纳有用信息[1]。

思考题

你平时怎样检索所需要的文献？和上述文献检索流程图相比有何异同？

三、文献检索的基本方法

（一）直接法

直接利用检索工具检索文献信息，是文献检索中最常用的一种方法。此法可分为顺查法、逆查法和抽查法。顺查法为由远而近按序查，适用于范围较广、内容复杂、所需文献较系统全面的研究课题；逆查法则是由近而远地查找，逆着时间的顺序利用检索工具进行文献检索，适用于新文献的搜集、新课题的研究；抽查法是选择有关项目的文献信息最可能出现或最多出现的时间段进行重点检索，适用于对课题研究较集中的年代、文献较多的时期进行抽样。

（二）追溯法

利用已经掌握的文献末尾所列的参考文献，逐一地追溯查找"引文"。可以在查到的"引文"中再追溯查找"引文"，获得越来越多的相关文献。采用追溯法，往往能找到重要参考材料。但有时由于新文献不多，原著者提供的参考文献数量有限或价值并不很大，所以不应完全依靠追溯法来检索文献。

（三）工具法

利用文摘和索引等检索工具进行检索，具有快速、方便的优点。通过对它们的检索可了解文章或图书的研究主题和内容要点，明确是否进一步寻求原件。另外，文献浩繁，利用索引和文献摘要，可以节省大量时间和精力。检索最新、最近的文献信息，应选择反映文献信息的最快捷的检索工具。

① 毕华林. 化学教育科研方法[M]. 济南：山东教育出版社，2001：14.

（四）综合法

综合法既利用检索工具进行常规检索，又利用文献后所附参考文献进行追溯检索，以期取长补短、相互配合，获得更好的检索结果。

四、化学教育文献的获取方法

（一）采用各种搜索引擎

分类检索：就是从搜索首页，按照主题分类逐层点击查找所需信息。

关键词检索：用户直接在搜索文本框中输入关键字，然后单击"搜索"按钮，显示的结果是满足查询条件的分类目录或站点，如表 3-3 所示[①]。

表 3-3　常用的中英文搜索引擎

搜索引擎名称	网址
百度	http://www.baidu.com
CHEMIE.DE	http://www.chemie.de

（二）直接输入网址

如果信息资源以网页形式存储在服务器中，用户只要知道某化学教学信息站点的网址，即可在启动 Internet Explorer 后，直接在"地址栏"内输入要访问的 Web 站点网址。常见的化学教学资源常用网站及网址如表 3-4 所示。

表 3-4　化学教学资源常用网站及网址

网站名称	网址
K12 教育空间	http://www.k12.com.cn
人民教育出版社	http://www.pep.com.cn
香港科技大学教育资源	http://www.edp.ust.hk

此外，还可以通过订阅第二章表 2-3、表 2-4 中的期刊，获取化学教育文献。

（三）通过邮件列表获取所需资源

邮件列表是把具有相同需求的人组成一个电子团体，用户通过加入邮件列表的形式获得列表管理者提供的服务。邮件列表有两个优点：一是通过互联网在线订阅，方便快捷，用户只要将自己的电子邮件地址填入即可；二是用户获得信息简单迅速，邮件列表管理员只需在列表程序中发送一封邮件，所有成员都可以收到。用户尽管是被动阅览邮件，但阅览的却是用户们共同关心的问题，所以非常省时。

[①] 郑长龙，等. 化学实验教学新视野[M]. 北京：高等教育出版社，2003：183-185.

资料卡片

外文期刊检索示例

（一）美国《化学教育期刊》（*Journal of Chemical Education*）检索步骤

（1）进入学校图书馆网络服务平台，找到"外文数据库"，点击进入。

　中文数据库　　　　　　　　　　▣ **理学（数/理/化/地理/生物）**

　外文数据库　　　　　　　　　　　　　**数据库名称**

　试用数据库　　　　　　　　ACS美国化学学会期刊数据库

　　　　　　　　　　　　　　　AIP （American Institute Of Physi

（2）进入理学板块，找到"ACS 美国化学学会期刊数据库"，点击进入。

（3）找到"ACS Journals"，点击进入。

　　　　　　　　　　　　　　ACS　　**ACS Publicati**

ACS Journals ▾ ｜ ACS ChemWorx ｜ eBooks ｜ ACS Style Gu

　　Search　　Citation　　Subject

　　Enter search text / DOI　　　　　　　Anywhere

（4）找到 J 字母下的"Journal of Chemical Education"，点击进入。

J
Journal of the American Chemical Society
Journal of Agricultural and Food Chemistry
Journal of Chemical & Engineering Data
　　　Chemical & Engineering Data Series
Journal of Chemical Education
Journal of Chemical Information and Modeling

（二）英国《化学教育研究与实践》（*Chemistry Education Research and Practice*）检索步骤

（1）进入学校图书馆网络服务平台，找到"外文数据库"，点击进入。

（2）在理学板块找到"RSC（Royal Society of Chemistry）英国皇家化学学会电子期刊（免费）"，点击进入。

　外文数据库　　　　　　　RSC （Royal Society of Chemistry）
　　　　　　　　　　　　　电子期刊（免费）

　试用数据库　　　　　　　Science Citation Index(SCI)科学引文

（3）找到 "Journals"，点击进入。

（4）找到 C 字母下的 "Chemistry Education Research and Practice （2000-Present）"，点击进入。

第三节　文献综述的写作

一、文献综述的基本结构

化学教育研究文献综述的编写结构，依目的、服务对象的不同而不同，但一般应包括如下几个部分。

（一）标题

综述的标题应能鲜明地表达该综述的主要内容，使人一目了然。如果是课题研究的文献综述，则不要求有标题。

（二）前言

前言也称序言，是关于本综述报告的概括性描述。它主要说明撰写本综述的原因、目的、意义、使用对象、资料的收集范围（所综述的文献概况）及综述的主题内容等。在主题内容中，可对本课题的历史渊源、目前状况及存在问题、发展趋势进行简介。前言应力求简明扼要、重点突出。有些综述往往没有明显标明序言或前言，而是将所阐述的内容作为正文的一部分放在正文之首，在实质上起到了前言的作用。前言部分的主要关键点有研究的目的、综述的范围、有关主题的研究现状或争论焦点等有关信息。当然，这并不表明要一一列举出所有的关键点，而是要根据研究的需要有所强调。

案例分析

　　化学新课程改革实施以来，随着国内高校逐年的扩招，高等教育已步入大众化阶段。高校人才的选拔标准与评价体系也出现了深刻而重大的变化，备受关注的化学高考评价的变化尤为突出。截止到 2013 年，国内除广西以外所有省、自治区、直辖市将全面实施化学新课程高考，化学高考命题也由原来的全国一卷逐渐过渡到各地自主命题……如何保证化学高考命题的科学性、公平性，已成为亟待解决的重要而关键的研究课题。对新课程高考化学试题命制研究进行全面的梳理、归纳和总结，有利于促进高考化学试题命制研究沿着科学理性的轨道循序渐进地发展。

　　——参考王后雄，孙建明. 2013. 新课程高考化学试题命制研究综述[J]. 中国考试，（07）：9-17.

　　分析：这篇文献综述的前言虽然简短，但指出了综述的目的，扼要说明了研究现状及焦点问题。

（三）正文

　　这是综述的主要部分。它从不同的方面对所综述的文献观点和材料进行叙述。一般应对本课题在某一阶段的发展历史、当前成就、发展趋势及其他有关方面的内容进行系统而全面的介绍，尤其是应对最新的、最权威的观点进行详细叙述，对与之相反的、有争议的有代表性的观点进行叙述，以便读者更深入、更全面地了解该课题的概况，进行分析研究。

　　可以按年代顺序综述，将所搜集到的文献资料归纳、整理及分析比较，阐明有关主题的历史背景、现状和发展方向，以及对这些问题的评述，主题部分应特别注意引用和评述代表性强、具有科学性和创造性的文献。这一部分内容是文献综述的主干，如何把握这一部分的内容尤为重要，但这一部分出现的问题也比较多。在文献综述中，经常出现的错误就是介绍一个作者的观点，然后是另外一个作者，接着是下一个作者……要避免这类问题的发生，就要学会使用简单的连接词。

案例分析

　　1. 串联观点相似的词语：也是、另外、再者、同样地……

　　探究是科学学习的主要方式，因此，一些科学教育研究者关注探究学习与学生科学论证能力发展的关系。Ozdem 等（2011）调查了职前科学教师在探究导向的实验任务中建构的科学论证结构类型，并且探索了科学论证结构是如何依据实验和讨论部分而变化的，结果表明设计具有多样批判讨论阶段的探究导向实验任务能够支持学生参与论证。类似地，Katchevi 等（2013）也指出探究实验由于其学习环境的特点具备能够有效建构学生参与建构论证的平台……

——参考邓阳. 2015. 科学论证及其能力评价研究[D]. 武汉：华中师范大学.

分析："一些科学教育研究者关注探究学习与学生科学论证能力发展的关系。Ozdem 等（2011）调查了……"这是一种写作手法，有关该主题研究的观点可能很多，没必要把所有观点都罗列出来，可以把较为突出的或与自己主题密切相关的观点写出来并进行分析。"Katchevi 等（2013）也指出……"这是一种承上启下的连接句，可以看出文中很自然地用了连接词"也"。

2. 串联不同观点的词语：然而、相反地、从另一方面来说、虽然如此……

国外对教科书综合性评价指标体系的研究，主要集中在20世纪60～80年代。21 世纪以后，转向微观指标研究。以美国为例，"计划"项目组研制的教科书评价标准的出台，使美国的教科书综合性评价指标体系相对完善。此后很少找到类似"计划"教科书评价标准这样完备的成果，相反，大量资料显示，研究者的重心转向对教科书某项具体指标的评价研究，研究越来越具体，如教科书的可读性、性别平衡、图文配置、科学本质观的体现等都已成为当今国际教科书研究的热点。

——参考李佳. 2011. 高中物理教科书评价指标体系构建研究[D]. 重庆：西南大学.

分析："此后很少找到类似'计划'……"对目前这方面的研究现状进行概括。"相反"表示转折，突出了另一种不同的观点或声音。作者本人观点的表述可以贯穿在文献的主题部分，在叙述每个问题或观点之后，随时发表自己的看法。本人观点其实就是要用自己的理解和语言对文献进行总结、评述。

（四）总结

总结是作者对本综述所得结果的概括性叙述，指出本综述的价值、局限性和待解决的问题。有的结束语放在正文后，单列结论一项，有的作为正文的一个组成部分，总之形式可以多样。

案例分析

学习进程的微观研究体现了学习进程在优化教学、促进学生发展与促进教师专业发展等方面的显著作用。然而，学习进程的确立与推进也遇到了不少挑战，如何使得学习进程最大限度地帮助教师促进教学已经成为众多研究者公认的重要课题。综合西方国家学习进程实证研究的经验，反观我国课程与教学研究的现状，提出了以下策略与建议，旨在保障并促进学习进程研究走向教学实践，并实现良性循环。……

——参考沈健美，王祖浩. 2014. 面向教学实践的学习进程：西方实证研究综述[J]. 外国教育研究，（05）：107-114.

分析：在综述的总结部分既肯定了已取得的成果，又点出了研究的不足，并提出自己的观点及进一步研究的方向，同时给出研究启示。

（五）附录

对科学研究来说，列出综述主要引用和参考的文献很重要，因为这是本课题综述撰写的依据，可为读者核对或进一步研究所用。列出附录的目的也是尊重别人的成果和便于读者查阅原文做进一步研究。需要指出的是，所附参考文献应当是文中引用过的、能反映主题全貌的并且是作者直接阅读过的文献资料，数目一般限定在 20 条以内，最多不能超过 30 条，不是越多越好；参考文献的发表时间以 3～5 年为宜，也不是时间越久远越好。并且参考文献的编排要清楚、内容准确无误、格式规范。

二、撰写文献综述的基本程序

化学教育研究文献综述的撰写需要遵循一定的程序。

1. 选题

选题即确定综述的主题和选材范围。选题时，应考虑其理论价值和实践价值及相应文献收集的可能性，以使综述具有较强的针对性和可行性。

2. 选材

确定选题以后，就应根据选题的需要，充分利用检索工具查找与选题相关的文献，将获得的文献进行筛选和甄别，选取那些具有一定情报价值的文献作为综述的参考、引用文献。

3. 认真研读，写出文摘

这是综述撰写中很重要的一环。只有真正了解原文献的内容，才能写好综述。

4. 拟定写作提纲，组织材料，形成报告

在阅读大量文献的基础上，在对选取的材料进行分析、整理后，应拟出提纲，组织材料，进行撰写。写作时，作者应充分运用综合概括的能力，观点要鲜明、准确，引用的材料要典型、具有说服力。要指出的是，引用文献不可断章取义，概括原文意思要做到准确无误。

资料卡片

写作小技巧

1. 从主要观点开始，建构论据，进行总结。研究完某个观点之后，务必确保这一观点自然过渡到下一观点，各个论点之间融会贯通，文章连贯一致。

2. 撰写草稿时，尽量写出你对研究课题所知道与所想要表达的一切事物。不要停下来修改或重新思考，只管继续写作。

　　3. 撰写草稿时，不要担心语句或标点符号的问题。尽力保持自然顺畅的思路。审核与校对阶段再检查文章的结构。

　　4. 节制有度地运用笔记与大纲。写作应该按照自己的思维进行，而不是依赖参考资料。

　　5. 坚持完成一部分写作后再放下记事本或电脑键盘。

　　6. 顺利完成一部分后再进入下一部分的写作。

　　7. 要有耐心和好奇心，严格要求自己，不对自己手软。坚持不懈地写作，直至创作出你真正想要的作品。完成初稿后应该有重返修改的心理准备，继续完善论文。

　　——参考劳伦斯·马奇，布伦达·麦克伊沃.2011.怎样做文献综述——六步走向成功[M].陈静，肖思汉，译.上海：上海教育出版社.

思考题

　　你之前写过文献综述吗？你写文献综述的格式与上述格式有何异同？

讨论

　　1. 你觉得做文献综述有没有价值？如果有，你认为价值是什么？

　　2. 你会按照本章介绍的撰写步骤写文献综述吗？你觉得该步骤有没有可行性？

　　3. 对你而言，撰写文献综述的难点是什么？你是如何解决的？

研究练习

　　1. 请利用直接法、追溯法、工具法、综合法各检索一篇有关化学学科核心素养的文献。

　　2. 请试着搜索外文期刊 *Journal of Chemical Education*，并在上面下载一篇文献。

　　3. 下载一篇化学教育类文献综述并对其前言部分进行分析。

　　4. 阅读一篇化学教育类文献综述，写下这篇综述给你的启示。

小结

　　1. 文献综述除具备一般性学术论文的逻辑性、学术性和简洁性的基本属性外，还具有客观性、评述性、综合性、先进性、不受时空限制、信息容量大、费用低等特点。

　　2. 文献综述能帮助读者厘清前人的研究成果，确定研究课题和研究方向；为教育研究提供科学的论证依据和研究方法；避免读者重复劳动，提高科学研究的效益和效率。

　　3. 文献综述的过程包括选择主题、文献搜索、展开论证、文献研究、文献批评、综述撰写。

　　4. 文献源类型有普通文献、主要资料、次要资料。

5. 文献检索的流程依次是确定与课题相关的关键词或词组，确定适合的索引或系统的材料来源，下载、查阅有关的文献资料，将材料按内容或重要程度排序或分类，对包含相关信息的材料做摘要或总结，准备完整的文献目录。

6. 文献检索的方法主要有直接法、追溯法、工具法、综合法。

7. 化学教育文献的获取方法主要有采用各种搜索引擎、直接输入网址、通过邮件列表获取所需资源。

文献综述练习

1. 我的研究问题或假设是：

2. 我使用的普通文献有：

3. 我使用的检索词是：

4. 我参考的三种期刊是：

5. 我阅读过的研究题目（贴上笔记卡片）是：

第四章 化学教育研究设计

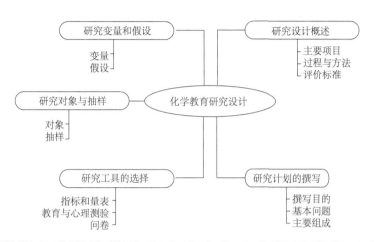

第四章PPT

学习目标

◇ 简要描述研究计划的目的，能阐明研究计划应包含的几种基本问题。

◇ 知道研究计划的主要组成部分，能设计出一个研究计划。

◇ 会根据变量提出假设，能说出指标与量表的基本内涵，会区分指标与量表。

◇ 知道问卷的结构，掌握有效的问卷编制技术，能根据自己关心的化学教育问题动手
  设计一份问卷，并有效实施。

◇ 能说出几种常见的抽样方法，会根据实际情况使用相应的抽样方法。

　　化学教育研究是对化学教学过程中有意义的问题的答案进行有系统、有计划和有目的的探求。化学教育研究是一种目的性很强，并且一切活动均指向该目的的行为。因此，在开展系统的化学教育研究之前，需要进行整体规划与设计。"凡事预则立，不预则废"，研究设计是整个研究工作中重要的一步。研究设计是否合理完善，不仅直接影响研究的预定目标能否实现，影响研究工作的效率，而且影响研究结果的可靠性、科学性，课题计划考虑得越周密、越充分，研究就越能顺利达到预想的目标。因此，要想使研究达到预想的结果，就必须在进行研究之前充分考虑各方面情况，做出较为完善的研究设计，指导自己的研究过程。

第一节　研究设计概述

一、研究设计的主要项目

　　研究设计主要包括研究对象、研究材料、实验设计及变量分析、研究步骤与方法、数据统计方法等项目。

1. 研究对象

研究对象是教育科学研究中的研究样本，因而它必须具有一定的代表性，其属性、特质及变化应该反映研究的主题。而且在研究方案中要详细说明样本的选择理由、方法，样本的组成、结构等相关要素。

2. 研究材料

研究材料包括已有的他人现成的材料、自编的材料或其他仪器设备等，对于问卷等材料，要具体交代问卷的组成、结构、性质及信度和效度等指标；对于仪器设备，要明确说明品牌、型号、厂家及必要的操作等。详细内容可附后。

3. 实验设计及变量分析

实验设计及变量分析是实证研究方案中必须予以说明的项目，特别是对于变量的分析与控制等处理，直接影响所收集数据的价值和研究的质量。

4. 研究步骤与方法

研究步骤与方法是按照研究的时间先后顺序或逻辑顺序描述具体实施过程的项目，在此项目中，必须详细说明每一步是做什么，运用哪些说明材料或工具，对哪些对象实施了哪些操作、是如何操作的。例如，在学生自习课中，运用瑞文智力团体测量量表对某学校、某年级、某班级的学生进行团体智力测量，时间为 20 分钟。在研究方案的设计中，研究方法的描述只有与实施步骤结合起来，才能让人明白研究路线与意图，否则就会让人无法理解。

5. 数据统计方法

数据统计方法是研究者对所收集到的研究数据等信息的处理方式。在研究设计中，通常只要大致说明数据的处理工具即可，具体的统计分析方法和操作应当待研究数据出来后，在研究报告中详细交代。

二、研究设计的过程与方法

研究设计的目的在于帮助研究者厘清研究的框架、方法和过程。如图 4-1 所示，作为一个研究，首先要根据研究目的提出一个可以研究的有价值的问题，在此基础上，根据文献综合明确过往研究的不足、本研究的内容及研究思路，并提出研究假设，然后根据研究内容、概念架构确定适切的研究方法，并确定数据分析的方法。最后还需要对研究设计进行反思，提出研究问题可能的缺陷。

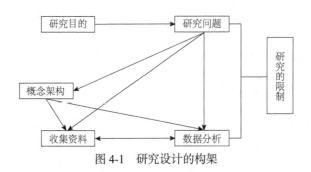

图 4-1　研究设计的构架

化学教育研究通常要经历以上步骤。例如在定量研究中，研究问题必须是可以检验的假设，或研究者所感兴趣、有价值或重要的问题，问题可以经由数据搜集、分析来加以检验或回答。完整的实施程序包括样本或受试者的分析、测量工具的选择、测量数据的搜集与统计等。如果有特殊实施程序，在研究设计中也应加以规划。数据分析通常包括一个以上统计技巧的应用。数据分析的结果可供研究者检验研究假设或回答研究问题。结论的呈现主要根据数据分析的结果，结论应该与最初拟定的假设或研究问题有关，研究结论也要指出研究假设是否得到支持。

量化的化学教育研究设计通常要考虑以下几个方面。

（1）因变量。因变量是研究的主题和中心要素，在描述因变量时，既要说明其抽象的定义，又要说明其相应的衡量指标，对于无法考察或没有相应工具测量的因变量，是无法开展相应的量化研究的。

（2）自变量。自变量通常是研究过程中研究者人为操纵的、对因变量有着重要影响的变量，有时可以将人口学变量（如学生所在学校类别）、机体变量（如性别、身高）当作自变量来看待。在实验设计中，对自变量的描述，不仅要有抽象的定义，还要有操作性定义，或者说自变量及其水平的人为操作方法。

例如自变量 A 为教学方法，其抽象定义是教师在教学过程中所使用的教学程序、师生活动方式，其中有两个水平，水平 A_1 为实验探究式教学，水平 A_2 为讲授式教学，那么就必须明确说明这两种教学方法的具体操作形式，以便他人明确知晓，并可按照你所说明的操作要领进行具体操作。

（3）控制变量。一般来说，影响因变量的因素有很多，除自变量以外的其他因素都属于控制变量，例如，影响教师的教学效果的因素有教师的能力和水平、教学方法、教学手段等，如果教学方法是自变量，那么其他均为控制变量。在研究方案的设计中，研究者必须对于控制变量进行详细分析，并对其处理方法予以说明（如通过设置对照班予以抵消或恒定，通过设置"单盲"或"双盲"予以消除等），以便于研究过程的正确实施和确保研究过程的客观性、科学性和准确性。

（4）组间设计还是组内设计。假如你只操纵一个自变量，那么它最好是用作组内变量还是作为一个分组因素？如果你有多个变量，你需要对每一个变量做出这样的决定。

（5）取样总体。你是否需要特定的总体？你需要预先剔除某些参与者吗？例如非英语作为母语的个体可以参加吗？年龄和性别与这项实验有关吗？

（6）样本容量。我们需要多少名参与者来完成这项研究？

（7）统计方法。你会用什么样的统计手段及方法来分析数据？

三、研究设计的评价标准

如何评估一项研究设计是否值得实施，需要考虑以下评估项目。

（1）内部效度。这个研究设计是否合理？我们观测到的因变量真的是由自变量 A 造成的吗？有潜在的混淆因素会破坏我们的设计吗？

（2）外部效度。这个实验测量的是你想要测量的东西吗？这个实验有足够的代表性从而能推广到实际教育教学情境中吗？

（3）统计功效。在选定的设计中，样本的容量大到足以验证研究中感兴趣的那类效应吗？还存在可能影响功效的其他因素吗？例如，测验所在环境是否嘈杂或容易让人分心？

（4）资源。在资金和时间受到限制的情况下，这个项目对研究者来说可行吗？如果存在可行性，它能变得更高效以便为后续研究提供更多资源吗？像录像机等观测设备都准备好了吗？

（5）伦理规范。这项研究符合伦理标准吗？

（6）实际考虑。还有很多实际情况需要考虑。例如，愿意和我们合作的学校够不够？

（7）科学价值。这项研究新颖吗？足以达成研究者所拟目标吗？又如，它是否达到了推进学术的作用，以至你够资格获得相关学位，或者研究成果能在同行评审的期刊上发表？它是否符合资助该研究项目的机构的目标？如果该项目用来申请经费，它能帮助你获得资助吗？

第二节 研究变量和假设

许多研究问题所具有的一个重要特征是，它们提出了某种我们要探讨的关系。我们相信，证实关系或联系一般能增进我们的理解，正是由于这个原因，我们鼓励形成一种预测某种关系存在的假设。

一、变量

关系是关于变量的一种陈述。变量是代表一类客体的内部变化的术语，这些客体有椅子、性别、眼睛的颜色、学业成就、动机或奔跑的速度等，甚至"勇气""风格""生活的欲望"也是变量。然而，这一类客体中的单个成员必须不同或存在变化以使这一类客体符合变量的要求。如果一类客体中的所有成员都是一样的，就不能得到一个变量。这种特征的量称为常量，因为这一类客体中的单个成员不允许变化，而是要保持恒定。在研究中，有些特征是变量，而其他特征将是常量。

一旦研究者确定沿着技术路线来设计实验，并设计了两种或两种以上的实验条件时，他们就引出了变量。例如，研究者想探讨不同程度的强化对化学学业成绩的影响，可以把学生系统地分派到三个不同的小组。第一组在每天的化学学习时段都获得连续的强化；第二组只简单地给予"继续好好干"的口头表扬；第三组不给予任何强化。这样，研究者就操纵了实验条件，并因此引出"强化量"这一变量，一旦研究确定了实验的条件，他们就引出了一个或多个变量，这些变量就称为实验变量，也可称为操作变量或处理变量，也就是自变量。自变量被假定为对另一个变量有影响或有某种程度的影响，另外一个变量就称为因变量，也称结果变量。自变量与因变量之间的关系可以用图4-2描述。

图 4-2 自变量与因变量之间的关系

二、假设

假设（hypothesis）就是关于某个研究的可能结果的一种预期。从一个问题中可以引出不同的假设。研究假设是研究内容的具体表述，需要研究的内容可能很多，限于作者的时间、精力或条件，在某一个课题中只能解决某一环节或某一方面的问题，于是就对其研究内容进行明确、具体的界定，这些界定就称为研究假设。

案例分析

陈 述 假 设

提出问题：在化学教学中，由同性教师所教的学生是否会比由异性教师所教的学生更喜欢这门课？

做出假设：在化学教学中，由同性教师所教的学生比由异性教师所教的学生更喜欢这门课。

方向性假设是指研究者预期在研究关系中所出现的具体方向（如高于或低于、多于或少于）的假设。所预期的特定方向是基于研究者已有的文献、其个人的经验或他人的经验而来的。有时做出具体的预测是困难的，如果研究者怀疑存在某种关系，可以采取非方向性假设，不对研究结果的方向做出某种具体的预测。

思考题

你知道变量与假设之间是什么关系吗？

第三节　研究对象与抽样

当研究者系统地提出研究问题并选定最适当的研究类型之后，在研究中，他必须合理地确定作为研究对象的总体。在理论上，凡属于这个范围的每个分子都应进行调查。但是，这需要付出很多的人力和很大的费用，因此，一般采用从总体中抽出部分分子进行调查、研究、推断的方法，这就是本节所要讨论的抽样问题。本节将讨论抽样的基本定义、概率抽样、非概率抽样、概率和非概率结合抽样。

一、研究对象

对研究人员来说，符合某些重要标准的人口群体称为总体。例如研究湖北省中学化学教师，这一总体就由那些既在中学任教又教授化学的湖北教师组成。因此，总体就是合乎某些重要标准的全体研究对象。总体的所有分子或分子群体的名单称为抽样构架。

在化学教育研究中，不仅要在研究题目中给予必要的限定，而且要在研究设计中对样本的抽样方法及其组成成分（如性别、年龄、职业、专业等研究假设中涉及的相关信息）进行适当说明。

案例分析

湖北省高中化学教学现状调查抽样方案设计

湖北省高中化学教学现状调查的调查对象主要是湖北省所有高中的学生（包括高一、高二、高三年级）、化学教师、化学教研组组长及班主任。其中抽取的学校样本数目不少于 120 所，样本剔除特殊教育学校、国际学校、有智力障碍和严重功能性残疾的学生及学习汉语不足一年的学生所在学校；其中教师卷在所抽取的学校中抽取不同教龄的化学任课教师为样本，教师样本不得少于 1440 名（高一、高二、高三年级各 480 名）；抽取的高中生样本不得少于 36000 名（高一、高二、高三年级各 12000 名）；班主任卷的样本在抽取的学校中随机选择，样本不得少于 1800 名（高一、高二、高三年级各 600 名）。

本次调查采取分层抽样的方法，具体步骤如下。

首先，调查将按湖北省 12 个地级市、1 个自治州、1 个林区进行总体分层，即分层抽样。

其次，以各市为子总体，在其中进行二次分层，分为省级示范中学、市/州级示范中学、普通中学、民办学校四种类型。

再次，确定在该市按学校级别的占比应抽取的省级示范中学、市/州级示范中学、普通中学、民办学校的样本数量。以学校级别为单位在同级别学校中考虑学校地域位置、地区经济发展等外界因素分配抽样比例抽取学校样本，由学校化学教研组组长填写学校卷。

最后，从抽取的学校样本中，分别从高一、高二、高三年级展开抽样。

每个年级抽取高中化学教师 4 名，每校共 12 名，尽量覆盖四类教龄（6 年以下、6～15 年、16～25 年、26 年及以上）得到教师样本。

每个年级进行简单随机抽样，抽取 5 个班，尽量覆盖各层次班级（限理科班），按化学学优生 5 名、中等生 10 名、学困生 5 名，共抽取 20 名学生，得到学生样本。

每个年级抽取班主任 5 名，每校共 15 名，尽量覆盖四类班主任年限（1～3 年、4～9 年、10～19 年、20 年及以上）得到班主任样本。

注：被抽取的化学教师、班主任、学生尽量来自相同班级。

二、抽样

抽样就是从总体中抽出一些具备代表性的分子，被抽出的这些分子就是样本。研究人员通过研究样本推断出关于总体的一般性结论。如果样本的抽取是基于概率方法，可以借助于统计学的帮助。抽样没有也不可能抽出毫无偏差地代表总体的所有特点和关系的样本，所以许多概率必然存在着误差。但是，误差的程度对研究者来说是已知的，即研究人员据已推断总体的样本有一个已知的可信度。推断是指根据对样本研究的结果概括总体的程序。从总体中抽选出的任一样本，都可能被用来推断总体。

（一）概率抽样

概率抽样是根据对总体进行推断的已知的精确度的要求选取的。研究者可以详细说明样本中包含的任一特殊成分的概率。通常使用的概率抽样方法有：简单随机抽样、系统抽样、分层抽样。

1. 简单随机抽样

概率抽样的最基本的类型是简单随机抽样。当分子充分地混合时，在随机抽选的样本中各个分子被抽中的机会是均等的。即，在抽样中，每一个分子都有被选取为样本的同等概率，即使在一个或若干个相邻的分子被抽取之后，它仍具有同其他剩余分子相同的概率。研究者把总体的所有分子都编定数码，然后从随机数字表的一个随机起点（任一排或列、从右到左、从左到右，向上、向下或对角）开始抽取，直到选够所需的样本量为止。

简单随机抽样分为补替法和不补替法两种。在补替法抽样中，选取为样本的分子仍回归总体，因此，在同一样本中每一分子可能不止一次地出现。在不补替抽样中，选为样本的分子不再回归总体，在同一样本中某一分子只能出现一次。严格地说，根据抽样理论，补替法抽样是比较完善的。但是，总体如果足够大，不补替法抽样不会产生统计性问题。因此，在社会调查中，它是较为流行的简单随机抽样方法。

简单随机抽样是概率抽样的理想类型。在这里，从随机样本的抽取到对总体的推断，有一套健全的规则。但它对于许多研究计划来说花费太高，因而往往不实用。晚于它产生的另一种概率抽样类型提供了适当的替代方法。简单随机抽样的预定程序，对其他用统计规律调节的抽样方法也适用。

2. 系统抽样

系统抽样是简单随机抽样的一个简单变种。它先从随机数字表的一系列数码中随机抽出一个第 n 号，然后依次选取第 $2n$、$3n$、$4n$、…作为样本。例如，要从一份有 1000 名学生的名单中抽取 200 名学生作样本，每五个人必有一个被选取（200/1000）。采用系统抽样法，先在名单上将学生依次相续地全部编码，然后在 1～5 之间随机抽取一个数码，以确定被抽为样本的第一个学生，假定这一随机数码是 4，把学生名单上的第 4、9、14、19、…号依次抽选为样本，直到第 999 号为止。在这些学生样本的抽选中，系统抽样和简单随机抽样的不同在于，前者仅仅有一个随机数码，后者是 200 个随机数码。当总体分子的原始名单杂乱（即没有按照一定系列排列）而又无一点偏见时，上述两种抽样方法的结果几乎总是相同的。它们都承认每一分子或分子组合在依次连续的抽样中有被抽选的同等可能性。原始名单的随机排列是这一同等概率的根本保证。因此，系统抽样比简单随机抽样更受欢迎。

思考题

与简单随机抽样相比，系统抽样具有哪些优势？

3. 分层抽样

在分层抽样中，研究者依照一种或几种变数将总体分层，然后从各层中随机抽选样本。分层随机抽样同简单随机抽样相比有两个主要的优点：一是它从不同的层获得尽可能均衡的样本数；二是运用分层样本推断时考虑到决定性变数。有时调查者想要研究在总体中仅占小比例的群体，例如，在一所有 1000 名学生的民族高中，傣族占 22%（220）、汉族占 10%（100）、纳西族占 5%（50）、畲族占 2%（20）、白族占 61%（610）。利用简单随机抽样得到的 100 名学生样本中，可能有大约 10 个汉族、5 个纳西族、10 个畲族和 5 个白族。这些族群数目如此之小，在统计中是不稳定的，研究者不可能从这些样本中获得对该高中这些民族学生的任何精确推断。如果民族变数在研究中占有重要地位，这些数目太少的样本会使研究完全失败。解决这一问题的办法是，在抽样中考虑重要的变数，在进行简单随机抽样之前考虑总体所包含的各个层次。研究者用分层方法先把学生总体分成汉族、纳西族、畲族、傣族和白族等几个族群，然后从这些族群中分别抽取简单随机样本。样本将由 22% 的傣族学生（22/220）、10% 的汉族学生（10/100）、5% 的纳西族学生（5/50）、2% 的畲族学生（2/20）和 61% 的白族学生（61/610）混合组成。虽然样本总数与简单随机抽样法所得样本数相同（100/100），但所有的族群在现在的样本里得到了适当的表现。就研究的全部变化来说，研究者因此保证重要变数（民族）在样本中有足够的分布。

分层抽样的另一个优点是在分层过程中考虑一个或几个特殊变数的意义。当研究者确实可以根据一个或几个变数（如性别、信仰、年龄等），适当地验明总体分子，并且以变数的特点对具有相似特点或行为模式的各分子进行研究时，分层方法允许他在抽样中利用这种同类行为的有利条件。如果某层中的分子表现为同类行为，描绘这一层仅需要较少的样本。与之相反，在描述表现为异类或多种行为模式的层时，为了说明所有的模式，则需要大量的样本。

思考题

在化学教育研究中，分层抽样主要适用于哪些种类的研究？

（二）非概率抽样

在某些情况下，研究工作不要求概化出较大总体的研究结果。一些总体的边界是无法知道的，所以无法得到这些研究对象的概率样本。当出现这种情况时，各种概率抽样方法都无法使用，而非概率抽样方法可以满足需要。因为依据非概率样本推断总体时，无法确切地说出误差程度，因此，这种方法提出了统计学方面的疑难问题，据此获得的推断往往是极不可靠的。非概率抽样之所以有用，是以研究人员对总体中的个别事件有较深洞悉或总的理解为条件的。但它们并不是总体自身的科学反映。

非概率抽样有偶遇抽样、定额抽样、立意或主观抽样等类型。

1. 偶遇抽样

研究者将他所遇到的每一个总体分子都包括在样本中就是偶遇抽样，得到的样本就是偶遇样本。例如，研究者站在一所化学学院的教学大楼外面，他就某一化学问题询问从这座楼里出来的前二十名学生，他获得的是一个偶遇样本。他不知道这些学生样本是代表了

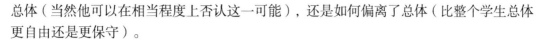

总体（当然他可以在相当程度上否认这一可能），还是如何偏离了总体（比整个学生总体更自由还是更保守）。

2. 定额抽样

比偶遇抽样稍微复杂一些的非概率方法是定额抽样。在这里，研究者尽可能地根据总体的结构特征等选择被调查对象，以获得对总体具有代表性的样本，即对各种变数都规定一个数额。例如在前面谈到的偶遇抽样案例中，研究者分别选取一、二、三、四年级学生的前五名，代替先前发表意见的那二十名。依照总体中各类分子的不同比例来权衡各类分子的样本定额，可以使定额抽样更为精确。例如，要使一年级新生占总体的30%、毕业生仅占10%，研究者可以在10名学生样本中包含3名新生和1名毕业生。

3. 立意抽样

立意抽样是根据调查人员的主观经验从总体样本中选择那些被判断为最能代表总体的分子作为样本的抽样方法。如果研究者对自己的研究领域相当精通，他就有可能获得对总体有代表性的分子。在无法确定总体分界或因研究者的时间和设备有限，以致无法进行概率抽样的情况下，可以选用立意抽样法。但是，由于无法确定主观的立意程度和由此产生的误差度，立意抽样通常是冒险的。

非概率抽样较为经济，概率抽样则能提供较为准确的预测。为了综合这两类抽样方法的优点，往往将两者结合使用。研究者应权衡各种因素，选择最合适的抽样方法或结合使用各种抽样方法，以便在能力和手段所允许的限度内得到总体的最有代表性的样本。

第四节　研究工具的选择

研究者通常需要用多重指标来充分、有效地测量变量。

一、指标和量表

指标和量表都是典型的对变量的定序测量，即根据具体变量的分析单位进行排序。可以通过分值分配方式对指标和量表进行区别。指标往往通过单个属性的分值累积来建立，而量表的建立则是利用了任何存在于各种属性之间的强度结构。因此，一般而言，量表优于指标，因为量表能测量变量的强弱程度，量表分值所表达的信息比指标多。

量表能通过指标之间的结构，提供更有保证的排序。常见的量表包括以下几种类型。

1. 利克特量表

你也许听说过一些问卷要求受访者根据以下的几个选择来回答："非常同意""同意""不同意""非常不同意"，这就是利克特量表（Likert scale）。利克特量表的优点在于它清楚的顺序回答形式，因此在今天的问卷设计中，由利克特设计的项目格式变成了问卷设计最常用的一种方式。

2. 语意差异量表

语意差异量表是受访者被要求根据两个相反意义的形容词来评价某事的一种问卷格式，其中会用到一些限定词来连接这两个形容词，如"十分""有些""都不"。和利克特量表一样，语义差异量表同样要求受访者在两个极端之间进行选择。

利克特量表和语义差异量表格式都有比其他问卷更严格的结构，这些格式所产生的资料也适合作为指标和量表。

思考题

除了以上列出的这些量表以外，你还能列出别的量表种类吗？

二、教育与心理测验

教育研究者每开展一项研究都必须测量多个变量。例如，假设你正在进行一个实验研究，调查家庭经济状况对学生化学学科核心素养的影响，那么你必须有测量化学学科核心素养及判别学生家庭经济状况的方法。一种办法就是测验。幸运的是，研究者所开发的教育和心理测验能测量大部分情境、特质和表现类型，并且这些测验已经获得了广泛的运用。下面介绍几个基本领域及其中应用最为普遍的测验。

（一）智力测验

智力测验或许是最为熟知的测验，因为大多数人都曾经做过智力测验。然而智力是一个有趣的概念，因为对它很难形成一致的定义。例如，智力对你而言意味着什么？斯滕伯格、康韦、基顿和伯恩斯坦于1981年访问了476人（包括学生、上班族、超市售货员），让他们鉴别聪明的行为与不聪明的行为。结果表明，被提及的与聪明相关的行为有"推理得当且有逻辑性""阅读广泛""具有常识""思维开放""阅读能力强"。最常提及的不聪明的行为有"无法容忍多元视角或观点""缺乏好奇心""行为举止缺乏对他人的顾及与考虑"。这些例子与你对聪明的行为和不聪明的行为的定义相符吗？如果不相符，不用紧张，因为就连专家们也没讨论出统一的结论。

还有一个常见的定义，即智力（intelligence），包含抽象思维能力及从实践经验中迅速习得的能力。然而，这也只是一种常见的定义，并不是放之四海而皆准的。奈塞尔曾总结道，智力不可能被准确定义，因为其本质属性不存在单个标准或结构。对于智力这个概念而言，这句话总结得很真切。然而，仅仅因为不存在普遍认同的定义，不能认为智力这个概念就不存在了，或是认为这个概念没有用途，不能被测量。实际上，智力是一个多维的概念，研究者开发许多测验来测量智力。

（二）人格测验

与智力一样，人格这一概念也有多种定义。一个普遍接受的版本是米歇尔（Mischel）的定义，人格（personality）即"一种与众不同的模式（包含思想、感受、情绪及行动），这个模式反映了每个人稳定的特质"。菲斯特（Feist）对人格的定义是，"个人所拥有的长久性格特质、秉性及特点，并且表现在个人行为上具有一定的一致性与稳定性，是一个全球性的概念"。很明显，人格是一个多维的概念，因此，研究者开发了许多测验来测量人格的不同方面（如个人的情绪、动机、人际及态度特征）。

　　许多人格测验属于自陈（self-report）量表（有时也称自陈问卷），要求被试通过纸笔形式或计算机回答一系列有关个人动机和感情的问题。这些自陈语句打开了了解受测者行为倾向、情感与动机的窗口，研究者可以据此归纳出一个特殊的标签。一些标签是临床型的，如神经质；还有一些是特质类型，如支配性或社交性。还有一些标签指代个人的兴趣或持有的价值观。研究者总结了无数的标签来塑造个人的"人格"形象，也开发了无数的自陈问卷来测量这些标签。这进一步说明人格是一个多维的概念。

　　尽管自陈量表是测量人格的有价值的信息来源，但它们的真实性经常受到影响。在某些情况下，被试为了达到个人的目标会"装好"；在另一些情况下，则可能装"坏"。例如，假设你希望孩子能进入精英私立学校，但这所学校不会接受可能有暴力倾向的孩子。此时，有人让你完成关于孩子行为倾向与态度的自陈量表，你为了增加孩子被学校录取的机会，或许不会说出实情。此外，不同人回答问题的风格和习惯不同，这也会影响人格测试的结果反馈。例如，有人更习惯于回答"是"或"真的"，而非"不是"或"错误的"。一些人对于自己行为与思维的认识不能准确地反映自己的情况。当我们应用自陈量表收集信息时，应始终考虑以上局限。

　　除了自陈量表，有时还可以用操作测验来测量人格。在操作测验中，研究者提供一个测验，测验中有一些操作的任务。研究者根据被试完成任务的情况做出相应的人格特征推断。这种测验情境是为了模仿日常生活的情境而设计的。研究者通常会将测验的目的与性质掩盖起来，以减少造假与其他形式的行为反应。操作测验的一个优点就是，让研究者可以直接观察受测者的行为，而不是依靠他们的自陈来判断。

　　最后一个挖掘人格特质的技术是投射技术。投射技术的主要特征是，受测者要对一个相对非结构化的测验做出反应，这种非结构化的测验通常使用模糊的刺激。例如，一个受测者可能被问到，从一张有墨印的白纸上看到了什么。或者被要求根据一张卡片编一个故事，卡片上呈现的是关于几个人在一个特定的情境中（如在一间化学实验室）的模糊图案。其中潜在的假设是，受测者对刺激材料的组织与解释将反映他/她的内心需求、焦虑与矛盾。然而，对于施测和评分方面，许多投射技术还不够标准化。也就是说，该技术的信度和效度信息或许较难获得。

（三）教育评估测验

　　对于测验类型，许多人想到的是一些知识测验或操作测验，因为判断一个人是否掌握了一组材料的常用方法是看他是否能回答与材料有关的问题，或是否具备能反映材料掌握程度的行为。下面介绍教育评估测验的基本分类，并介绍属于以下几个基本分类的测验。

1. 成就测验

　　成就测验（achievement test）是用来考察一个人对曾经发生的具体学习经验的掌握情况，如国际数学与科学教育成就趋势调查研究（the trends in international mathematics and science study，TIMSS）和美国国家教育进步评估（National Assessment of Educational Progress，NAEP）等大型国际学生成就测验。化学教师讲完了一组学习材料，他/她需要了解学生学会了其中的多少内容。最常见的做法是，教师会让学生作一个考察以上学习材料内容的小测验。这样的测验就是成就测验，因为使用它的目的是评价学生对授课情况的掌握情况。

　　教师自编的成就测验与标准化成就测验的主要区别在于理论的健全性。教师自编测验中，很少有进行过信度和效度研究的。因为教师们没有充裕的时间来收集信度和效度的数据。他们会根据教授的内容编撰试题，力图让试题充分代表所要考察的范围并且显得合理。一般标准化成就测验都有信度和效度数据，因为它们是由供职于测验公司的心理学家们开发的。在标准化测验使用之前，心理学家会对它们进行检测和验证。

　　2. 能力倾向测验

　　能力倾向测验（aptitude test）关注个体从日常生活的非正式学习中所获的知识，而不是从教育系统的正式学习中获得的知识。每个个体不同脑力与体力组合，能够让他/她从日常生活经验中及正式的学校课程中获得或多或少的知识。能力倾向测验试图考察人们在生活中不知不觉习得的知识。能力倾向测验的结果反映了我们所有生活经验的累积性影响。

　　能力倾向测验可以用于预测诸多事物，如入学准备、大学学业能力及具体行业（如法律或医学）的工作能力。例如，美国学业评价测验（Scholastic Assessment Test，SAT）也是一个分组实施的测验，分为语言及数学两部分。SAT 用于高校的入学选拔及高中学生的推荐入学。还有其他的能力倾向测验，如研究生入学考试（Graduate Record Examination，GRE），它是众多研究生院的入学选拔依据。

　　3. 诊断性测验

　　诊断性测验（diagnostic test）是用于识别学生在学术技能方面存在困难的测验。例如，一项诊断性化学测验一般由考察各类化学知识与技能的分测验组成。成绩较差的一个甚至多个分测验说明了学生在这一部分的学习中遇到困难，继而可以直接重点关注这些问题领域以改善学习。这些测验一般是对有学习困难可能的学生实施。诊断性测验无法给出这些困难为什么存在的解释。这些困难可能源于生理、心理或环境，或是源于以上因素的综合。要解释这些困难存在的原因，需要获得教育学者、心理学者及医生的帮助。

　　（四）测验的信息来源

　　多年来，教育学家、心理学家及社会学家一直致力于设计测验，用于测量任何人们可能感兴趣的概念。这表明，如果你想开展一个研究调查化学教师的职业倦怠，你不用担心没有测量工具，因为很可能就有现成的。然而，你必须知道去哪里找到这样一个测量工具。所幸许多文献资源库提供了关于发表的和未发表的测验信息。许多资源可以从网上获得。表 4-1 列举了一些有用的参考书。

表 4-1　测验与测量综述的信息来源与描述[①]

信息来源	描述
《心理测量年鉴》（纸质版）	提供关于教育及心理测量的测验描述与文献综述等重要信息资源
《行为评估技术大典》（Hersen，Bellack，2002）	提供评估技术的描述、目的、发展过程、心理特征、临床应用及未来发展方向

---

　　① 约翰逊 B，克里斯滕森 L. 教育研究：定量、定性和混合方法[M]. 4 版. 马健生，等译. 重庆：重庆大学出版社，2015：145.

续表

信息来源	描述
《测验批评》（Keyser，Sweetland，1984～1994）	10 卷本的系列丛书，提供对大约 700 项测验的描述、实践应用、使用、心理特征及评论人批评
《ETS 测验集》	收集了发表、未发表的教育测验与测量工具。对其中各测验的使用范围、目标对象及效度有简要的说明
《个体差异、学习及教学手册》（Jonassen，Grabowski，1993）	包含七个领域的测验及相关研究：教与学、心理能力映射、认知控制力、信息收集能力、学习风格、人格与学习及先验知识
《研究设计与社会测量手册》（Miller，Salkind，2002）	一本展现社会学、心理学测验的书，还讨论了开展一项社会科学研究所应包含的步骤
《测验：心理、教育及商业评估的综合参考》（Maddox，2002）	包含对大约 2000 个评估工具的介绍（不是综述）
《人格测量与社会心理测量》（Robinson，et al.，1991）	对人格及能力的测量的综述，其中不仅包括对每个量表的简要介绍，还包括对其局限性的说明

《心理测量年鉴》（*Mental Measurements Yearbook*，*MMY*）和《已出版测验》（*Tests in Print*，*TIP*）两个刊物汇集了大量测试。如果你已经选定一项测验并想认真学习它，建议你首先在 *TIP* 中查找资料。因为 *TIP* 是一个综合性的测验集合，不仅介绍了当前已经发表的所有测验，还提供了与这些测验相关的参考文献。

还有一些专业期刊，常常发表有关测验效度研究的文章。以下列举若干重要的测量期刊：《教育与心理测量》（*Educational and Psychological Measurement*）、《应用心理学测量》（*Applied Psychological Measurement*）、《教育实用测量》（*Applied Measurement in Education*）及《教育测量》（*Journal of Educational Measurement*）。强烈建议检索以上期刊及其他相关期刊，这样可以进一步了解测量研究是如何开展的。

三、问卷的设计

（一）问卷的组成

一份完整的问卷通常包括以下几个方面：前言、指导语、问题、结束语等部分。

（1）前言又称说明，是写在问卷开头的一段话，确认被调查者是否愿意合作，能否如实地、认真地填写问卷。内容包括：调查的目的与意义、对被调查者隐私的保护、被调查者回答问题的要求、调查者的个人身份和主办单位、对被调查者的合作与支持表示感谢。另外，某些问卷还包括被调查者的背景和社会信息（如性别、地位、职位、职称等）。它的作用在于引起被调查者的重视和兴趣，消除其顾虑，争取合作。如果是邮寄，还需要写明最迟寄回问卷的时间。

（2）指导语是指导被调查者填写调查问卷的一组说明性文字或者注意事项，有时候与前言合在一起，其内容一般包括：关于选出答案并做记号的说明；关于填写答案的说明等。

（3）问题和问题的回答方式是问卷的主体部分。问题是根据调查研究的目的将有关调查内容转换成一系列不同形式的题目，是问卷的核心部分。问题的形式可分为开放式和封闭式两大类。开放式问题就是不为回答者提供具体的备选答案，由回答者自由回答；而封闭式问题，就是在提出问题的同时，还要给出若干个可能的答案，供回答者根据自己的实际情况从中选择一个作为回答。所有开放式问题都应该出现在问卷的后部，但当一份问卷涉及几个概念时，开放式问题则可以分散在整个问卷中。

问卷的语言要准确，防止产生歧义。应该避免使用过于书面化的文字，从而避免因文字的理解有误而影响作答。不能使用专门的术语、行话，若有必要则应该对它进行解释，给予限定。尽量避免使用不肯定的词语，如"某些""相当""多""少""经常"这类模糊的词语。问题不能带有倾向性的暗示，备选答案要按照同一个标准分类。

问卷的答案设计是否合理，直接关系到问卷调查的效果。答案设计要便于研究，还要便于被调查者回答。问题要易于回答，而且要保证问题和它的选项在同一页纸上。答案的设计要与问题保持一致，并注意答案要穷尽所有的可能，如增加"其他"一项来保证穷尽，另外答案之间不能交叉或者重复。

（4）结束语是问卷的最后一部分，内容一般包括：答谢词；问卷的回收方式，即完成答题之后，答题者用什么方式将试卷返回给调查者。

（二）问卷的编制

1. 确定问题的维度，建构研究的框架

在明确研究主题的性质、研究目的、研究内容和范围及样本选取的实际情况的基础上，确定问题的维度，即研究的一级指标。一级指标可以理解为研究问题的结构或者架构。在确定一级指标的基础上，进一步将一级指标进行分解，形成二级指标，再针对分解后小的维度设计具体的题目。问题设计要适当，不要太难、太多，同时问卷要便于回答。

2. 确定问题的形式

问卷形式灵活多样，可采用是否式、选择式、安排式、打分式和答题式。问题采用开放式还是封闭式，要根据实际情况进行选择。如果是进行个别访谈，以开放式问题为主；但若是进行分发或者邮寄的方式，则采用闭卷式问题为宜。若研究只做一般性了解，可采用封闭式问题；若问题需要进一步了解，则采用开放式。如果要进行定量分析，应采用封闭式问题；若要对资料进行比较深入的定性分析，则以开放式问题为主。

封闭式问卷的题型包括以下几种。

1）单项选择题

单项选择题是由被调查者在两个固定答案中选择其中一个，适用于"是"与"否"、"是"与"不是"等互相排斥的二择一式问题。例如：

您是班主任吗？　　是（　　）否（　　）

单项选择题容易发问也容易回答，便于统计结果，但被调查者在回答时不能讲原因，也不能表达出意见的深度和广度，因此一般用于询问一些较简单的问题。并且两选项必须客观存在。而且有时候还需要对"是"或"不是"的情况作出说明，例如：

您是师范院校毕业的吗？　　A. 是　　B. 不是（毕业院校是＿＿＿＿）

单项选择题还可以用表格形式，例如，涉及被调查者的态度、意见等有关心理活动方

面的问题通常采用表示程度的选项来加以判断和测定："完全同意""同意""不确定""不同意""完全不同意"，还可以进行赋分（表4-2）。

表 4-2　程度性试题举例

请问您是否同意以下观点？请在合适的选择格中打"√"。

	完全同意	同意	不确定	不同意	完全不同意
（1）您所在的学校能及时发工资	5	4	3	2	1
（2）您所在的学校经常发奖金	5	4	3	2	1
（3）您的住房条件好	5	4	3	2	1
（4）您学校所在地生活条件好	5	4	3	2	1
（5）您所在的学校教学设施和实验设备完好	5	4	3	2	1
（6）您所在班级学生学习态度普遍端正	5	4	3	2	1
（7）您所在学校教师参与学校管理的积极性高	5	4	3	2	1
（8）您与其他教师关系融洽	5	4	3	2	1
（9）您与学校领导关系好	5	4	3	2	1
（10）您习惯学校管理方式	5	4	3	2	1
（11）您学校有少量的图书、报刊、信息资源供查阅或借阅	5	4	3	2	1
（12）您有机会从事比教师收入、地位更高的职业，但您仍愿意选择当教师	5	4	3	2	1

2）多项选择题

多项选择题是对一个问题预先列出若干个答案让被调查者从中选择一个或多个答案。例如：

您在化学教学设计与实施过程中会用到的技术有（　　　　）（多选）

A. 搜索技术（百度、Google 等）

B. 下载技术（迅雷等）

C. 素材制作技术（Flash、概念图、超级画板等）

D. 素材处理技术（Photoshop 等）

E. 数据处理技术（如阅卷易、Excel）

F. 作业盒子等 APP 程序

G. 交流工具（微信、QQ、电子邮件、留言板及论坛等）

H. 其他_____

这类题型问题明确，便于资料的分类整理，但是这类问题有可能不包含被调查者的意见，可以添加一个灵活选项"其他"，如果需要可以让被调查者在"其他"后面填写补充。

3）开放式问卷

开放式问卷主要由开放式问题构成。开放式问题可以自由地用自己的语言来回答和解释。即问卷题目没有可选择的答案，所提出的问题由被调查者自由回答，不加任何限制。例如：

你认为提高化学学业成绩的关键是什么？

_____

被调查者能够充分发表自己的意见，活跃调查气氛，尤其是可以收集到一些设计者事先估计不到的资料和建议性的意见。但在分析整理资料时由于被调查者的观点比较分散，有可能难以得出有规律性的信息，且调查者的主观意识会导致调查结果出现主观偏见[①]。

3. 问题序列原则

问题应该从易到难排列，较复杂或者较敏感的问题应该放在问卷靠后的地方，不定型的问题放在问卷末尾的地方。但是问题不能按照固定的逻辑联系排列，避免被调查者产生某种心理定式而按照这种定式进行答题。问题的答案也应该随机排列，尽量采用长度大致相仿的答案[②]。

另外，问卷要注意题目数量的控制。一般来讲，一份问卷的题量在保证完成调查任务的前提下，使被调查者不会因为题目过多而产生厌烦心理以致不认真答题。若不能很好地控制题目数量和答题时间，很有可能影响问卷调查的效果。

资料卡片

网络问卷的编制与发布

1. 通过百度网站搜索关键词"问卷网"，由百度搜索结果进入问卷网。或者直接输入网址：https://www.wenjuan.com/。

2. 在首页点击"免费注册"，注册一个账号，用该账号登录问卷网。

_____

① 潘华. 如何设计调查问卷[J]. 应用写作，2007(10)：34-36.

② 张景焕，陈月茹，郭玉峰. 教育科学方法论[M]. 济南：山东教育出版社，2000：168-175.

3. 进入首页，在"问卷"栏目选择"学术教育"。

4. 一般有三种方式编制问卷：创建全新问卷、引用问卷模板、复制已有问卷。我们直接使用"创建全新问卷"。输入问卷标题，点击"创建"。

5. 进入"编辑问卷"，将设计好的问卷的前言和指导语复制粘贴到题目下面。

6. 选择相应的题型，进行题目的编辑。常用题型包括单选题、多选题、填空题、排序题等。采取复制、粘贴或手工输入文字的方式编辑问题即可。

7. "更多题型"里面涉及性别、教育程度等题目的题型已经很全面，若你的问卷中有相关的题目，直接点击即可，设置不全面还可以进行补充。

8. 问题写完之后，复制、粘贴好结束语，一份问卷就完成了。

9. 问卷完成之后，回到顶部，在首页的右上角，可点击"预览问卷"查看问卷的排布。没有问题的情况下，点击"发布问卷"。

10. 发布之后，问卷会生成网页链接地址和二维码，将链接和二维码直接复制、粘贴，通过 QQ 或者微信发送给答卷人。

11. 待受邀人填写问卷之后,可以在问卷的管理页面查看数据收集和分析结果。

（三）问卷的试测与修订

1. 问卷的试测及信度、效度分析

设计好的问卷,一般要经过多次修改才能完成初稿。若问卷有误,一旦进行发放就无法弥补;而且如果在问卷的信度和效度无法保证的情况下进行实测,回收后的问卷也是无效的,因此设计好的问卷必须经过试测和修改之后才能进行正式调查。试测是将设计好的问卷先在小范围内进行测试,通常是在调查的总体中抽取一个小样本（一般是总样本的10%,数量一般为 30～60 份）进行试探性调查,以便了解问题是否全面、清晰,内容和格式是否正确,答案是否完整,是否能满足调查要求,问卷的编码、录入、汇总是否准确。

还有一种方法是请3～10位专家、研究人员及典型的调查人员对初步编制好的问卷进行检查和分析,根据经验和认知对问卷进行评价,提出存在的问题和修改的意见。

通过对试测问卷的分析,确定每个题目的具体缺陷,如难度、分量是否合适,内容是否合理,确定每种答案的强度或者顺序性,进行问卷的信度、效度分析,并进行必要的修改,保证问卷结果的科学性。

在对每个题目进行项目分析的时候,可以淘汰劣质题目。因此编题目时尽量多编一些,为试测后的题目筛选提供充分的保障。

2. 问卷的修订

问卷的指导语、题目、项目内容、排列方式等进行修订之后才能成为完整的问卷。根据试测的情况,或有关专家、研究人员提出的修改意见,求出问卷的信度和效度,对问卷进行修订。保留高相关、高负荷的题目,剔除低相关、低负荷的题目。若有必要,可以再次进行试测,直至完全符合要求,才能确定正式问卷。

第五节　研究计划的撰写

研究计划是行动的纲领。课题计划考虑得越周密、越充分,研究就越能顺利达到预想

的目标。当然，研究计划并非是一成不变的，研究计划毕竟是在研究过程开始阶段所进行的预想，在实际研究过程中可能会遇到意想不到情况，因此，研究计划的实施不应该是机械地贯彻落实，有时需要根据实际情况做出必要的调整、补充、修改。

一、撰写研究计划的目的

研究计划（research proposal）是研究工作进行之初所做的书面规划，是如何进行研究的具体设想，是研究实施的蓝图，是保证研究质量的重要环节。研究计划传达了研究者的意图，说明了研究的目的和重要性，并说明了研究的详细计划和步骤。在研究计划中，要确定研究的问题，陈述研究的问题或者假设，确定要研究的变量，并且对关键的术语进行定义[①]。确定研究样本中所包含的被试，要使用的研究工具、研究程序及数据分析的方法等，而且至少应该包括部分对过去的相关文献的综述。

由于研究本身是相当复杂的，因此，事先必须周密思考、统筹安排，并以书面形式落实。实际上撰写研究计划就是使研究者把所要研究的课题内容、研究思路理清楚，以利于课题研究的具体实施。课题一旦确定，接下来就要全面规划整个研究过程，合理安排研究中的各项工作，制定切实可行的研究计划。研究计划为顺利完成研究任务提供保证。它可以帮助研究者阐明需要做的事情，以及需要避免的一些无意的缺陷和不可知的问题。另外，研究计划也是课题申报的主要形式。课题申报必须提交研究计划，科研管理部门主要是通过研究计划的申报、评审来确定课题研究是否有价值，是否具有可行性，是否需要立项给予资助。在研究的进行过程中及研究结束后，科研管理部门通常依照研究计划，检查课题研究的进展情况或完成情况，并对课题研究进行评估鉴定。

二、研究计划要阐明的基本问题

（一）研究什么

当人们阅读一份研究计划时，第一个反应可能是这个课题要研究什么。因此，研究者必须明确地回答这个问题，让别人了解要研究的是什么内容。要回答这个问题，第一，要有合适的标题，标题最好能涉及研究的范围、对象、内容、方法；第二，要明确提出研究问题，让别人了解研究问题的性质；第三，要有文献综述，使别人了解研究领域的基本状况；第四，要列举研究的待答问题或研究假设，让别人了解研究的重点；第五，要界定研究的变量及重要的名词、概念，让别人了解研究的范围。

（二）为什么研究

在解决了"研究什么"的问题之后，人们很自然会继续问道：为什么要从事这项研究？因此，研究者必须在研究计划中解释从事这项研究的理由。要回答这个问题，首先，要说明研究的动机；其次，要揭示研究的重要性和必要性，揭示研究的意义和价值；最后，要列举研究的具体目标。

---

① 杰克·R. 弗林克尔，诺曼·E. 瓦伦. 美国教育研究的设计与评估[M]. 4版. 蔡永红，等译. 北京：华夏出版社，2004：555.

（三）如何研究

当了解研究的理由之后，人们顺理成章地想知道研究将如何进行。要回答这个问题，首先，要说明研究的方法和实施程序，包括研究对象及其取样、研究的方法与步骤、研究工具的选择与编制、收集资料的程序、资料分析的方法等；其次，对研究资源合理配置，包括研究人员的组织、研究进度的安排、研究经费的预算等。

（四）有何成效

研究的价值体现在研究结果对现实世界和精神世界的贡献上。因此，人们最后总会问：最终会获得什么样的研究成果？要回答这个问题，首先，研究者必须在研究计划中具体说明研究的预期成效；其次，研究计划要包括成果达到的水平和表现形式。

无论采用什么格式撰写研究计划，以上四个问题是必须具体回答的。掌握了这四个基本要求，研究计划中才不会遗漏必要的信息和内容，研究计划才可能得到更多的外部支持。当研究计划完成后，可以按是否清楚地回答了这四个问题来评价研究计划的优劣。

思考题

在研究计划中，是否需要提前预设研究的成效？

三、研究计划的主要组成

一般来说，研究课题内容多种多样，研究方法各不相同，因此，撰拟研究计划可以形式多样，只要能阐明上述四个基本问题，清楚地表达必要的信息与资料，就是一份合格的研究计划[①]。下面以"高中化学学案导学课堂教学模式研究"为例，说明研究计划各部分的撰写要求。

研究计划的主要组成（案例）	设计与撰写要求
1. 课题名称 高中化学学案导学课堂教学模式研究	一个好的课题名称要简洁明了，能准确地反映研究的范围、对象、内容、方法，能显示研究自变量与因变量之间的关系，使人一看就能了解课题研究的内容
2. 研究目的与意义 目前的课堂教学中，多数教师不相信学生的能力，一堂课从头讲到尾。即使学生参与教学活动，也是沿着教师铺设的轨道走向既定的目标，学生实际上并没有主动选择思维策略表达自己对问题的理解的机会，导致学生的学习自信心不足，合作意识差，不利于学生的发展。这种教学方法用教师教的活动掩盖了学生学的活动，使学生在学习中被动地思维、机械地记忆，根本谈不上发挥学生的主动性，更谈不上提高学生的素质，师生关系也不会融洽。因此，教学质量很难保证，教育教学管理面临瓶颈。 为进一步促进新课程的实施，提高教师的课堂教学效益，增强学生自主学习的积极性与主动性，提高教育教学质量，我们创立了一种导学教学模式，并准备在全校实施这种"导学案"教学，以推动课堂教学改革，提高教育教学质量，全面提升学校办学品位	这部分主要回答为什么要进行这项研究、课题有什么理论意义和应用价值、课题产生的背景、研究的重点等。在表述上要提示研究的理由，可从问题的现状入手，指出问题的重要性，从而表明进行研究的必要性；也可以从前人研究的不足入手，阐述进行研究的价值

① 陈时见. 教育研究方法[M]. 北京：高等教育出版社，2007：187-188.

续表

研究计划的主要组成（案例）	设计与撰写要求
3. 文献综述 　　根据课程标准的要求和学生的认知水平与知识经验，并以学生的学为出发点，把学习的内容、目标、要求和学习方法、探究方法等要素有机地融入学习过程之中而编写一个引导和帮助学生自主学习、探究的方案。通过查阅相关文献，对化学学案导学模式进行深入的了解 ……	研究工作必须以有关文献为基础，在撰写研究计划时，应对相关文献做系统的陈述、总结、概括公认的权威专著和以前的研究结果，明确本课题中哪些已知、哪些未知、哪些尚未检验
4. 研究内容 　　（1）学生小组合作学习实施方案研究。 　　（2）导学案的编写和使用研究	这是研究计划的主体。通常把课题提出的研究问题进一步细化为若干个小问题，加以列举
5. 研究问题 　　（1）化学导学案的编写形式及备课过程有哪些？如何形成相对稳定的导学案编写方案和一套较为完善、规范的导学案备课流程？ 　　（2）如何探索出一条以导学案为载体的课堂教学的路子，创建一套适合我校教学实际的相对固定的导学课堂教学模式？ 　　（3）通过何种方法构建导学案课堂教学评价方案和学生综合素质评价体系，使评价和改革相适应？ 　　（4）如何培养学生自主学习、小组合作学习及探究学习的能力，开发学生的潜能，达到让学生学会学习的目的，促进学生的全面发展？	必须具体明确列举待答问题或研究假设，明确课题的研究范围。 　　一个表述得好的假设应该做到：具有合理性；与已知的事实一致；可以进行检验，以判断真伪；用最简练的术语表达
6. 研究方法 　　研究对象：高中学生、高中化学教师。 　　（1）文献资料法：通过对文献资料的搜集、学习、分析和使用，了解国内关于导学教学模式的最新进展和实际状况，掌握关于导学案使用的先进理论和方法，为导学教学模式的研究和发展提供理论支持与方法指导。 　　（2）行动研究法：将经过理论论证的实施方案运用到教学实践中，不断探索、修改、总结、提高，最终达到完善、可行	这一部分重点说明研究对象和研究程序。研究对象中要简要说明研究的总体和研究者抽取样本的方法，确定总体中抽取的被试数量和取样方式，并对研究中的研究变量和设计的控制方法进行归纳和完善。程序部分主要包括采用的研究方法的种类和研究安排。详细说明做什么，如何做，需要哪些数据，运用哪些资料搜集手段和资料分析方法。这一部分的内容应尽量具体和详细
7. 研究进度 　　（1）准备阶段（××××年××月～××××年××月） 　　制定课题研究方案。 　　（2）实施阶段（××××年××月～××××年××月） 　　初步形成导学案的编写方案。 　　初步构建导学案课堂教学模式基本框架及有效的操作流程。 　　制定适应导学案课堂教学模式的课堂评价方案和学生小组合作学习评价体系。 　　（3）总结阶段（××××年××月～××××年××月） 　　收集、整理研究过程中的相关资料，撰写论文。 　　整理分析研究资料和数据，撰写研究报告。 　　准备课题验收，撰写结题报告。 　　汇编课题成果	计划研究进度，可以有效地预算研究的时间和内容。通常要给出具体的进度表或工作项目进度表，以保证研究有条理地开展，能按预定的要求如期完成。如果研究项目十分复杂，可以用流程图或时间任务图来描述工作顺序
8. 成果形式 　　以论文、研究报告、访谈调查报告等形式展示研究成果	预计的研究成果可以从两个方面来说明：一是提示研究的预期成果和成果的表现形式，如研究论文、专著、教具和教学仪器、教学软件等，研究周期较长的课题，还应该说明阶段性成果；二是说明研究成果可能产生的效益，包括经济效益和社会效益

续表

研究计划的主要组成（案例）	设计与撰写要求
9. 课题组成员及其分工 组员分工编写导学案的研究方案、构建导学案教学模式基本框架及有效的操作流程、制定出适应导学案教学模式的课堂评价方案和学生小组合作学习评价体系	如果研究工作由一个人独立完成，那么研究计划只需要填写研究者个人的学历、职务、专业等情况。对一个大的研究项目来说，还要列出课题组成员及其分工
10. 经费预算 图书资料费、研究人员的研究经费、交通差旅费、测验问卷费、研究实施劳务费、杂费等	经费与设备是进行研究的物质条件。经费预算要实事求是地估算。研究计划中要把开支的项目、用途和金额一一列出，最好用表格一一列举。一般经费预算的主要项目有：图书资料费、研究人员的研究经费、小型会议费、交通差旅费、测验问卷费、上机费、印刷费、研究实施劳务费、设备材料费、管理费、研究评审费、杂费等
11. 参考书目 教学模式、学习模式、学案导学模式的相关文献	研究计划要求列出参考文献。必要时也要将相关的资料作为附录

思考题

上述研究计划的主要组成，除了所列出的部分，还可以包含哪些部分？

讨论

1. 研究计划的撰写应注意哪些方面？

2. 你能说出指标与量表有哪些异同之处吗？

3. 本章所讨论的基本测验类型的目的与关键特征是什么？

研究练习

1. 根据某一研究主题，撰写一份相应的研究计划。

2. 运用一种抽样的方法，对你所选择的总体进行抽样。

3. 请挑选一篇测量与测验领域的研究论文，阅读后回答以下问题。

（1）研究论文测量对象是什么？

（2）测验中有分量表吗？如果有，哪些是分量表？

（3）测验中的量表是如何设置与计分的？

（4）如何确认其测验的效度？

（5）如何检测其测验的信度？

（6）研究者是否遵循了本章所提供的效度检验原则？请进一步解释说明你的答案。

小结

1. 研究计划是研究工作进行之初所做的书面规划，是如何进行研究的具体设想，是研究实施的蓝图，是保证研究质量的重要环节。研究计划传达了研究者的意图——说明了研究的目的和重要性，并说明了研究的详细计划和步骤。

2. 研究计划要阐明的基本问题主要有：研究什么、为什么研究、如何研究、有何成效。

3. 研究计划主要包括课题名称、研究目的与意义、研究内容、待答问题或研究假设、研究对象和研究变量、文献综述、研究方法与设计、研究进度、成果形式、课题组成员及其分工、经费预算、参考书目等。

4. 变量包括定量变量与类别变量、操作变量与结果变量、自变量与因变量；假设是关于某个研究的可能结果的一种预期，从一个问题中可以引出不同的假设，假设主要分为方向性假设与非方向性假设。

5. 抽样就是从总体中抽出一些具备代表性的分子。被抽出的这些分子就是样本。研究人员通过研究样本推断出关于总体的一般性结论。抽样主要分为概率抽样与非概率抽样。

6. 指标是通过单个属性的分值累积来建立，而量表的建立是利用了任何存在于各种属性之间的强度结构。量表优于指标，量表能测量变量的强弱程度，量表分值所表达的信息比指标多。

7. 测量是指根据一组特定的规则，对物体、时间、人及性格等特征赋予符号或数字的过程。测量的量表有多种，分别传达了不同类型的信息。在使用测验与其他测量手段时，研究者必须考虑两个属性——信度和效度。

8. 一份完整的问卷包括前言、指导语、问题、结束语等部分。前言写在问卷开头，作用在于引起被调查者的重视和兴趣，消除其顾虑，争取合作；指导语是填写问卷的说明性文字或注意事项；问题和答案是问卷的核心部分，问卷的语言要准确，防止产生歧义，避免使用不肯定的词语，不能带有倾向性的暗示，备选答案要按照同一个标准分类并注意答案要穷尽所有的可能，注意控制题量和作答时间；结束语包括答谢词和回收方式。

9. 设计好的问卷必须经过试测和修改之后才能用于正式的调查。试测是抽取一个小样本（一般是总样本的10%，30～60份）进行试探性调查，以便了解问卷的编写、编码、录入、汇总是否准确，进行信度、效度检验之后修改，保留高相关、高负荷的题目，剔除低相关、低负荷的题目。还可以请3～10位专家、研究人员及典型的调查人员对初步编制好的问卷进行检查、分析、评价，根据提出的问题和意见进行修改。

研究设计练习

1. 我的研究问题是：_____。
2. 我打算用一个假设来研究这个问题。是_____否_____。
3. 如果不是，我的理由如下：_____。
4. 如果是，那么我的假设是：_____。
5. 该假设提出了至少两个变量之间的某种关系。
   它们是_____和_____。
6. 更具体地说，我的研究中的变量如下。
   a. 因变量：_____。
   b. 自变量：_____。
7. 因变量是类别变量的是_____，是数字变量的是_____。

自变量是类别变量的是_____，是数字变量的是_____。

8. 可能影响我的研究结果的无关变量有：_____。

9. 我想要研究的样本包括（说出是谁和有多少人）：_____。

10. 样本的人口学背景特征如下。

    a. 年龄范围：_____。

    b. 性别分布：_____。

    c. 民族构成：_____。

    d. 地点（这些样本在哪里？）：_____。

    e. 上面没有提到，但我认为重要的其他特征：_____。

11. 样本类型：_____。

12. 我获得样本的方法是：_____。

13. 外部效度（我要将结果概化到下面的总体）：

    a. 概化到什么可获得的总体？_____。

    b. 概化到什么目标总体？_____。

    c. 如果不能概化，是为什么？_____。

14. 生态学效度（我要将结果概化到下面的环境或条件）：

    a. 概化到什么环境？_____。

    b. 概化到什么条件下？_____。

    c. 如果不能概化，是为什么？_____。

15. 我打算用来测量我的研究中的因变量的工具类型有_____。

16. 如果我需要自己设计工具，下面是我将要询问的问题（或我将让学生操作的任务）的两个例子：_____。

17. 这些是我计划使用的已有的工具：

_____。

18. 我将把每个变量所产生的数据类型用如下方式（定量变量或类别变量）加以描述：

_____。

19. 对于上面产生的数字数据的每个变量，我将会用以下方式（原始分数、年龄当量、百分等级或标准分数等）来处理它：_____。

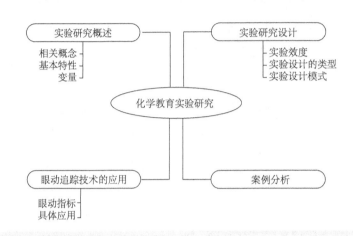

第五章PPT

学习目标

◇了解"化学教育实验研究"等术语的含义。

◇了解化学教育实验研究的基本要素、基本特性、类型、变量等。

◇简述化学教育实验研究的一般程序。

◇知道"实验效度""随机所罗门四组设计"的含义。

◇了解实验设计的简单分类，知道前实验设计、真实验设计、准实验设计的特点。

◇能根据不同条件设计出合适的实验模式。

◇了解眼动追踪技术在化学教育研究领域的应用。

教育研究领域需要理论结合实际，实验研究属于实际范畴，它的呈现五花八门，因为需要针对每一个研究者的目标、思路和假设等去设计个性化的实验。实验研究本身也有一定的理论支撑与模式，了解实验研究的规律，就能更好地掌控实验研究，做好化学教育研究。

第一节　实验研究概述

一、相关概念

化学教育实验研究是根据一定的理论和假设，通过人为地控制教育现象中某些因素，从而探索变量之间某种因果关系的研究方法。化学教育实验研究是为了解决现实的化学教育问题，提出一定的假说（或理论构想），并加以科学论证，有计划地干预教育过程，对实验对象（学生）施以新的教育影响（包括创设条件、控制无关变量、操纵自变量），从中收集、整理事实材料（数据），进行定性和定量分析以确定实验影响（自变量）与实验结果（因变量）之间的因果依存关系，并就假说的验证（结论）和效果作出理论上和实践上的价值判断的一种综合性的教育研究方法。在各种类型的研究中，它是一种在变量间建立因果联系的最好的方法。

化学教育实验研究主要涉及以下几个基本问题：一定的理论和假设；人为控制某些因素；论证某种因果关系。

通常化学教育实验的研究过程如下[①]。

（1）在科学的教育理论指导下，提出一个具有因果关系的假设；

（2）以这个假设为出发点，选取被试；

（3）按照某种方式对被试实施实验处理和测量；

（4）最后通过统计分析确定所提出的假设是否成立；

（5）进而论证某一因果关系。

化学教育实验研究中通常包括五个基本要素：实验假设、被试、自变量、因变量、无关变量。

案例分析

评价方式对初中生化学学习动机的影响研究

1. 实验假设：表现性评价比纸笔测试更能激励学生的化学学习动机。

2. 被试：106 名初中生，含实验组和对照组。

3. 自变量：不同的评价方式——表现性评价、纸笔测试。

4. 因变量：学生化学学习动机。

5. 无关变量：学生、教师、教学环境等。

二、实验研究的基本特性

实验研究区别于其他所有研究类型的最为重要的特点是：在实验研究中，研究者操纵和控制了自变量。在实验研究中，研究者所考察的是自变量对因变量所产生的影响，这里的自变量至少有一个，而因变量则可能有一个或多个。

实验研究的特性可以概括为被试随机化、量化可操作、变量的控制、操纵自变量、组间的比较、反复验证性、观察周期长等特点。

（一）被试随机化

随机分配指每个个体都有同等机会被分配到被比较的任何一个实验组或控制组去。许多实验研究的一个重要特点是随机分配被试到各个组。尽管有些实验不可能采用随机分配的方法，但只要可行，研究者会尽量采用随机化方法。在化学教育研究中，由于研究情境相当复杂，且不同组别的被试具有许多特质的差别，所以要完全控制这些因素，事实上相

---

① 金哲华，俞爱宗. 教育科学研究方法[M]. 北京：科学出版社，2012：150.

当困难。因此采用随机化原则，排除那些无法直接控制的因素的影响也是实验研究法的重要特点[1]。要注意的是，第一，随机化在实验之前进行；第二，它是一个将被试分配到各组的过程，而不是这种分配的结果，这意味着不可查看已形成的两个组，并仅仅通过查看来告诉我们它们是否随机构成；第三，随机分配可使研究者在研究的开始就构建完全相等的组，消除可能影响结果的无关变量的影响[2]。

（二）量化可操作

科学研究的特征之一是，所得到的具体资料都可以用实际的数量来比较，用统计的方法来处理。实验的结果必须用精确的数量记载，以表示其确切性。实验可以在较小的范围内对教学过程进行量化测量。

（三）变量的控制

教育实验是在人为地创设或控制某些条件的情况下进行的，对变量的控制是实验研究的重要特点。研究者通过对无关变量的控制，确定所研究变量之间的因果关系[3]。

控制是实验研究的特性之一，控制的目的在于安排一个能够发现变量影响的情境。研究者会寻求保持除了自变量之外的所有被试、情境、项目及程序等变量的恒定，目的在于排除自变量之外的因素对于因果关系可能造成的影响。简单地说，控制是实验者为消除研究目的之外的所有无关变量所造成的不同效果而进行的处理[4]。

与其他形式的研究相比，在实验研究中，研究者有机会进行更多的控制。他们决定实验处理、选择样本、分配被试，决定哪一组将接受处理，尽量控制除了实验处理以外所有可能影响研究结果的因素，并在处理完成时，观察或测量实验处理在各组上的效果。

（四）操纵自变量

研究者慎重而直接地决定自变量将采用什么形式，然后决定哪一组被试接受哪一种实验处理。教育研究里可操纵的自变量包括教学方法、咨询类型、学习活动、作业布置、使用的材料、学习兴趣和动机等；不能被操纵的自变量包括性别、年龄、种族和宗教信仰等。

在实验研究中，自变量不同水平的变化可以有以下多种方式。

（1）一种形式与另一种形式的变量，如比较探究法和讲授法在化学教学中的效果。

（2）同一种形式的变量的出现与不出现，如比较电子白板使用与否对化学概念教学的效果。

（3）同一种形式的变量的不同水平，如比较教师对探究教学的不同指导程度对于学生

① 刘恩山. 生物学教育研究方法与案例[M]. 北京：高等教育出版社，2004：61-62.

② 杰克·R. 弗林克尔，诺曼·E. 瓦伦. 美国教育研究的设计与评估[M]. 4 版. 蔡永红，等译. 北京：华夏出版社，2004：265-267.

③ 金哲华，俞爱宗. 教育科学研究方法[M]. 北京：科学出版社，2012：150-151.

④ 潘慧玲. 教育研究的路径：概念与应用[M]. 上海：华东师范大学出版社，2004：76-77.

科学探究学习的影响。

（五）组间的比较

在研究中用来做实验的被试可以只有一组（对同样的被试给予全部实验处理），也可以有三组或者更多的组。但是，在大多数情况下，一个实验通常采用两组被试，一个实验组和一个控制组或对照组。实验组接受某种实验处理（如一种新教材或不同的教学方法），而控制组则不接受实验处理（或对照组接受另一种实验处理）。控制组或对照组在任何一个实验研究中都是非常重要的。在实验研究的历史上，一个纯粹的控制组是根本不接受任何实验处理的。然而这种情况常常出现于医学或心理学研究中。但在教育研究中，研究者更愿意称之为对照组。

（六）反复验证性

自然条件下观察发生的教育现象，由于内外条件和各种因素的限制，不能重复进行，而教育实验可以重复进行。尽管教学对象年复一年地更换，但同一年龄阶段的学生，其心理特征、知识水平基本相同或相似，施加教育实验的因子，必然具有教育统计的规律性。教育实验可以年复一年去伪存真、去粗取精，这样教学规律就会逐渐被"过滤"出来[1]。

只要具备同样的实验先决条件，采用同样的实验措施，实验就可以重复进行。科学的实验，贵在充分的客观性、可验证性。实验完成后，后人据此也可以重复实验，并且结果经得起考验，是科学方法的最大特征[2]。

（七）观察周期长

由于实验总有一个较长的周期，那么，人们既可以观察到某一个瞬间内教育现象或行为之间的关系（或相互作用状态），也可以发现时间变化或自变量变化导致的因变量变化，即可以观察到一个变化的过程[3]。实验所着手的是一种纵向研究，它与着眼于横向研究的调查法相比，有其优越之处。

三、教育实验研究的变量

自变量是由研究者主动操纵而变化的变量（图5-1）。它是独立地变化并引起因变量变化的条件、因素（如不同的教材、教学方法、教学组织形式等）。因变量是由自变量的变化引起研究对象的行为或有关因素发生相应反应的变量（如学生化学学习成绩、行为习惯、智力发展等）。无关变量是与某个特定研究目标无关的非研究变量（如年龄、环境、教学观念、数据处理等）。

---

① 苗深花，韩庆奎. 现代化学教育研究方法[M]. 北京：科学出版社，2009：145-147.
② 刘恩山. 生物学教育研究方法与案例[M]. 北京：高等教育出版社，2004：61-62.
③ 杨小微，刘卫华. 教育研究的理论与方法[M]. 武汉：湖北教育出版社，2000：199-200.

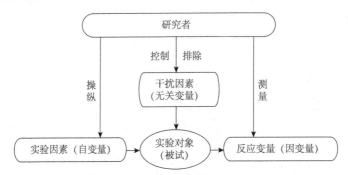

图 5-1　化学教育实验研究中的变量

在实验研究的实施阶段主要有三个任务：创设验证假设的条件（操纵自变量、控制无关变量）；观察假设的现象是否发生（观测因变量）；收集验证假设所需的资料。在实施过程中，要注意体现正面教育性，被试必须保持正常状态，必须认真考虑所采用的手段和技术是否会产生不科学的结论。

案例分析

化学教师情绪状态影响化学教学效果的实验研究

一、问题的提出

教师的情绪状态是影响课堂教学效果的一个重要因素，快节奏的现代社会已使这一问题在教育教学中更加明晰地凸显出来。以往虽有研究者曾提出或关注过该领域的问题，但对二者之间关系的探讨缺乏实证性研究。本研究将以实验的方法科学论证化学教师的情绪状态与化学课堂教学效果之间的内在关系，具有一定的理论价值和较强的现实意义。

二、理论假设

（1）化学教师的情绪状态对化学教学效果有影响；

（2）化学教师的积极情绪状态有助于提高化学教学效果；

（3）化学教师的消极情绪状态降低化学教学效果。

三、自变量与因变量的说明

1. 自变量：化学教师情绪状态

（1）正状态（精神饱满、面带微笑、富有激情）；

（2）负状态（精神颓废、面容憔悴、萎靡不振）；

（3）常态（介于正负状态之间）。

2. 因变量：化学教学效果

（1）化学学习成绩（知识的掌握）；

（2）学生非智力因素（兴趣、动机）；

（3）化学教师情感体验（自我效能感）。

四、实验过程

（1）被试的选择：从某学校初三学生中随机抽取120名同学进行实验。

（2）被试的分组：将被试随机分为正状态、负状态、常态三个组。

（3）实验的实施：同一化学教师、同一内容、同一教学环境分别在三个组上课。

（4）结果测查：考试（后附化学考卷）、问卷调查 （后附学生化学课堂情感体验问卷调查表）、访谈（后附化学教师教学自我效能感访谈提纲）。

五、实验结果统计

1. 三种状态下学生化学学习成绩

2. 三种状态下学生非智力因素

3. 三种状态下化学教师自我效能感

六、实验结果分析

1. 三种状态下学生化学学习成绩的比较

2. 三种状态下学生非智力因素的比较

3. 三种状态下化学教师自我效能感的比较

4. 三种状态下性别差异的比较

5. 三种状态下专业差异的比较

6. 三种状态下化学成绩的比较

七、实验的基本结论

八、对实验干扰变量控制的说明

第二节　实验研究设计

　　教育实验是由自变量、因变量、无关变量三个基本要素组成的。怎样将这三个要素有效地组合到教育实验中，真正达到教育实验的目的呢？控制实验前的情况是起点，了解需要什么因变量是终点，从起点到终点就是实验设计。

　　实验设计是实验研究中非常关键的环节，它有利于研究者解释、理解实验所获得的数据[①]。一般来说，实验设计有广义、狭义之分。广义的实验设计是指对实验研究的整个过程的规划，包括确定问题、提出假设、确定实验的各种变量、选择被试、制定实施程序和方法、选择或研制实验评价技术方法等。狭义的实验设计是指根据某一实验研究的具体目的要求，确定对各种变量进行精心安排，以获取预期的结果的一种模式。

一、实验效度

　　良好实验设计的标准可概括为是否增加实验效度。效度就是指实验设计能够回答要研究的问题的程度。教育实验研究效度反映教育实验研究结论的准确性和普遍性程度。自从

---

① 刘恩山. 生物学教育研究方法与案例[M]. 北京：高等教育出版社，2004：66-67.

1966 年起坎贝尔和斯坦利使用内在效度和外在效度概念以来，各国学者皆沿用这两种效度来讨论实验研究结果的正确性。

实验效度分为两类：内在效度和外在效度。实验效度的内涵在本质上与教育研究的效度是相同的，即"结论能够被明确解释的程度（内在效度）和结论的普遍性（外在效度）"。尽管实验设计的目的是希望实验的两种效度都高，但在某些情况下，确保一种效度，就会削弱另一种效度。随着实验的控制越来越严格，在实验中可发生的和在自然教育条件下可发生的两者间的一致性越来越小。内在效度涉及对无关变量的选择方法、测量方法等的控制[①]。

好的设计对许多的因素进行了控制，而不好的设计则只控制了很少一部分。一个实验的质量取决于对影响内部效度的各种因素控制得如何。

（一）内在效度

内在效度是指自变量与因变量的因果联系的真实程度，即因变量的变化确实由自变量引起，是操纵自变量的直接成果，而非其他未加控制的因素所致。内在效度表明的是因变量 Y 的变化在多大程度上取决于自变量 X，即有效性。没有内在效度的实验研究是没有价值的，因为内在效度决定了实验结果的解释。

坎贝尔和斯坦利认为，有八类新异变量与教育实验内在效度有关或成为内在效度的威胁因素。八类新异变量如下。

- 偶然事件：在实验过程中没有预料到的影响因变量的事件的发生。
- 成熟程度：时间在被试身上起的作用。
- 测验：注意一次测验对随后另一次测验的影响。
- 测量手段：测量手段不统一会产生错误的结果。
- 统计回归：挑选被试的误差，如用极端分数进行回归，将对今后的测验产生不利影响。
- 在实验进展过程中被试的选择差异：被试未能随机分配或挑选，而其中一个因素起了作用，从而产生了组的不对等性。
- 实验的偶然减员：非随机挑选的被试脱离实验，会产生不良影响。
- 取样：成熟程度交互作用，取样不一致带来的成熟程度不一致。

（二）外在效度

外在效度涉及教育实验研究结果的概括化、一般化和应用范围问题，表明实验结果的可推广程度，研究结果是否能被正确地应用到其他非实验情境、其他变量条件及其他时间、地点、总体中的程度。外在效度分总体效度和生态效度两类。

1. 总体效度

总体效度指实验结果从特定的研究样本推广到更大的被试群体中去的适用范围，从严格意义上讲，研究结果只能推广到抽样样本的那部分总体，即实验可接受的总休中去。

---

① 李强，覃壮才. 教育研究方法教程[M]. 北京：北京理工大学出版社，2009：69.

2. 生态效度

生态效度指实验结果从研究者创设的实验情境推广到其他教育情境中去的范围。

坎贝尔和斯坦利认为，对外在效度的威胁主要有以下四个因素：测验的交互作用、抽样偏差和实验处理的交互作用、实验安排的副效应、多重处理干扰。

内在效度是外在效度的必要条件，但内在效度的研究结果不一定具有很高的外在效度，而且内在效度、外在效度有时会互相影响。

二、实验设计的类型

（1）根据变量控制的严密程度和内外在效度的水平，可以将实验设计分为真实验设计、前实验设计、准实验设计三种类型。真实验设计的特征主要包括随机选择和分配被试、系统操纵自变量、基本或完全控制无关变量。前实验设计的特征主要包括没有随机分组、没有控制无关变量、内外在效度都差。准实验设计的特征主要包括在无须随机地安排被试时，运用原始群体，在较为自然的情况下进行实验处理，有一定的外在效度，但只能控制一部分无关变量。

（2）根据被试分配方法，可以将实验设计分为等组实验设计、单组实验设计和轮组实验设计三类。等组实验设计是指两个或两个以上被试组的情况基本相同，但分别接受不同实验处理并测量实验结果。单组实验设计是指各个实验处理依次施于同一组被试，测量实验结果。轮组实验设计是指 n 个实验处理轮换施于 n 组被试（不必等组），实验后都测量实验结果。

（3）根据实验自变量的个数，可以将实验设计分为单因素设计和多因素设计。单因素设计是指只有一个实验自变量的实验设计。多因素设计是指有两个或两个以上的实验自变量的实验设计。

（4）根据因变量的观测安排，可以将实验设计分为后测设计和前后测设计。后测设计就是对被试在实验之前没有进行测量，仅在实验之后进行测量的实验设计。前后测设计是指在实验之前和之后都对被试进行测量的实验设计。

三、实验设计模式

判断一个实验研究为何种实验设计可从几方面来评估，包括是否采用随机分配的做法、研究者操纵的实验处理、前测与后测及研究被试的组数。而其涉及的符号及意义如下。

R：随机分配　　　X：实验处理　　O：观测（前测或后测）　　M：特定变量配对

（一）前实验设计

前实验设计又称"弱"实验设计，没有对影响内部效度的无关因素进行内在控制。对于所出现的任何结果，除了自变量以外，都可以找到大量的其他似乎合理的解释。因此，使用这种设计的研究者很难对自变量的效果做出评价[1]。

---

[1] 杰克·R. 弗林克尔，诺曼·E. 瓦伦. 美国教育研究的设计与评估[M]. 4 版. 蔡永红，等译. 北京：华夏出版社，2004：265-267.

前实验设计虽然可以进行观察和比较，但缺乏控制无关干扰变量的措施，从而无法验证实验使用的因素同实验结果之间的因果关系，也很难将实验结果推论到实验以外的其他群体或情境，是内外在效度都很差的实验。这种设计有以下几种表现形式。

1. 单组后测设计

单组后测设计只有一个实验组接受实验处理，为评价效果如何，对因变量进行观测。设计图如图 5-2 所示。

X	O
实验处理	后测

图 5-2　单组后测设计

例如，研究者想考察"容量瓶"概念表征（X）对概念学习效果的影响，采用这种方法在班上试行，经一段时间后，再通过后测考察概念学习效果（O）。

案例分析

"容量瓶"概念表征的实验研究[①]

课题名称："容量瓶"概念表征的实验研究。

研究问题："容量瓶"概念不同外部表征方案对概念学习效果的影响。

实验处理：分别给学生有关"容量瓶"的文字描述、图片展示、实物展示，让学生学习"容量瓶"的概念。

样本：湖南省东安县二所中学高一年级 72 名学生。

因变量测定："容量瓶"概念表述的时间和正确率。

条件控制：同一个教师授课，基本阅读教材相同。

实验设计类型：单组实验设计。

这种设计缺乏对照控制，不能确定最终的观测结果是由该实验处理导致的，内外效度均不高，难以将实验结果推广。

2. 单组前后测设计

单组前后测设计只有一个实验组，但是有前测可以和接受实验处理之后的后测进行比较（图 5-3）。

O	X	O
前测	实验处理	后测

图 5-3　单组前后测设计

假如教师想考察某阶段的内容的学习对学生化学学习的影响，可以在学习初始阶段对学生进行测试，在内容学习完之后再进行检测（即后测）。

① 刘芬. 概念表征形式对中学生学习化学概念效果影响的实验研究[D]. 长沙：湖南师范大学，2009：28-30.

但这种设计不能确保实验处理是前后测差异的决定或单一因素。所以为了避免这种情况的发生，有必要设置控制组以减少无关变量的影响。

3. 固定组后测设计

固定组后测设计是两个已经存在或自然形成的组接受不同的实验处理，然后进行测试比较。和单组后测设计相比，固定组后测设计有固定组（图 5-4）。

X_1	O
X_2	O
实验处理	后测

图 5-4　固定组后测设计

假如两组是已经存在的，而不是被随机分配到两组中去的，并且两组接受不同处理，如两个班使用不同版本的课本进行教学学习，最后测试学生学习效果。这种设计虽然提供了控制组，但是容易受原有固定组的被试影响。

4. 固定组前后测设计

该测试与固定组后测设计的差别仅在于增施了两个前测。

O	X_1	O
O	X_2	O
前测	实验处理	后测

图 5-5　固定组前后测设计

该设计进行分析是比较每个被试前后测的改变量，但是无法事先确定两组的处理前的关系，没有随机分配，两组之前未必相等，后测可能会依赖前测。假如是一个普通班和一个竞赛班学习同样的内容，可能前测分数高的班级在学习相同内容后后测分数更高。所以对于被试的分组还有待进行科学的配对。

（二）真实验设计

随机分配是一种有效地控制被试特征对内部效度的影响的方法，在教育研究中，主要考虑如何控制影响研究内部效度的因素。真实验设计是严格控制实验情境，遵循随机化原则把被试随机分配到各处理组，操纵自变量再分析实验结果，所以称为真实验。这种实验设计精确度高，内在效度有很好的保证，外在效度低。它包括以下几种形式。

1. 随机后测控制组设计

被试被随机分配到两个被试组中，其中一组接受实验处理，另一组不接受，作为控制最后都进行后测。例如，教师在全年级随机挑选学生 100 人分两个组，一组接受探究教学法，另一组接受传统教学法，一段时间后进行测试（图 5-6）。

R	X_1	O
R	X_2	O
随机分配	实验处理	后测

图 5-6　随机后测控制组设计

这种实验设计对影响实验结果的因素进行了很好的控制。但是，当出现研究样本数量不够或小组内特征样本流失等情况时，该设计不能发挥其功效特征。

2. 随机前后测控制组设计

与随机后测控制组设计相比，这个设计使用了前测。即随机分配各组，每组接受两次测量并同时进行观察（图5-7）。

R	O	X_1	O
R	O	X_2	O
随机分配	前测	实验处理	后测

图 5-7　随机前后测控制组设计

通过前测来判断随机分配的两组是否真的相似。前测有可能产生测验和实验处理的交互作用，因为实验组的被试会受到提示，而在后测中表现不真实。

3. 随机所罗门四组设计

在这种设计中，被试被随机分配到四个组，其中两个组接受前测，另外两个组不接受前测，从接受前测的组和未接受前测的组中各任选一组，总共两组接受实验处理，最后所有四个组都接受后测（图5-8）。

R	O	X_1	O
R	O	X_2	O
R		X_1	O
R		X_2	O
随机分配	前测	实验处理	后测

图 5-8　随机所罗门四组设计

这种设计将前后测控制组和后测控制组设计结合于一体，减少了前测可能导致的影响，检测测验与实验处理的交互作用，对影响内在效度的因素进行了很好的控制，内外效度都比较高，是一种理想的实验设计。但需要注意的是，该设计对实验样本的要求比较高，需要大量的样本来进行随机化处理，还要研究者付出相当大的时间和精力，所以会影响推广。

思考题

随机所罗门四组设计有何优缺点？

（三）准实验设计

准实验设计中实验者不能随机分派被试，无法像真实验那样把系统的误差来源完全予以控制，只能尽可能进行控制。这种实验的研究结果可能受无关变量的干扰，所以内在效度较低，但可推论到自然情境中。在教育研究的情境中，大多教育实验是在真实的情境中进行的，教育实验的对象也是在自然状态下接受实验的，教育实验难以满足一般科学实验的规范要求，大多数教育实验属于准实验，能称为真实验的实验案例很少。准实验设计有以下几种类型。

1. 纯配对设计

这种设计与配对的随机分配的区别仅在于它不采用随机分配的办法。研究者仍然会将实验组和控制组中的被试按照特定变量进行配对，但他们并不能保证这些被试在其他变量上也是均等的（图 5-9）。尽管经过了配对，但被试仍然在他们从前所在的自然组中。当一个研究可以使用几个（如 10 个或以上）组，而且这些组可以被随机分配到不同的实验处理中去的时候，这种设计可以取代随机分配被试的方法（图 5-10）。在各组被随机分配到不同的实验处理中去之后，接受不同处理的个体得到相互配对。应该强调配对永远都不能代替随机分配，而且配对变量和因变量之间的相关性必须加强（建议相关系数至少达到 0.40）。还应该注意到，如果不与随机分配结合使用，配对只能控制被配对的变量。

M	X_1	O
M	X_2	O
非随机分配	实验处理	后测

图 5-9　纯配对后测设计

O	M	X_1	O
O	M	X_2	O
前测	非随机分配	实验处理	后测

图 5-10　纯配对前后测设计

2. 平衡设计

该设计是力图使实验组和控制组达到均等的另一种技术。在这种设计中，每个组的被试都要接受所有的实验处理，但是接受的顺序不同（图 5-11）。

X_1	O	X_2	O	X_3	O
X_2	O	X_3	O	X_1	O
X_3	O	X_1	O	X_2	O
实验处理	后测	实验处理	后测	实验处理	后测

图 5-11　平衡设计

三组接受不同处理的顺序是随机的，研究者需要比较所有组在每种实验处理后的后测的平均分。这种设计可以使可能发生的误差大致平衡，但是容易受到多处理相互干扰的影响，并且使被试产生实验处理疲劳。使用该设计时要十分谨慎。

3. 时间系列设计

到目前为止，典型的前后测设计都是在接受实验处理前后立即进行观察或测量。然而，时间系列设计是在实验处理前后的一段时间内都要进行多次重复观察或测量。在这种设计中，需要收集某个组的更广泛的数据。如果这个组的分数在前测中基本上是一样的，而在后测中有了明显的提高，研究者对于实验处理引起这种结果的信心就比在一次前测、一次后测的设计中要强得多。例如，一个教师在使用一种新课本前的几个星期内，每周对学生进行一次测验，然后，在使用这种新课本后，继续监控学生在大量的周测验上的得分。一个基本的时间系列设计如图 5-12 所示，

O_1	O_2	O_3	O_4	O_5	X	O_6	O_7	O_8	O_9

图 5-12　基本时间系列设计

在这种设计中，可能影响内部效度的因素，包括历史（在最后一次前测和第一次后测间可能会发生的事件）、实验操作（因为某种原因在研究中的任何时候改变了使用的测量工具）和测验（由于练习效应）。前测和处理的交互作用的影响也可能因为使用了多次前测而提高，但时间系列设计仍然是一个很有效的设计。实际上，需要收集的数据量太大，可能正是这种设计不经常被用于教育研究的原因。在很多研究中，特别是在学校里，不太可能用同样的工具测量多次。

时间系列设计基本上是借助多次重复测量的一种前测后测设计，这种设计的实质是对一个或多个被试组或被试个体进行周期性的测量，建立反应的基线模型，并在这一时间系列测量过程中引进实验处理，随后用实施处理后在时间系列的观察中所得分数的不连续性，来表示实验处理结果。如果接受处理后的反应模型不同于原来模型，表示原先的反应模型的连续性中断，这种变化可能是由自变量（实验处理）的作用所导致的。

4. 因素设计

因素设计扩展了在实验研究中所可能考察到的变量关系的数量。这种设计是对后测控制组设计或前后测控制组设计（无论是否采用随机分配）的根本修正，它使研究者能够探讨其他自变量的效果。因素设计的另一个价值在于它允许研究者研究一个自变量与一个或多个其他变量的交互作用，这些其他变量有时被称为调节变量。调节变量可能是不同的实验处理变量，也可能是被试特征变量。因素设计如图 5-13 所示。

R	O	X_1	Y_1	O
R	O	X_2	Y_1	O
R	O	X_1	Y_2	O
R	O	X_2	Y_2	O
随机分配	前测	实验处理	实验处理	后测

图 5-13　因素设计

这个设计是对前后测控制组设计的修正。它包括一个有两种水平（X_1 和 X_2）的实验处理变量和一个也有两种水平（Y_1 和 Y_2）的调节变量。由于每个变量（因素）都有两个水平，因此上面这个设计被称作 2 乘 2 因素设计。这个设计也可以用图 5-14 表示。

	X_1	X_2
Y_1		
Y_2		
实验处理	实验处理	实验处理

图 5-14　2 乘 2 因素设计

仍然使用前面提到的比较探究教学法和讲授教学方法对化学学习成绩的影响的例子。这个研究中的自变量有两个水平：探究法（X_1）和讲授法（X_2）。如果研究者想要考查班级大小是否也会影响成绩，这个研究中就要加入另一个变量 Y，可以用 Y_1 表示小班，Y_2 表示大班。因此，因素设计是用一组数据来研究多种变量关系的一种有效方法。

案例分析

运用元学习理论指导高三化学复习的实验研究设计[①]

研究问题：运用元学习理论指导高三化学复习的实验研究。

研究假设：在复习中有意识地进行元学习能力的培养，能够提高学生的化学学习能力。

实验处理：实验前，对所有学生进行前测；然后实验组（a_1）在教学中有计划地进行学法指导，训练学生的元学习能力，控制组（a_2）仍进行传统教学，共两个月训练时间；最后以自编的化学学习能力测验成绩为指标，按照最低分与最高分的差值，平均分三段，将实验组学生进行分组，水平 1 为高能力组（b_1），水平 2 为中等能力组（b_2），水平 3 为低能力组（b_3）。

实验样本：岳阳市第十五中学高三年级三个班 164 名学生。

因变量测定：高中生的化学元学习能力，以自编的化学学习能力测验成绩的提高幅度为指标。

条件控制：分别对实验组和控制组的性别、成绩、教师、单盲控制、双盲控制进行控制。

实验设计类型：多因素实验设计。

第三节　眼动追踪技术的应用

眼动追踪技术能够实时记录学生视线停留的空间位置、浏览路径和视觉转移过程，客观全面地记录学生在知识学习、问题解决等过程中的具体表现，细致而又准确地捕捉学生的兴趣区域，深入评估其学习效果和阅读过程，量化注意力、认知过程和学习结果之间的关系，从而揭示学生的心理特征及内在认知情况。因此，结合化学学科特点，主要从适用性研究、化学场景知觉、化学图像识别和化学问题解决四个方面来阐述眼动追踪技术在化学教育领域的应用，从而为化学教学诊断与评价开辟新的研究路径。

眼动研究最早可追溯到古希腊心理实验研究，经过发展，已经从直接观察法、机械记录法到光电记录法，逐渐发展成为一门成熟的技术手段[②]。目前最常用的研究范式是眼动记录法，这种方法就是在最自然的视觉情境中（阅读过程、解题过程、实验操作过程等）通过眼动仪即时记录被试者在视觉加工过程中的眼动轨迹，记录重要的眼动指标，如注视

① 陈皓文. 运用元学习理论指导高三化学复习的实验研究[D]. 长沙：湖南师范大学，2007：32-35.

② 闫国利，白学军. 眼动研究心理学导论——揭开心灵之窗奥秘的神奇学[M]. 北京：科学出版社，2012.

位置、注视时间、注视次数、回视、瞳孔大小、眼跳等，来分析人的心理认知加工过程，将认知活动（对语句的加工、图像识别、问题解决等）用外显的眼动数据反映出来，揭示人类心理活动的内部加工机制。几十年来，眼动追踪技术除广泛应用于工业设计、网页评估、图文设计评价、航天航空、多媒体应用、产品测试、人机交互等多个领域外，还广泛应用于阅读、场景知觉、视觉图像搜索、英语阅读和分类等涉及信息加工的心理学研究领域。

在化学教育领域，新时期的化学教育要求以发展学生的化学学科核心素养为目标，注重引导学生从宏观辨识与微观探析、变化观念与平衡思想、证据推理与模型认知等化学学科特质的思想和方法上开展实践探究活动，能以宏观微观结合的思维方式探寻"物质及其转化"的基本规律，形成基本的科学探究素养与创造思维，最终使学生树立更高层面的价值追求与社会责任感。因此，基于眼动技术得到的数据来分析化学学习过程中个体的思维，通过眼动指标特别是注视时间与注视次数这些显性的指标能清楚反映学生注意资源的分配、加工策略的选取、关键信息的编码与表征、化学问题的抽象、化学问题的解决等具体认知过程和情感体验，从而达到探索学习过程的目的，并间接地为化学教育机制做出相应的分析与评判。

一、眼动指标

很多学者根据不同的研究对眼动追踪测量指标进行了深入探讨，Chen 等探索了眼动指标与不同多媒体形式呈现（文本、图像）的内容的测试成绩之间的关系，发现眼动指标可预测考试成绩。该研究进一步探究发现眼动注视顺序、注视时间、重复注视点的频次对学生的答题准确性有显著的影响[1]。Goldberg 和 Kotval 在计算机接口的研究中揭示了基于眼动定位的空间测量[2]。随后，Jacob 和 Karn 总结了 21 个包含了眼动追踪技术的研究，指明了 6 个常用的眼动追踪测量指标：注视次数、每个兴趣区花费的时间比例、平均注视时间、每个兴趣区的注视次数、每个兴趣区的平均凝视时间、固定速率等[3]。郑玉玮等通过对近年来眼动研究的考查发现眼动指标主要分为时间、空间和数三种类型[4]。一项研究中的眼动指标不能太多，也不宜过少，应根据研究需要综合选择不同类型的眼动指标进行相互补充、相互支持。表 5-1 中所列出的一些常见眼动指标可以为化学教育的眼动研究提供参考。

① Chen S C, She H C, Chuang M H, et al. Eye movements predict students' computer-based assessment performance of physics concepts in different presentation modalities[J]. Computers & Education, 2014(5): 61-72.

② Goldberg H J, Kotval X P. Computer interface evaluation using eye movements: methods and constructs[J]. International Journal of Industrial Ergonomics, 1999(24): 631-645.

③ Jacob R J, Karn S K. Eye Tracking in human-computer interaction and usability research: ready to deliver the promises[A]//Hyn J, adach R, Deubel H. The Mind's Eye: Cognitive and Applied Aspects of Eye Movement Research. Amsterdam: Elsevier Science, 2003.

④ 郑玉玮，王亚兰，崔磊. 眼动追踪技术在多媒体学习中的应用：2005—2015 年相关研究的综述[J]. 课程与教学，2016(4): 1.

表 5-1　常见的眼动指标及定义

眼动指标	定义
首次注视时间	第一次注视的时间，反映早期识别过程
总注视时间	反映对所注视内容的认知加工情况，注视时间的长短反映学习者对材料加工的程度
平均注视时间	每个兴趣区的注视时间的平均数
回视时间	在一个兴趣区内的重新审视的注视时间的总和
注视位置	注视位置反映注意力分布情况，与注视时间共同揭示了个体阅读策略及原有的知识和经历[1]
注视顺序	在两个及两个以上兴趣区注视分配的顺序
眼跳距离	两个连续注视之间的距离，反映学习效率和信息加工难度
扫视模式	注意分配的模式，涉及位置、距离、方向、序列、相互作用、空间布局和注视间、眼跳间的关系
注视次数	视觉注视（注视次数、总注视时长及平均注视时间）越多表明学习者对概念的理解程度越高
平均注视次数	在每个兴趣区内的平均注视次数
热点图	反映学习者的视觉加工热区或兴趣区
瞳孔大小	学习者所承受的认知负荷越大，学习者的瞳孔越大，学习的效果越差[2]

　　总的来说，上述眼动测量的概念框架为理解各种类型包括化学教育研究的眼动指标提供了基本指导原则。然而，应该注意到，眼动追踪技术在不同研究中会以不同的方式被运用，在不同领域的研究中可能关注不同类型的眼动指标。例如，阅读研究可能更关注时间测量，视知觉加工研究可能更关注空间测量。因此，在化学教育研究领域，应结合化学学科本身的特殊性，以学生为主体，积极探寻科学合理的眼动指标，探寻学生化学认知过程中的眼动模式，为化学教学改革提供新的参考视觉，着力促进学生化学学科核心素养的发展。

二、具体应用

　　随着技术的优化与发展，眼动研究已大量应用于教育研究领域，如英语阅读、词汇记忆、数学问题解决、特殊教育、信息技术教育等，然而在化学教育领域的眼动研究屈指可数。丰富多样的化学知识使学生在学习不同模块时会产生不同的认知水平，而眼睛的转动与学生的认知情况息息相关，眼动指标（眨眼、眼跳、注视、瞳孔直径）可用于辨别学生的学习行为，包括浏览文本、在文本中寻找信息、对信息进行三重表征等，进而从学习者的注视行为中抽取学习风格和认知风格，整合学生的学习管理和知识管理系统，从而为学习者提供个性化的自适应解决方案。因此，通过眼动仪搜集学生化学学习过程中产生的眼动数据，探究合适的分析模型以便于改善学生化学学习过程及环境，开拓出新的教育测量

① 张琪，杨玲玉. e-Learning 环境学习测量研究进展与趋势——基于眼动应用视角[J]. 中国电化教育，2016(11)：68-73.
② 王玉琴，王咸伟. 媒体组合与学习步调对多媒体学习影响的眼动实验研究[J]. 电化教育研究，2007(11)：61-66.

与评估手段，从而达到诊断化学教学效果的目的。

（一）适用性研究

适用性研究聚焦于产品设计（如计算机界面或印刷材料）中各元素的设计如何影响观察者的视觉注意。它是眼动追踪法研究应用最为广泛的领域。通常涉及"人体工学"研究，这些研究可以用眼动仪配合其他研究技术（如访谈法）来识别视觉模式。例如，研究眼动指标与注意力、信息加工能力、学习表现的关系，通过分析技术挖掘学习者的个性特征（学习策略、学习风格、学习偏好等）。而这些研究结果可以有效地引导化学教科书、化学教育网站、化学软件等的外观设计，在提高学生化学学科能力的同时关注学生的情感发展，从而提高用户体验。当然也可用于采集学生与化学实验仪器等的交互行为，获得基础教育中的行为数据，从而为基础教育着力发展学生科学素养的目标提供参考与指导。

（二）场景知觉研究

场景知觉包括鉴别物体和确定物体在一个环境中的相对位置，研究中的刺激物是被试看到的自然环境或者是被试对真实世界的描述（静景、图画、动景等）。目前，场景知觉主要应用于活动表现中的视觉模式研究，包括驾驶、艺术鉴赏和自然观察、面部识别等活动。在化学学科领域，高度抽象的化学概念原理，抽象化、概念化、符号化、微观化、严谨的逻辑体系等决定了化学是一门以实验为基础的学科，实验技能成了化学学习者的必备能力之一，因此可以应用眼动追踪技术实时监控学生在自然环境下进行化学实验活动的眼动情况，分析学生在化学实验过程中关于实验设计、实验操作、仪器设备使用、实验现象观察及实验数据处理等的认知情况，从而为化学实验教学的改进与完善提供一定的指导意见。另外，由于场景知觉是在真实的自然环境中获取学生认知的眼动数据，具有一定的真实性和参考价值，因此，还可以用眼动仪监测学生化学课堂学习、听化学讲座或者是进行化学小组合作活动等方面的眼动数据，进行实时分析，关注学生的实际发展，从而改进相关教学机制，着力促进学生化学学科核心素养的发展和学生化学关键能力、必备品质的形成。

（三）图像识别研究

图像识别即要求被试从呈现的大量项目中去辨别目标项目，例如，在一张班级照片中定位一个具体的人。这种研究的刺激物包括文本、图表、数组对象、形状或字母、数字特征等，研究者把呈现项目编成不同号码（如按尺寸大小）并记录被试确定目标物存在与否所花费的时间（反应时间）。图像识别研究广泛应用于阅读、图表呈现、医学测试、面部识别、图表理解力模型的部分要素等领域。

在化学教育研究领域，随着信息技术的发展，对微观分子、原子、离子间结构和作用的可视化呈现越来越普遍化，学生对化学微观图像的理解与识别能力就成为学生学习化学必备的素养与品质。目前，模拟化学微观抽象概念的眼动研究主要有：描述学生核磁共振仪[①]的

---

① Tang H, Topczewski J J, Topczewski A M, et al. Permutation test for groups of scanpaths using normalized levenshtein distances and application in NMR questions[R]. Proceedings of the Symposium on Eye Tracking Research and Applications. ACM Digital Library: New York, 2012: 169-172.

使用情况；用多表现性显示器呈现有机化学机理；形象展示有机化学球棍模型；采用能级图来表示电子密度、电荷分布机制等。在分子可视化背景下，未来图像识别的眼动研究则主要包括：对化合物键活性及键结合部位的确认、复杂分析光谱的解读、复杂问题情境中关键信息的辨别等进行探索，探寻信息技术与课堂融合的情况下学生的认知过程，为高效课堂教学提供指导策略。因此，图像识别的眼动研究有利于探索学生对化学图像的认知情况，促进微观图像模型的完善与创新，优化教学资源，着力促进学生化学宏观辨识与微观探析能力的发展。

（四）问题解决研究

化学问题解决涉及信息的识别、信息含义的理解、信息的提取与表征、模式的识别、策略的选取、问题的解决、问题的反思与评估等一个完整的动态变化的过程，整个过程要达到的目标不仅是学生技能的形成，还包括对学生陈述性知识与程序性知识、知识的迁移、认知策略与元认知策略、信息加工策略等的要求。目前关于化学问题解决的眼动研究主要包括数字运算和有机化学方程式的书写等，旨在探讨影响学生在解决化学计算和有机化学方程式方面的理解力因素。

眼动研究在化学学科教育中探讨学生对知识提取加工过程的表征方式时，即使打断解题者的思路，他们也能报告出那些没有达到意识水平的推理，同时通过眼动轨迹的实时记录，探讨人的认知活动从发生到结束的加工过程，从而为探究学生学习过程中内部表征的认知加工情况提供更可靠的数据[①]，从而有助于化学教师在化学教学的过程中，针对学生的认知加工特点进行教学策略的选择与改进，提升学生化学现象分析、化学知识运用、化学情境表征和化学问题解决的能力，以发展学生的核心素养和基本能力为目标，更好地提高化学学科教育的科学性和有效性。

随着计算机和成像技术的高速发展，人类与图文信息交流越来越频繁，信息技术与课堂的融合必将促进学生学习方式的多样化发展。眼动追踪技术作为一种探究学生认知过程的手段，在化学教育研究领域是一种很有力的研究工具。它可以深入评估学生的化学学习过程和化学学习效果，量化注意力、认知过程和学习结果之间的关系，丰富的眼动指标使得描述学习行为更具有时空的立体性。虽然在用眼动仪设计和实施研究时还存在一些问题，但是该方法能解释个体对化学学科学习的体验，这一点是非常重要的。从适用性、阅读、场景知觉、图像搜索和瞳孔测量法等研究领域来看，这种多用途的工具可以用来研究各种各样的话题，并且通过联合其他方式（访谈、观察、调查）收集更为真实的学习行为与认知数据，能够更深入地理解个体在化学学习、化学教学、化学问题解决中的认知情况，探究其认知规律与学习特点，从而有效地促进学科知识结构、内容体系与学生的认知发展相适应，优化教育资源环境，提升学生的综合素质，促进学生关键品质和基本能力的发展。

---

① 岳宝霞，冯虹. 眼动分析法在数学应用题解题研究中的应用[J]. 数学教育学报，2013, 22(1) :93-95.

第四节 案 例 分 析

思维策略训练对高中生化学问题解决能力影响的实验研究①

吴鑫德[1, 2]**   张庆林[2]   陈向阳[1]

([1]湖南师范大学，长沙，410081）（[2]西南师范大学，重庆，400715）

摘要：研究思维策略训练对于高中生解决化学计算问题的有效性。被试为 1616 名高中学生，训练由经过培训的 17 名高中化学教师承担，时间为 10 周，实验采用自编的《高中生化学计算问题解决思维策略训练教程》及《自我训练提示卡》，在真实的课堂教学情境和正常的教学秩序下进行，以探索化学学科问题解决思维策略训练的有效性。结果表明：思维策略训练能显著地提高高中生的化学计算问题解决能力，且普通中学高中生的训练效果明显优于重点中学。

关键词：高中化学 问题解决 思维策略训练

1 问题提出

思维策略训练是思维心理学、教育心理学、发展心理学以及教育学研究的重要课题。国内外学者主要是通过一般思维策略训练和学科思维策略训练两条途径来达到发展智力、提高问题解决能力的目的，例如，著名的 Productive 思维教程、Instrumental Enrichment 教程、CORT 思维教程和 Pattens of Problem Solving 教程就是一般思维策略训练的研究[1]；张庆林、张大均、刘电芝、连庸华、杨卫星等结合小学数学应用题、初中平面几何、物理力学等问题进行思维策略训练[2-7]就是学科思维策略训练的研究。有研究[2][3]指出，一般问题解决思维策略训练强调思维的一般规律，忽视了具体学科和具体问题的思维特性，不利于迅速提高学生的学科问题解决能力，因此，近年来越来越重视"知识丰富领域"问题解决策略的研究。然而，国内结合学科训练学生问题解决思维策略的研究主要集中在低年级和数学、物理学科领域，而在高年级结合化学学科特点进行问题解决思维策略训练的研究却很少见。本研究就试图结合化学计算问题对高中生化学问题解决思维策略进行训练，以探索思维策略训练对于提高高中生化学问题解决能力的有效性。

2 研究方法

2.1 实验设计

本研究采用 2×2 实验设计。2 个自变量分别是：自变量 A 为化学

右栏边注：
案例分析

交代研究目的和意义

总结概述前行研究

指出前行研究的空白区域说明前人还没有研究到的地方，提出自己研究的主要内容

具体说明自己的研究设计

修改建议：自变量 A 为教学方法，水平 a1 为有

---

① 吴鑫德，张庆林，陈向阳. 思维策略训练对高中生化学问题解决能力影响的实验研究[J]. 心理科学，2004(05)：1049-1057.

计算问题解决思维策略训练，水平 a1 为接受实验训练（实验组），水平 a2 是未接受实验训练（控制组）；自变量 B 为学校分类，水平 b1 为重点学校，水平 b2 为普通学校。因变量为：高中生化学计算问题解决能力，其能力的提高以化学计算能力测试成绩的提高幅度为指标。

2.2 实验假设

高中生化学计算问题解决思维策略训练能够有效地提高学生的化学计算问题解决能力；重点学校高中生化学计算问题解决思维策略训练的效果与普通学校具有明显的差异。

2.3 被试

湖南省 6 所中学的高中一、二、三年级 34 个自然教学班，1616 名高中生。其中，高一年级 12 个班，高二年级 12 个班，高三年级 10 个班；实验组 810 人，控制组 806 人；男生 816 人，女生 800 人。

2.4 实验材料

化学测验翰林题库（北京理工大学出版社，1994.4）；《瑞文推理测验》（李丹，1986）；《高中生化学计算问题解决思维策略训练教程》（自编，高中一、二、三年级各 1 套）及《自我训练提示卡》（实验组学生每人一份）。

2.5 研究程序及方法

2.5.1 提取高中生化学计算问题解决有效思维策略。策略的有效性是本实验成败的关键，本研究考虑到所提取的策略既要具有广泛的迁移性，又要具有可操作性[8][9]，一方面，借鉴已有研究的方法[2-7]，首先将化学计算问题解决过程分为三个阶段：分析题意、解决问题、总结反思，然后，提出每一阶段具有化学特色的问题解决思维策略；另一方面，采用出声思维口语记录法，寻找优生与差生化学计算问题解决思维过程的本质差别，最后优选 8 种有效的思维策略：读题审题策略、综合分析策略、双向推理策略、同中求异与异中求同策略、化繁为简策略、巧设速解策略、模糊思维策略、总结反思策略。

2.5.2 编写《高中生化学计算问题解决思维策略训练教程》（以下简称为《教程》）、《自我训练提示卡》和化学计算问题解决能力前、后测测试试题（以下简称为《试题》）。《教程》和《自我训练提示卡》是根据所提取的 8 种有效的思维策略，组织各实验学校的实验组教师共同编写的，《教程》中包括教学训练目的、要求、方法、程序和 10 个教案，《自我训练提示卡》有具有自我监控作用的 10 个问题；《试题》由化学测验翰林题库随机抽取，每个年级前、后测试题各一套，所有《试题》均在非实验学校进行预测，以确保《试题》

意识开展化学问题解决思维策略训练（实验组），水平 a2 为无意识开展化学问题解决思维策略训练（控制组）；自变量 B 为学校分类，水平 b1 为示范性学校，水平 b2 为非示范性学校

提出研究假设，但第二个假设"明显"缺少说明

说明本研究的被试选择、组成

介绍本研究用到的工具

具体说明本研究的实验研究过程及方法

的信度和效度，其中前测试题共 5 道，总分 60 分，设置难度 0.60，测试时间 50 分钟，后测试题题量、难度与前测试题相同，只是鉴于区分度考虑，比前测时长减少 5 分钟。

2.5.3　前测。运用瑞文推理测验和前测《试题》对 6 所实验学校高中三个年级的所有学生进行统一测试，并统一测试时长、测试方式、记分标准、评卷人员，经统计分析后，在每个实验学校的同一个年级中分别选取男女性别、智力水平和化学成绩均接近的两个班，随机安排一个班为实验组，另一个班为控制组。

2.5.4　实验教师集体培训。培训内容包括实验教学观念、教学方法、教学形式、教学内容、教学进度及实验时间等，总体上同一年级内部要求大致统一，每个年级由一个教师负责统一协调和安排。

2.5.5　实验教学。在正常教学秩序条件下，根据《教程》中的统一要求对实验组学生进行有意识的训练，训练时间 10 周，每周一课时，每个课时主要训练一种策略，其余 2 周为综合训练。控制组按照平常的教学计划进行教学。为防止实验组与控制组学生之间的交流，《教程》中的教学材料在每次上课前发给实验组学生，下课后及时收回，《自我训练提示卡》只发给实验组学生。为排除其他非实验因素的干扰，每个学校同一个年级实验组和控制组的任课教师知识水平、年龄和教龄等条件相当，并在实验组实施"单盲"、控制组实施"双盲"等措施。

2.5.6　后测。根据已有研究[1] [2]，智商在实验的短期内不会有明显的提高，因此，训练结束后，对所有被试（包括实验组与控制组的学生）只进行化学计算问题解决能力测试。评分方法和程序与前测一致。

2.6　实验结果的统计处理方法
本研究收集的数据采用 SPSS for Windows10.0 进行统计处理。

3　结果与分析

3.1　实验教学训练前学生的智商和化学计算成绩分析
在实验教学训练前,被试的智力和化学计算测试成绩统计结果见表1。

表 1　实验训练前试验组与控制组学生的智商和化学计算成绩

实验分组		人数	智商			实验前化学计算成绩		
			M	SD	t	M	SD	t
高一	实验组	306	117.14	6.43	1.539	32.47	16.74	-0.092
	控制组	297	116.33	6.44		32.59	15.88	
高二	实验组	269	116.81	8.23	1.042	26.55	16.20	0.329
	控制组	276	116.10	7.82		26.08	17.64	
高三	实验组	235	116.25	6.97	-0.382	33.74	15.57	1.631
	控制组	233	116.52	8.42		31.52	13.90	

对实验前后试验组与控制组学生的智商和化学计算成绩的统计结果进行分析

但研究假设中并未将智商作为因变量，在数据分析中出现智商的相关数据，并无必要

表 1 表明：在实验前，同一个年级中，实验组与控制组的智商都没有明显差异（高一：$p = 0.124 > 0.05$，高二：$p = 0.298 > 0.05$，高三：$p = 0.703 > 0.05$），实验组与控制组的化学计算成绩都没有明显差异（高一：$p = 0.927 > 0.05$，高二：$p = 0.742 > 0.05$，高三：$p = 0.104 > 0.05$）。由此可见，实验前，每一个年级实验组与控制组在统计上是同质的。

3.2　思维策略的实验教学训练对化学计算问题解决能力的影响

实验结束后，利用后测试题对被试的化学计算问题解决能力进行检测，排除不符合实验条件的无效数据后，对其化学计算测试成绩提高幅度进行统计分析，以考察自变量 A 和自变量 B 对因变量的影响，结果见表 2、表 3 和表 4（表中化学计算成绩提高幅度＝后测化学计算成绩−前测化学计算成绩）。

对不同年级、不同学校学生实验前后的化学计算问题测试成绩提高幅度的统计结果进行分析

表 2　实验组与控制组实验后化学计算成绩的提高幅度

	高一年级		高二年级		高三年级	
	M	SD	M	SD	M	SD
实验组（a1）	17.13	16.45	19.99	14.33	16.27	15.30
控制组（a2）	9.370	15.66	12.62	15.70	8.660	13.88

表 3　不同类型学校的学生经训练后化学计算成绩的提高幅度

	高一年级		高二年级		高三年级	
	M	SD	M	SD	M	SD
重点学校（b1）	15.87	6.01	15.70	9.41	14.97	2.39
普通学校（b2）	18.42	4.74	25.07	4.44	18.43	4.04

表 4　高中各年级实验分组、学校分类因素对化学计算成绩提高幅度的作用

变异来源	Df	高一年级		高二年级		高三年级	
		MS	F	MS	F	MS	F
实验分组（A）	1	3806.8	198.6**	2364.9	49.46**	2629.5	198.9**
学校分类（B）	1	105.97	4.560*	4208.8	85.85**	102.39	10.90**
A×B 交互作用	1	140.01	6.300*	5.7380	0.11	156.22	14.25**
A 在 b1 水平上	1	4927.3	183.4**			3116.1	156.1**
A 在 b2 水平上	1	3922.6	137.4**			3875.4	211.3**

注：$*p < 0.05$；$**p < 0.01$

表 2 和表 4 的结果表明：高中每个年级的实验组化学计算成绩提高幅度都明显高于控制组（$p = 0.000 < 0.01$）。表 3 和表 4 的结果表明：高中每个年级的普通学校学生的化学计算成绩提高幅度都明显高于重点学校（高一，$p = 0.036 < 0.05$；高二，$p = 0.000 < 0.01$；高三，$p = 0.002 <$

0.01）。对于高一和高三年级，虽然实验分组变量 A 与学校分类变量 B 的交互作用显著（$p=0.000<0.01$），但经进一步检验，无论是普通学校还是重点学校，高一和高三同一年级内，实验组化学计算成绩提高幅度都明显高于控制组（$p=0.000<0.01$）。

4　讨论

4.1　实验训练对提高化学计算问题解决能力的影响

本研究发现，对高中生进行化学计算问题解决思维策略训练能够显著地提高学生的化学计算问题解决能力，尤其是对高二年级学生进行思维策略训练效果更佳。实验还发现，学生在训练过程中学会了学习、学会了思维，他们能够结合化学学科思维特点和具体问题情境，自我发现、自我分析、自我总结问题解决思维策略，从而真正理解和把握了解决化学计算问题的一系列高效率学习的一般方法和技巧，而不是传统"应试教学"中一些僵化的具体的问题解决途径。值得注意的是，训练必须结合学科特点进行，如化学问题解决思维策略训练必须建立在一定数量与质量的化学基础知识上才能取得最佳的效果[10]；同时策略性知识的学习，不是理解就行，必须经过适当的练习、思考和领悟，促使策略性知识条件化、程序化、熟练化、自动化[1]；此外训练还要遵循一系列科学的原则，如目的性原则、系统性原则、迁移性原则、启发式原则、持久性原则。因此，我们必须彻底抛弃传统的"应试教育"思想和"题海战术"教学方式，全面贯彻新课改教育理念，教学生学会学习、学会思考。

4.2　普通学校与重点学校实验训练效果差异

实验发现，普通学校的实验训练效果明显优于重点学校。其原因很多，主要在于三个方面：一是在传统课堂教学中，问题解决思维策略通常是隐含在例题和习题的教学过程里，需要学生自己去感悟和体会，而普通学校学生由于受知识基础和认知结构水平等限制，往往更多地关注陈述性知识内容，而较少注意策略性知识的学习、理解和运用，因而他们在平时的学习过程中运用策略解决问题的机会相对较少，问题解决的效率相对较低。二是学生没有接受专门的问题解决思维策略实验训练，并不等于没有接受思维策略训练，只是意识水平不同。从整体上来看，重点学校教师的教学力量和学生的策略水平比普通学校要强，教师平时在教学过程中，很可能已经在潜意识水平上将问题解决的思维方法进行了归纳、总结、指导与训练，学生有更多的时间和机会得到教师潜移默化的影响。三是重点学校学生在高分段内进一步提高不如普通学校学生在低分段内容易。当然，实验的效果，还与教师对待这种思维策略训练实验的态度有关。普通学校与重点学校实验教学训练效果存在差异的事实也提示我们，即使在同一个学校、同一个班级进行问题解决思维策略训练，也要充分考虑学生的个别差异，实施差异教学。

5 结论

综合以上研究，我们得出如下结论：

5.1 对高中生进行化学计算问题解决思维策略训练，能有效地提高他们的化学计算问题解决能力。

5.2 对普通学校高中生进行化学计算问题解决思维策略训练，训练效果明显优于重点学校。

最后，通过实验研究，得出本研究的结论

参 考 文 献

1 张庆林, 杨东. 高效率教学. 北京: 人民教育出版社, 2002: 165-162, 405-435.

2 张庆林, 刘电芝, 连庸华. 平面几何问题解决思维策略训练的实验研究. 西南师范大学学报, 1997（3）: 37-41.

3 姚飞, 张大均. 应用题结构分析训练对提高小学生问题解决能力的实验研究. 心理学报, 1999,（1）.

4 张庆林, 黄蓓. 解决学科问题的思维策略雏议. 课程·教材·教法, 1994,（8）.

5 张庆林, 连庸华. 优等生解决几何问题的成功思维策略分析. 西南师范大学学报, 1995, 1.

6 杨卫星, 张梅玲. 2000. 平面几何问题解决过程中加工水平对迁移的影响. 心理学报, 2000,（3）.

7 童世斌, 戴宇, 张庆林. 初中生解答数学应用题思维策略训练. 现代中小学教育, 1999,（6）: 21-23.

8 梁宁建, 俞海运等.中学生问题解决策略的基本特征研究. 心理科学, 2002,（1）.

9 张春莉. 样例和练习在促进问题解决迁移能力中的作用. 心理学报, 2001, 33（2）: 170-175.

10 吴庆麟. 认知教学心理学. 上海: 上海科学技术出版社, 2000.

研究分析

目的：文章一开始就阐明了思维策略训练研究的目的、价值与意义：国内外学者主要是通过一般思维策略训练和学科思维策略训练两条途径来达到发展智力、提高问题解决能力的目的，然后举出一些研究案例阐明思维训练策略的研究现状及在学科领域方面的空缺；国内结合学科训练学生问题解决思维策略的研究主要集中在低年级和数学、物理学科领域，而在高年级结合化学学科特点进行问题解决思维策略训练的研究却很少见。从而指出本研究的目的是试图结合化学计算问题对高中生化学问题解决思维策略进行训练，以探索思维策略训练对于提高高中生化学问题解决能力的有效性。文章整体思路清晰，目的明确，但对国内外研究现状的分析与评述过于简略概括，没有进行系统、具体的评述。

定义：文中没有明确给出思维策略训练的本质定义与操作定义，只简单地阐述了思维策略训练研究领域、研究途径及研究的目的与意义，即思维策略训练是思维心理学、教育心理学、发展心理学及教育学研究的重要课题，国内外学者主要是通过一般思维策略训练和学科思维策略训练两条途径来达到发展智力、提高问题解决能力的。

前行研究： 文中写到"著名的 Productive 思维教程、Instrumental Enrichment 教程、CORT 思维教程和 Pattens of Problem Solving 教程就是一般思维策略训练的研究；张庆林、张大均、刘电芝、连庸华、杨卫星等结合小学数学应用题、初中平面几何、物理力学等问题进行思维策略训练就是学科思维策略训练的研究。有研究指出，一般问题解决思维策略训练强调思维的一般规律，忽视了具体学科和具体问题的思维特性，不利于迅速提高学生的学科问题解决能力"。由于刊物对版面的限制，文章只是对思维策略训练研究的途径进行简单陈述，没有具体分析国内外对思维策略研究的方法与手段、研究策略、研究的具体内容及存在的局限性等，我们并不能从笔者的文章中清楚地了解国内外在思维训练策略方面的具体研究情况是怎样的。

假设： 作者的假设明确，紧密结合研究目的进行假设：高中生化学计算问题解决思维策略训练能够有效地提高学生的化学计算问题解决能力；另外，作者还根据样本的特征进行了研究假设，即"重点学校高中生化学计算问题解决思维策略训练的效果与普通学校具有明显的差异"。

抽样： 作者采用整群取样，通过控制变量的原则选取湖南省 6 所中学的高中一、二、三年级 34 个自然教学班，1616 名高中生。其中，高一年级 12 个班，高二年级 12 个班，高三年级 10 个班；实验组 810 人，控制组 806 人；男生 816 人，女生 800 人。整体来说抽样合理。

手段： 实验的设计、假设、研究的程序与研究方法、研究结果等紧密联系研究问题，本研究考虑到所提取的策略既要具有广泛的迁移性，又要具有可操作性，一方面，借鉴已有研究的方法，首先将化学计算问题解决过程分为三个阶段：分析题意、解决问题、总结反思，然后，提出每一阶段具有化学特色的问题解决思维策略；另一方面，采用出声思维口语记录法，寻找优生与差生化学计算问题解决思维过程的本质差别，最后优选 8 种有效的思维策略：读题审题策略、综合分析策略、双向推理策略、同中求异与异中求同策略、化繁为简策略、巧设速解策略、模糊思维策略、总结反思策略。根据所提取的 8 种有效的思维策略，组织各实验学校的实验组教师共同编写《试题》，《试题》由化学测验翰林题库随机抽取，每个年级前、后测试题各一套，所有《试题》均在非实验学校进行预测，以确保《试题》的信度和效度，其中前测试题共 5 道，总分 60 分，设置难度 0.60，测试时间 50 分钟，后测试题题量、难度与前测试题相同，只是鉴于区分度考虑，比前测时长减少 5 分钟。通过前测的统一操作、实验教师集体培训、实验教学、后测的操作控制、收集的数据采用 SPSS for Windows10.0 进行统计处理。整个实验过程描述充分，并给出了充分的信度和效度证据，这些证据具有一定的科学性与合理性。

内部效度： 首先，根据已有研究，智商在实验的短期内不会有明显的提高，因此训练结束后，对所有被试（包括实验组与控制组的学生）进行智商测试不具科学性。

数据分析： 本研究收集的数据采用 SPSS for Windows10.0 进行统计处理与分析。作者对数据的处理与总结科学合理，统计结果的解释正确、报告恰当，表格设计美观，值得学习。

结果： 结果呈现科学合理，与假设清楚、一致。表 1 表明：在实验前，同一个年级中，实验组与控制组的智商都没有明显差异（高一：$p=0.124>0.05$，高二：$p=0.298>0.05$，高三：$p=0.703>0.05$），实验组与控制组的化学计算成绩都没有明显差异（高一：$p=0.927>0.05$，高二：$p=0.742>0.05$，高三：$p=0.104>0.05$）。由此可见，实验前，每一个年级实验组与控制组在统计上是同质的。表2和表4的结果表明：高中每个年级的实验组化学计算成绩提高幅度都明显高于控制组（$p=0.000<0.01$）。表3和表4的结果表明：高中每个年级的普通学校学生的化学计算成绩提高幅度都明显高于重点学校（高一，$p=0.036<0.05$；高二，$p=0.000<0.01$；高三，$p=0.002<0.01$）。对于高一和高三年级，虽然实验分组变量A与学校分类变量B的交互作用显著（$p=0.000<0.01$），但经进一步检验，无论是普通学校还是重点学校，高一和高三同一年级内，实验组化学计算成绩提高幅度都明显高于控制组（$p=0.000<0.01$）。

解释/讨论：研究结果与假设一致，对高中生进行化学计算问题解决思维策略训练能够显著地提高学生的化学计算问题解决能力，重点学校高中生化学计算问题解决思维策略训练的效果与普通学校具有明显的差异。作者对研究的数据进行了讨论与分析，对本研究成果及研究体会进行了系统的描述，强调了训练必须结合学科特点进行，但作者没有指出本研究的局限性。

讨论

1. 简述实验研究的基本特性。
2. 简述实验研究的要素和特点。
3. 如何确定实验的自变量和因变量？
4. 随机分配实验组、控制组前后测设计有何优缺点？
5. 解释"效度"这一术语的含义，并举出两种方法提高实验的效度。
6. 请谈一谈开展化学教育实验研究对于你自身专业发展的意义。

研究练习

请选择一个适合采用实验法开展研究的化学教育研究问题开展实验研究设计。

小结

1. 化学教育实验研究是指教育者根据一定的目的和计划，控制条件，对被试（教育对象）施加可操作的化学教育影响，然后观测被试的变化和教育结果，以此推断所施加的化学教育影响与教育效果之间是否存在因果联系的一种研究。

2. 实验研究的基本特性有：组间的比较、操纵自变量、被试随机化、反复验证性、观察周期长、量化可操作、变量的控制。

3. 教育实验研究的基本要素包括：实验假设、被试、自变量、因变量、无关变量。

4. 教育实验设计是指根据实验研究课题的性质和实验研究所具备的主客观条件，对有关被试的选择和分组、自变量的操纵、因变量的测量、无关变量的控制等问题所确定的具体操作程序。

5. 教育实验研究的效度是指教育实验研究结论的准确性和普遍性程度分为内在效度和外在效度。内在效度指实验的自变量能被精确估计的程度，即对实验结果有干扰的因素排除得越充分，则该研究的内在效度越高。外在效度指实验结果能被概括到实验情境条件以外的程度。

6. 根据变量控制的严密程度和内外在效度的水平，实验设计可分为真实验设计、准实验设计和前实验设计。

7. 等组实验设计是指两个或两个以上被试组的情况基本相同，但分别接受不同实验处理并测量实验结果。

8. 单组后测设计缺乏对照控制，不能确定最终的观测结果是由该实验处理导致的，内外在效度均不高，难以将实验结果推广。

9. 随机所罗门四组设计对影响内在效度的因素进行了很好的控制，内外在效度都比较高，是一种理想的实验设计。但需要注意的是，该设计对实验样本的要求比较高，需要大量的样本来进行随机化处理，还要研究者付出相当大的时间和精力，所以会在某种程度上又影响推广。

第六章 调查研究

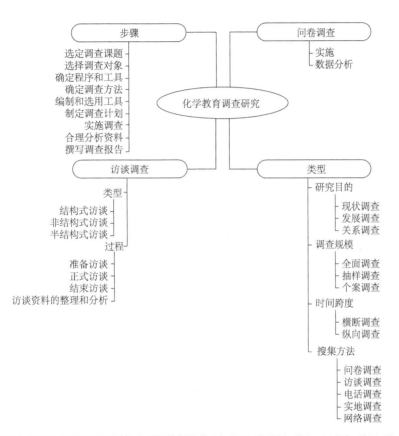

步骤
- 选定调查课题
- 选择调查对象
- 确定程序和工具
- 确定调查方法
- 编制和选用工具
- 制定调查计划
- 实施调查
- 合理分析资料
- 撰写调查报告

问卷调查
- 实施
- 数据分析

化学教育调查研究

访谈调查
- 类型
  - 结构式访谈
  - 非结构式访谈
  - 半结构式访谈
- 过程
  - 准备访谈
  - 正式访谈
  - 结束访谈
  - 访谈资料的整理和分析

类型
- 研究目的
  - 现状调查
  - 发展调查
  - 关系调查
- 调查规模
  - 全面调查
  - 抽样调查
  - 个案调查
- 时间跨度
  - 横断调查
  - 纵向调查
- 搜集方法
  - 问卷调查
  - 访谈调查
  - 电话调查
  - 实地调查
  - 网络调查

第六章PPT

学习目标

◇ 能准确地说出化学教育调查研究概念、目的、作用和优点。

◇ 简要描述如何进行调查研究，能设计一份化学教育调查研究。

◇ 能够独立地设计访谈提纲并实施，能对访谈数据进行分析。

◇ 在明确问卷和访谈的优越性和缺点的基础上，正确地选择研究方法，能正确地利用收集的资料对调查工具进行信度和效度检验，分析得出有效的研究结果。

调查研究是一种使用范围很广的研究方法。调查是用一定的方法收集事实和资料；研究是对收集的资料进行整理和分析[1]。研究者通过收集和测量等方法获得第一手资料，再经过量化处理，达到认识和分析现象、行为、问题的目的。调查研究不仅适合小规模的专题研究，也适合大规模的综合调查，便于对取得的数据进行量化处理[2]。

① 陈秀珍，王玉江，张道祥. 教育研究方法[M]. 山东：山东人民出版社，2014：67.

② 杨小微. 教育研究的原理与方法[M]. 上海：华东师范大学出版社，2010：111.

第一节 调查研究类型及步骤

化学教育调查研究是研究者在科学方法论和教育理论指导下，以活动形态或现实存在形态的化学教育问题、化学教育现状为研究内容，运用观察、问卷、访谈及测验等方式，有目的、有计划、系统地搜集有关资料，从而获取关于化学教育现象的科学事实，对教育现象做出科学的分析并提出具体工作建议的一种研究方法。

调查研究有具体而独特的研究方法和工作程序，有一套搜集、处理资料的技术手段，并以调查报告作为研究成果的表现形式。它已成为教育科学研究中一种高效的、具有特殊而重要作用的研究方法。虽然调查研究在教育科研中的应用日趋广泛，但也有一定的局限性，如所搜集的材料或数据的代表性较难把握，容易失真；调查研究只能揭示事物之间的某种关联（相关关系），不能可靠地揭示事物之间的因果关系，等等。教育调查研究与教育实验研究、教育行动研究等其他研究方法结合使用时，可以发挥出更大的优势[①]。

一、调查研究的类型

化学教育调查研究按照不同的标准，可分成不同的类型。

（一）按研究目的划分

根据研究目的的不同，可以将调查研究划分为现状调查、发展调查和关系调查。

1. 现状调查

现状调查是了解化学教育现象或教育对象目前的状况和基本特征，或者寻找一般数据的调查研究，是一种描述性调查，在化学教育调查研究中现状调查最普遍，如人教版高中化学教科书使用情况调查、义务教育阶段化学实验教学现状调查、免费师范生在中学教学（服务）情况的调查、中学化学教师职业倦怠现状与影响因素研究等。

2. 发展调查

发展调查是指对某一教育现象在较长一段时间内的特征变化进行调查，以找出其前后的变化与差异，并试图对研究对象的发展趋势做出推断和估计，从而推断未来某一时期教育发展趋势与动向。发展调查是一种预测性调查。

3. 关系调查

关系调查主要调查两种或两种以上教育现象的性质与程度，分析、考察它们之间是否存在联系及联系是否密切。关系调查的目的是寻找某一教育现象的相关因素，以探索解决问题的办法，如高中生化学学习策略与化学学科核心素养的相关性研究等。

---

① 岳亮萍. 中小学教师怎样进行课题研究(三)——教育科研方法之教育调查研究法[J]. 教育理论与实践，2008(08)：46-48.

（二）按调查规模划分

根据调查规模的不同，调查法可以分为全面调查、抽样调查和个案调查。

1. 全面调查

全面调查是对全体研究对象进行无一遗漏的调查，也称普查。全面调查是一种一次性调查，其目的是调查某一时间点、一定范围内的研究对象的基本情况，调查可以是单位性的或区域性的，也可以是全国性的。它能够得到有关调查对象的全部情况，为制定重大的方针、政策和规划提供必要的依据。例如，对一个学校的化学课程开展调查研究，对某市中学化学实验课程开设情况进行普查。

2. 抽样调查

抽样调查指从全体研究对象（总体）中抽取具有代表性的样本进行调查，用所得结果对总体的特征做出具有一定可靠程度的估计和推算，并根据调查结果来推断或说明总体情况的一种调查方法。

3. 个案调查

个案调查是在全体研究对象的范围内选取个别有显著特征的对象进行调查。它是对个别人或个别事件的调查，可以是典型的，也可以是一般的。通过对某一教育现象进行深入实际的、"解剖麻雀"式的、具体而细致的调查研究，可以详细观察事物的发展过程，具体了解现象发生的原因，并掌握多方面的联系。在综合个案研究资料进行一般意义的推论时要力求避免主观性和片面性。

（三）按搜集资料的时间跨度划分

根据搜集资料所耗费的时间长度作区分，可分成横断调查和纵向调查。

1. 横断调查

横断调查是要对从预先确定好的总体中所选取出来的样本上收集信息，在某一段时间内，进行一次性搜集资料，全部理想数据的获得可能要一天到几周不等。因为作为横断调查的对象，只接受一次调查，所以搜集的资料不能反映被试个体的变化。但是，在横断调查中被调查团体之间的差异，能够反映较大范围内总体的变化。

2. 纵向调查

纵向调查是指搜集被研究对象一段时间的资料，以及在这段时间内若干特定点的资料。信息的收集是在不同时间进行的，这样可以对随时间流逝所发生的变化进行研究。纵向调查持续的时间有长有短，长的要持续几年。但不管长短，资料的搜集都要分两次或两次以上完成。在调查研究中，有三种很常用的纵向调查设计：趋势研究、群组研究和固定小组研究[1]。趋势研究要在一段时间内的不同时刻进行随机抽样，虽然在不同的时间选取的样本不同，但是这些样本都足以代表同一个总体。趋势研究常被用来研究某一总体在一段时间的变化情况。

---

[1] 杰克·R. 弗林克尔，诺曼·E. 瓦伦. 美国教育研究的设计与评估[M]. 4 版. 蔡永红，等译. 北京：华夏出版社，2004：395.

案例分析

横断调查与纵向调查案例

例如，对某高中化学成绩进行调查时，化学成绩在操作上定义为学年度期末化学考试成绩，从高一、高二、高三3个年级分别随机取样，随后对样本进行学年度期末化学测试。调查获得的数据是在同一时刻搜集的，但是由于调查的样本分别代表了3个年级，这样取得的数据也就代表了整个高中阶段化学成绩的状况。年级之间的差异反映了3年之中这个学校化学成绩的变化情况。这属于横断调查。

再如，研究某校学生化学学习兴趣的变化情况，总体即是该校的全体学生。在连续几年的研究中，每次（可能每一学期）测量态度时，测查的结果都不一样。这属于纵向调查。

（四）按搜集资料的方法划分

根据搜集资料的方法不同，调查法可分为问卷调查、访谈调查、电话调查和实地调查等。

1. 问卷调查

问卷调查是研究者设计好问卷或调查表，邮寄或直接递交给被调查者，被调查者填写作答后而取得资料的研究过程。通常情况下是在同一地点对群体中的所有成员进行调查，如让学生在课堂上完成问卷调查、对某个学校化学组教师完成问卷调查等。这种方法回收率高，成本低，答卷者在作答过程中遇到问题时，研究者可以当场解释。但是能够把样本集中在一个组中的研究类型太少了。还可以采用邮寄的方式来搜集调查数据，将问卷邮寄给被调查者，并要求在一定的时间内完成和寄回。该方法成本低，还能使作答者有充分的时间去思考需要回答的问题。但是鼓励被调查者进行合作的机会太少，而且在作答过程中也很难给答题者提供帮助。邮寄问卷回收率可能很低，也很难收集到某些特殊的样本（如读不懂问卷的人）。

2. 访谈调查

访谈调查是指研究者主要通过亲自对研究对象进行个别访问而取得资料。这是一种调查者通过与调查对象面对面谈话直接收集材料的方法。在个别访谈中，由研究者（或经过培训的助手）对被调查者进行面对面的访谈，可以建立和谐的气氛，可以对一些问题进行阐述，可以对不明确或者不完善的回答进行追问等。它可能是调查研究中最能有效获得回答者合作的方式。面对面的访谈对回答者的读写能力要求较少，谈话时间可长可短。

3. 电话调查

电话调查指研究者通过电话与研究对象进行谈话而取得资料。此方法成本低，效率高，问题的程序也容易标准化。而且研究者还可以对作答者进行追问。但是电话调查的顺利进行首先必须获得被调查者的电话号码，而且在调查中无法对调查者进行观察。一般某些敏感问题的回答率很低。

4. 实地调查

实地调查是指研究者亲自到研究对象的现场进行实地考察、个别访问、开座谈会、查阅资料等方式了解情况、收集资料。研究者有目的、有计划地运用感官或者借助科学仪器，直接了解当前正在发生的或者处于自然状态下的化学教育现象，如化学教师的素质状况、优秀的教学方法、化学实验室的设施和利用情况等，都可以通过实地调查获得第一手资料。

5. 网络调查

网络调查是一种比上述四种调查方式更加便利的调查方式。网络调查的研究目的和上述调查研究的目的一致，只是以计算机网络为传播手段，具有回复快、成本低、灵活性高的特点。

思考题

调查研究的分类有交叉吗？请你举例说明。

二、调查研究的步骤

研究是一个不断提出问题和解决问题的过程。在提出问题和解决问题之间，研究者的主要任务就是收集实证性资料，用收集到的资料来解释和说明问题，这就是研究。这个过程可以用图 6-1 表示[①]。

图 6-1　调查研究过程示意图

化学教育调查研究方法有很多，每一种方法虽各有侧重点，研究过程要遵循一定的步骤，但一般都应包括选定调查课题、确定调查对象、确定调查程序和工具、确定调查方法、编制和选择调查工具、制定调查计划、实施调查、整理分析调查资料与撰写调查报告等步骤，这里重点讨论三个方面的问题。

（一）确定调查对象

研究者进行调查，必须弄清楚调查对象。必须根据研究的性质、目的和任务，限定调查对象的总体，选择有代表性和典型性的调查对象。也就是说研究者要明确谁应包括在研究范围内，谁应排除在研究范围外。

调查对象可称为分析单元，通常情况下指的是人，但有的时候也可以指物体、班级、学校、政府机构等。例如，在一项关于湖北省高中化学教师参与"一师一优课，一课一名师"活动情况的调查中，可以将湖北省高中化学教师视为分析单元。

从一些分析单元中收集到调查数据,再对这些单元进行描述,然后对这些描述进行归纳。在上面给出的例子中,从教师样本中收集到的数据可以归纳成对样本所代表的总体(该学区中所有的教师)的描述。

与其他类型的研究一样,研究所关注的那个组(人、物体等)称为目标总体。要想得到可信的有关目标总体的描述,就应该对它进行很好的定义。实际上,如果目标总体定义得好,研究者能够很确定地说出某个分析单元是否属于目标总体。例如,假设目标总体被定义为"某省的所有高中化学教师",那么,这样的定义是否足够明确呢?你是否能确定地说出这个人是否是这个目标总体的成员呢?乍一看,你可能会说是。可是,那些参与教学的管理者能算目标总体的成员吗?那些临时教师和兼职教师呢?那些咨询教师呢?除非把目标总体定义得非常详细,使它足够毫不含糊地区分谁是目标总体的成员,谁不是目标总体的成员,否则任何调查样本得到的有关目标总体的陈述都是错误的[①]。

(二)确定调查方法

确定调查目的和对象后,要根据不同目的的要求与不同的研究对象来选择具体的调查方法。调查的方法依据所要收集资料的种类而定。态度方面的资料用问卷调查法,行为方面的资料可用观察法,智力、个性及学业表现方面的资料可用测量法。有的研究用单一的调查方法,有的研究可能同时采用几种调查方法。一般有两种方法:一种是直接方法,即如实地访问、观察、测验;另一种是间接方法,如发调查表、问卷,查阅档案、统计资料等。

(三)选择调查工具

在化学教育调查研究中,无论是采用直接或者间接的方式收集资料,都必须借助一定的工具,如访谈提纲、调查表、问卷、观察卡片、测验试卷或量表等。编制和选用调查工具要遵循标准化、经济和适用的原则。在调查研究中最常用的研究工具是调查问卷或者访谈提纲。而实际上,除了调查问卷是由回答者自己操作完成的以外,在其他方面这两种方法几乎是相同的。在邮寄问卷或者直接分发问卷的情况下,问卷呈现的方式对于研究的总体成功非常重要。调查问卷和访谈提纲中的问题,以及询问的方式都是至关重要的。在调查工具的编制过程中,一定要进行一次小规模的试测,收集调查对象的反馈信息,以进行修改调整,使调查工具的差错尽量消灭在正式调查之前,这样可以减少研究中的技术性误差。这是大规模教育调查中十分重要的一项准备工作。

如果条件允许,可根据课题的情况,选用已有的调查工具,这样可以节省人力和时间。但选用已有的调查工具必须注意:已有调查工具使用的对象范围要包括自己研究的对象,符合自己研究中对象的特征,如可以用台湾著名学者邱美虹及她的团队研发的"普适性科学模型本质观点量表"[②]进行湖北省的高中生对科学模型本质的认识的调查,因为研究的

---

① 杰克·R. 弗林克尔,诺曼·E. 瓦伦. 美国教育研究的设计与评估[M]. 4版. 蔡永红, 等译. 北京: 华夏出版社, 2004: 398.
② 林静雯, 邱美虹. 从认知方法论之向度初探高中生模型与建模历程之知识[J]. 科学教育月刊, 2008(04): 9-14.

对象都是高中生，研究的目的都是调查高中生对模型本质的认识。但是在研究中要注意调查研究中的同一名词、变量的抽象定义与操作性定义的一致性，可以对已有的研究工具进行使用和修订。

案例分析

职前、职后高中化学教师学情分析能力

职前、职后高中化学教师在学情分析的方法、内容和自我评价方面存在差异，职前教师存在的问题包括：分析方法缺乏独立性和科学性、分析内容忽视学习习惯和潜力。若要对职前、职后高中化学教师进行研究，拟为职前教师学情分析能力的提升提出建议，你该选择何种调查研究方法？选用何种调查工具？并说出你选用工具的原因。试拟定一份调查研究计划。

思考题

与化学教育实验相比，教育调查更偏重于对化学教育的哪些方面进行研究？有什么局限性？

第二节　问卷调查

问卷调查法是研究者把研究的问题设计成若干具体问题，按一定的规则排列编制成书面的表格或者试卷，交给被调查者填写作答，然后回收整理、分析，从而得出结论的一种研究方法。它包括提问和作答两部分。在化学教育调查研究中，问卷是收集资料的重要工具，也是一种技术和方法，即问卷法。应用问卷调查法的关键在于问卷设计的合理性。成功的设计一方面要体现研究者的意图，将需要了解的问题准确地传递给被调查者，另一方面要考虑被调查者的态度、状态，使他们乐于作答、认真作答。问卷的编制请参考第四章第四节"问卷的设计"。

问卷调查法的优点：第一，在大范围内抽选调查对象所需要的费用低。第二，收集资料所花费的时间少。第三，可以进行计算机处理，便于做定量分析。但问卷的方式不可能深入调查出答卷人的真实观点和情感，而且难以保证很高的回收率。

一、问卷调查的实施

问卷调查的实施即将试测和修订之后的完整问卷用于正式调查。

（一）问卷的发放

问卷要选取研究对象，所选择的样本一定要具有代表性和典型性。问卷发放时必须关注两个问题：一是要有利于提高问卷填答的质量，二是要有利于提高问卷的回收。可以由调查者本人到场进行发放，或者委托其他人发放问卷，还可以利用网络进行发放。不管

是本人到场进行发放还是委托其他人发放，都必须征得有关组织的同意。取得他们的支持与配合，这是问卷实测成功的一个重要条件。如果是纸制问卷，还需要考虑问卷印刷方式、纸张选择及封面设计等。

网络问卷调查就是利用网络将完整的问卷设计成网页，再通过 QQ 或者微信等将问卷的网址链接或者二维码发给被调查者。待有人受邀填写问卷以后，可以在问卷管理页查看数据及统计分析。网络问卷极大地提高了效率，扩大了问卷发放的范围，更省时省力。

（二）问卷的回收

问卷回收时要粗略地检查填写的质量，如是否有漏填和明显的错误。问卷回收之后要对问卷进行审查、分类整理、淘汰不合格的问卷（不完整或者不正确回答的问卷），再进行编码、登记，最后进行问卷的信度、效度分析。编码一定要注意方法，维度一般采用英文字母进行编号，题目用数字进行编码。问卷的回收率至少要达到 70%，否则调查结论的可靠性难以保证。

二、问卷的数据分析

问卷回收后进行编码，采用数据分析工具（如 SPSS[1]、Winsteps、R 语言等）进行录入、整理。数据分析主要分两个方面，一是对问卷质量的检验，主要包括内部一致性检验、探索性因素分析、验证性因素分析等。二是关于调查结果的统计分析，主要包括集中量数（如平均分）、差异量数（如标准差）、相关分析、方差分析、回归分析等。

思考题

1. 问卷调查对所有的化学教育问题都适用吗？为什么？
2. 问卷调查的缺点有哪些？在实际调查中该怎么弥补这些缺点？请说说你的想法。

第三节　访谈调查

访谈通常是在问卷调查后进行，是问卷调查的一种补充，是对问卷调查中的典型案例的进一步挖掘，以探查深层次的心理成因。如果说问卷调查是以书面形式收集资料的研究方法，那么，访谈调查就是以口头形式收集资料的研究方法。访谈调查是研究者通过与被研究者进行有目的、有计划、有方向的口头交谈来收集对方有关心理特征、观点看法和行为数据资料的一种研究方法。随着现代信息技术的发展，除了面对面的直接访谈形式，还出现了电话访谈、网上交流访谈等间接访谈形式。访谈调查不同于日常谈话，它是根据特定的研究目的，依据研究设计来收集资料的过程[2]（表 6-1）。

① 吴明隆. 问卷统计分析实务：SPSS 操作与应用[M]. 重庆：重庆大学出版社，2010.
② 陈秀珍，王玉江，张道祥. 教育研究方法[M]. 济南：山东人民出版社，2014：81.

表6-1 日常谈话与访谈调查的区别

日常谈话	访谈调查
无明显的目的性	目的性明确
双方可以互相提问	访谈者发问
以友好的称呼开始，常伴随身体接触	保持社交距离，不小于握手的距离
互相表达继续交流的兴趣	只要求访谈者对被访谈者表达兴趣
互相自谦以示礼貌和尊重	主要是访谈者自谦以鼓励对方说话
双方语言轮换，是平等的	由访谈者提问，挑起新话题
使用大量的略语，不必详述细节	要求被访谈者详述细节，尽量具体明确
双方需较长时间的沉默	设法让被访谈者讲话，避免太长时间的沉默
结束时，不必道谢	访谈者要向被访谈者道谢

访谈调查不受书面语言文字的限制，适用于更加广泛的调查对象；容易进行深入调查，收集的资料范围更广；灵活性较强，易于对访谈过程和环境进行控制；能够使用面面俱到的复杂的访谈提纲。另外，面对面的访谈过程中还可以观察被访谈者的动作、表情等非语言行为，以此可以鉴别回答内容的真伪，分析访谈者的心理活动。

但是，访谈调查费时、费力、费财，而且规模有限，所得的资料不易量化。在访谈之前需要做较多的准备工作，对访谈者的访谈素质要求比较高[①]。

一、访谈调查的类型

因研究目的、研究性质或者研究对象不同，访谈可以分为多种类型[②]。

（一）以调查对象的数量划分

1. 个别访谈

个别访谈是调查研究中常见的形式。它是指访谈人员直接与每一个被访谈人员直接接触，逐一地进行单独的访谈。这种访谈有利于访谈者和被访谈者有更多的交流机会，被访谈者受到重视，访谈内容更深入，有利于得到真实可靠的材料。

2. 集体访谈

集体访谈是指有一名或者数名访谈者亲自召集调查对象（有代表性，一般不超过10人），通过集体座谈的方式，就需要调查的任务征求意见的调查方式。它能够集思广益、互相启发，互相探讨，可在短时间内收集到较广泛和全面的信息。集体访谈要求访谈者有熟练的访谈能力和组织能力，会议之前要准备好访谈提纲，并将调查目的、内容等通知被访谈者。在座谈会议过程中要保持轻松的氛围，让大家畅所欲言，做好详细的座谈记录。

---

① 吴智慧. 科学研究方法[M]. 北京：中国林业出版社，2012：126-127.

② 陶保平，黄河清. 教育调查[M]. 上海：华东师范大学出版社，2005：104-108.

但是，涉及个人隐私的内容则不宜采用这种方式。

（二）以人员接触的情况划分

1. 面对面访谈

面对面访谈也称直接访谈，是指访谈双方通过面对面的接触直接沟通，访谈人员可以通过语言和表情、神态、动作等非语言行为来获取资料的访谈方式。一般情况下，访谈者到被访谈者确定的访谈现场进行访谈。

2. 电话访谈

电话访谈是指访谈人员借助某种工具（如电话、QQ 或者微信等语音聊天工具）进行交流来获取调查资料的一种方式。它没有距离的限制，减少了人员来往的时间和费用，提高了访谈效率。电话访谈和面对面访谈的合作率相差不多，对于学校系统成员（教师、校长等）通过电话访谈更容易成功[①]。但是，电话访谈不易控制访谈条件，不能对被访谈者的非语言行为进行观察，不易获得更加详尽的资料。

3. 网上访谈

网上访谈是指访谈者借助互联网对被访谈者进行文字形式（如 QQ 或者微信聊天、往来电子邮件）或视频形式（如 QQ 或者微信等视频软件）的访谈，它和电话访谈一样减少了人员来往的时间和费用，提高了访谈效率，而且文字形式的访谈便于日后资料的收集和分析，视频访谈还可以观察到被访谈者的表情、神态等非语言行为，避免了电话访谈的缺点。

资料卡片

QQ 访谈的优点与局限性[②]

1. 能获得较多的实情。在传统的现场访谈法中，被访谈者常因怀疑调查者的动机，存有较大的"戒备心理"，对素不相识的调查者常不敢透露真情，或因无意误解、其他人在场、调查者访谈技巧不佳等原因而造成信息的失真。在 QQ 访谈中，由于调查者与被调查者不是在现实中直接接触，这就在较大程度上避免了被访谈者的戒备心理，可得到较为真实的信息。另外，QQ 访谈对调查技巧的要求也没有现场调查法那样高，而且排除了他人的"干扰"。心理学的研究已证实，在匿名的情况下，个体犹如戴着面具的人，容易去个性化，表现出真实的自我。

2. 访谈可以灵活安排。QQ 访谈减少了时间、地点因素对访谈的限制，这是现场访谈法所不具备的优点。运用 QQ 访谈，一般不会像现场访谈法那样容易打扰被访谈者的工作或休息，从而引起被访谈者的抵触情绪。而且没有第三者在场，不用担心第三者"泄密"。除此外，QQ 访谈允许交流双方控制交流进程，它克

---

① 郑金洲. 学校教育科研方法[M]. 北京：教育科学出版社，2003：172.

② 宁雷. 对 QQ 体育娱乐群体的现状调查与对策研究[J]. 体育与科学，2010(03)：18-22.

服了面对面交流的障碍，允许交流双方有充分的时间反应，有效地保证了访谈的质量。

3. 易于选取被访对象。理论上讲，在现场访谈中，访谈者也可以自主地选择被访谈对象，但由于被访谈者常有"时间冲突"和"利益顾虑"等的干扰，并非都愿意接受访谈，现场访谈在选择访谈对象上的局限性显而易见，而运用QQ访谈法就可较好地避免此类事情的发生，因为调查人可以根据调查对象自愿提供的QQ号码，自主选择被访的对象。当然，这里说的"自主选择被访对象"也要以对方自愿为前提。

4. 时间、金钱的消耗相对较少。QQ访谈不但可为调查者赢得更多的自主时间，同时也减轻了经济上的负担，更不用为住宿、坐车等事宜而发愁。

5. 可以真实、完整地保留访谈记录。无论是纯文本聊天，还是语音聊天都可以以不同的方式保留访谈记录。访谈记录，对调查者来说是非常重要的，因为这是调查者进行质化分析的原材料。而且QQ访谈记录的内容也比较清晰，不需进行较多的文字整理。

QQ访谈法也存在自身的局限性，突出表现在：访谈的对象并不广泛。热衷于QQ的人，绝大多数是年轻人，五六十岁的人较少。针对一些涉及整体的研究，如研究教师教学的动机，仅了解年轻教师的动机是远远不够的。这就要求QQ访谈法与现场访谈法适当结合。

简言之，倡导QQ访谈法并不意味摒弃现场访谈法。相反，要做到二者的优势互补。

（三）以调查的访谈次数划分

1. 横向访谈

横向访谈又称一次性访谈。它是指为了使研究一次性完成，在同一时间段对某一研究问题进行一次性收集资料的访谈。它一般用于量的研究，收集的内容比较简单，抽取一定人数的被访谈者，内容以事实性材料为主，访谈时间较短。

2. 纵向访谈

纵向访谈又称多次访谈或者重复访谈。它是指对固定的研究对象进行两次以上的跟踪访谈，是一种深度访谈。它常用于个案研究或者验证性研究，也用于质性研究。按照美国学者塞德曼的观点，深度访谈至少要进行三次以上[①]。

（四）以访谈的控制程度划分

1. 结构式访谈

结构式访谈也称标准式访谈，是访谈者对访谈过程高度控制的访谈。它要求访谈人员

---

① 陈向明. 质的研究方法与社会科学研究[M]. 北京：教育科学出版社，2000：173.

事先设计好统一的、有一定结构的访谈提纲，按照访谈提纲依次向被访谈者进行提问，并要求被访谈者按照规定的标准进行回答，把调查过程的随机性控制到最小程度。它最大的优点是便于对不同的访谈者的回答进行比较、分析，访谈结果便于量化，可做统计分析，一般用于量的研究。它对访谈员的态度、素质、经验要求比较高，要注意不要将自己的主观意见或者偏见带到访谈过程中。

2. 非结构式访谈

非结构式访谈也称自由式访谈，是指事先不制定完整的调查问卷或者详细的访谈提纲，只给调查者一个访谈题目，也不规定访谈的程序，调查者和被访谈者就访谈题目自由交谈。这种访谈较有弹性，能灵活转变话题、提问方式和顺序，能充分发挥双方的积极性，能收集到丰富而深刻的资料。非结构式访谈过程是调查问题的过程，也是研究问题的过程；是收集资料的过程，也是评价解释资料的过程。它常常用于探索性的研究，如提出假设和建构理论。

3. 半结构式访谈

半结构式访谈是介于结构式访谈和非结构式访谈之间的一种访谈。它有结构式访谈的严谨性和标准化题目（事先拟定好的问卷或者提纲），对访谈结构有一定的控制性，但是被访谈者有表达自己观点和意见的空间，访谈者可以根据访谈的进程随时进行访谈的调整。因此，半结构式访谈兼有结构式访谈和非结构式访谈的优点，化学教育调查研究中一般使用半结构式访谈。

案例分析

"高中化学课外作业现状调查与对策研究"的教师和学生访谈提纲

教师访谈提纲

1. 您带几个年级、几个班？一周共有多少节课？

2. 您认为布置化学课外作业的主要目的是什么？

3. 您看重学生完成化学课外作业的方式吗？您认为学生完成化学课外作业的过程和结果哪个更重要？

4. 您是如何批改化学课外作业的？您批改作业的心情如何？

5. 您是怎样评价学生的化学课外作业的？您经常使用一些评语或者特殊符号吗？您会通过化学课外作业与学生进行思想与情感上的交流与沟通吗？

6. 您在化学课外作业的选择、布置、批改及讲评过程中遇到哪些难题？存在哪些困惑？

学生访谈提纲

1. 你的化学成绩如何？你一般花费多长时间做化学作业？

2. 你觉得化学课外作业的数量和难度如何？

3. 做化学课外作业之前或者之后你会认真复习课堂所学知识吗？如果遇到

难题了你会怎么处理？

4. 你觉得自己的学习方法和学习方式有助于化学课外作业的完成吗？试举例说明。

5. 你的化学课外作业一般都是被怎样评价的？你认为这种评价方式合理吗？针对目前的课外作业评价方式，你有什么建议吗？

请对该访谈提纲的设计谈谈你的看法。

二、访谈调查的过程

（一）准备访谈

访谈是建立在语言交流、思想表达、双方参与基础上的互动过程，为了使访谈收集的资料更加科学、有效，研究者要做充分的准备工作。也就是说，在访谈之前需要想清楚为什么要进行访谈，访谈什么，如何进行访谈。

1. 制定访谈计划

制定访谈计划是要对研究的目的、访谈的调查类型、访谈调查的对象、访谈调查的时间等做出明确的规定。首先，要根据研究的目的选择合适的访谈形式，化学教育调查中一般采用半结构式访谈。其次，选择有代表性的访谈样本，要尽可能了解被访谈者的有关情况，如性别、年龄、职业、文化水平、职称、经历等。再次，要考虑访谈的时间、地点和场合因素。最后，还要准备访谈所需要的工具，如访谈问卷、访谈提纲、访谈记录表、各种证明材料、录音笔、摄像机等。

2. 访谈问题的编制

访谈问题的编制即拟定好访谈提纲、问卷。访谈提纲、问卷的形式基本上和问卷调查中的书面问卷相似，可以是开放式问题，也可以是封闭式问题，只是访谈更加注重表述的口语化。访谈提纲、问卷除了含有按照顺序排列的访谈题目、答案外，还包括访谈的相关资料，如被访谈者的个人基本资料、访谈日期、地点等。

（二）正式访谈

这是访谈的实质性阶段。访谈要按计划进行，目的明确，中心议题集中，同时要灵活，视情况而定。访谈者要有谦虚平等的态度，采用合适的提问方式，善于运用非语言行为促进交流，鼓励访谈者，提高访谈兴趣，创造一个畅所欲言的氛围；在遇到回答残缺不全、含糊不清、不准确、答非所问的情况时，要善于用合适的方式进行追问。另外，要善于理解被访谈者的非语言行为，准确把握信息，控制好访谈进程，另外访谈者要做好访谈记录，或者在征求被访谈者同意的情况下进行录音。

（三）结束访谈

结束访谈是访谈活动的最后一个环节，应该注意以下几个方面的问题。

第一，要控制访谈的时间。访谈的时间不宜过长，要力争在约定的时间内结束。

第二，要把握好结束访谈的时机。例如，访谈临近结束时，被访谈者还有谈话的兴致，这时访谈者要善于抓住被访谈者转移话题时产生的谈话间歇，自然地结束访谈。如果双方都感到疲乏和厌倦，谈话难以进行时，应该尽快结束访谈。若此时访谈任务还未完成，可约定时间再次进行访谈。

第三，对被访谈者表示感谢。一方面，访谈者应真诚地感谢被访谈者对研究工作的支持，感谢对方付出宝贵的时间和提供有价值的资料；另一方面，还应该表示从对方那里学到了许多知识，通过访谈建立了友谊。这是科研道德的最基本要求，又为后续的访谈研究奠定了基础。

（四）访谈资料的整理和分析

访谈结束之后，需要对访谈获得的资料进行整理和分析，有以下几点需要注意。

第一，资料是否是按照原先的规定和要求进行收集的，结构访谈调查项目有无遗漏。

第二，所收集到的资料是否能说明问题，有无答非所问的现象。对于这类资料，若不能补救，则应剔除。

第三，访谈结束后，要及时将准确、真实的材料进行整理和分析，形成对所研究问题的有价值的证据。

第四节　案　例　分　析

高中化学教师课堂教学诊断能力的影响因素研究[①]

冯莹[1, 2]　李佳[2**]　王后雄[2]

（1.绍兴市第一中学　浙江绍兴　312000；2.华中师范大学化学教育研究所　湖北武汉　430079）

案例分析

摘　要： 以在职高中化学教师为研究对象，通过问卷调查、访谈等方法对化学教师课堂教学诊断能力进行研究。研究发现，现阶段高中化学教师的课堂教学诊断能力在整体上处于中等偏上水平，虽没有系统认识课堂教学诊断，但存在课堂教学诊断行为，且聚焦在"诊教学内容"、"诊知识与技能"和"诊师生互动"等维度。高中化学教师对课堂教学诊断存在认识表层化、目标狭隘化的误区。不同类型学校、教龄、职称的高中化学教师的课堂教学诊断能力存在显著差异，其课堂教学诊断能力主要受诊断意识、教学经验、职业倦怠等内部因素与师资力量、课堂教学诊断氛围、学生等外部因素影响。从教师、学校、教育部门等方面，对高中化学教师课堂教学诊断能力的提高提出相应建议。

关键词： 课堂教学　教学诊断能力　影响因素

调查方法

调查得出的结论

提出的建议

---

① 冯莹，李佳，王后雄. 高中化学教师课堂教学诊断能力的影响因素研究[J]. 化学教育，2016(05)：43-48.

课堂教学诊断能力是指为使课堂教学能更好地适合学习者的需要，并实现教师自身的专业发展，以师生共同生成的"教"与"学"的课堂活动为诊断客体，在判断该客体存在的价值偏差、分析成因并寻求解决对策的过程中所形成的一种心理品质。教育部最新颁布的《中学教师专业标准（试行）》也强调教师要注重教学实施、反思与发展等专业能力，要有效调控教学过程，对教学工作中的问题不断地进行反思。而教学诊断是教学反思的核心要素，故课堂教学诊断能力是实现教师专业化发展的内在诉求[1]，也是课堂教学质量的助推器。

目前对于课堂教学诊断能力的研究甚少，已有的研究大都是理论的介绍与探析[2]，实证研究尚欠深入。教师课堂教学诊断能力的现状如何？教师课堂教学诊断能力受哪些因素影响？如何提高教师课堂教学诊断能力？为此，本研究对华中地区某省的高中化学教师进行了抽样调查，以了解课堂教学诊断能力的现状及其影响因素。

1 研究的设计和实施

1.1 研究对象

本次研究选取该省份的高中化学教师作为调查对象，发放问卷 110 份，回收有效问卷 73 份，有效回收率 66.36%。被调查教师的背景变量见表 1。

表 1 调查对象的背景变量
Table 1 Background variables of the research object

变量	类别	比例/%	类别	比例/%
性别	男	52.05	女	47.95
学校分布	省会	23.29	地级市	32.88
	县级市或县	28.77	乡镇	15.07
学校类型	省级示范	56.16	地（市）级示范	24.66
	县级示范	8.22	普通中学	10.96
学历	本科	82.19	硕士	17.81
教龄	<3 年	16.44	3～8 年	8.22
	8～15 年	28.77	15～25 年	30.14
	>25 年	16.44	—	—
职称	试用期	5.48	中学三级	8.22
	中学二级	13.70	中学一级	38.36
	中学高级	34.25	—	—

1.2 研究方法

本研究以问卷调查法、访谈法相结合的方式展开。

核心概念
界定

调查研究
的问题

调查对象

调查对象
人口学背
景变量分
析

问卷、访
谈相结合

1.2.1　问卷调查法

结合《化学教学诊断学》[3]、《教学诊断》[4]以及其他关于教学诊断的文献，自编《高中化学教师课堂教学诊断能力调查问卷》。该问卷包含两部分内容，分别是调查对象的背景变量和表征化学教师课堂教学诊断能力的各项指标，后者采用利克特 5 级量表计分法，从诊教师、诊学生、诊师生关系 3 个方面调查了当前高中化学教师课堂教学诊断能力的现状。问卷内容的具体分布如表 2 所示。

问卷调查
采用问题
类型

表 2　调查问卷内容细目表
Table 2　Content schedule of the questionnaire

调查内容		题目序号	题目数量
诊教师	诊教学目标	29、9、44、15	4
	诊教学内容	1、41、21、2、38、16、49、30	8
	诊教学方法	42、6、11、45	4
	诊教学艺术	22、18、3、20、28、33	6
诊学生	诊知识与技能	48、24、12、10、27、47	6
	诊过程与方法	39、23、31、8、51	5
	诊情感态度与价值观	34、14、4、37、13	5
诊师生关系	诊师生互动	17、40、7、35、43、19、26、46、25、36、32、50、5	13

此表展示
问卷一级
维度有 3
个，对象
的二级维
度共8个，
题目51个

通过问卷的发放、回收与筛选，将有效问卷数据用 SPSS19.0 录入、管理与分析。研究发现该问卷整体的克隆巴赫 α 值为 0.980，3 个一级维度的克隆巴赫 α 值在 0.922～0.959 之间，表明问卷的信度良好。通过验证性因素分析得出，问卷的结构效度良好。

调查步骤
不足在于
未对试测
进行交代
问卷总体
分析，信
度较好。
但是未对
效度数据
进行说明

1.2.2　访谈法

为更深入地了解高中化学教师对课堂教学诊断的认识、实施及影响因素，在问卷调查的基础上，设计访谈提纲，并分层选择典型代表进行访谈，其中省级示范化学教师 6 人，地（市）级示范化学教师 3 人，县级示范化学教师 2 人，普通中学化学教师 2 人。

访谈目的

访谈对象

2　整体现状

2.1　整体现状数据

从整体水平看，高中化学教师课堂教学诊断能力的平均得分为 4.25 分，换成百分制为 85 分，处于中等偏上水平。各维度的得分详见表 3。

表 3　高中化学教师课堂教学诊断能力各维度均值与标准差
Table 3　Average value and standard deviation on each dimensions of high school chemistry teachers' teaching diagnosis ability of classroom teaching

一级维度	平均分	排序	标准差	二级维度	平均分	排序	标准差
诊教师	4.25	2	0.532	诊教学目标	4.14	7	0.649
				诊教学内容	4.39	1	0.506
				诊教学方法	4.14	7	0.612
				诊教学艺术	4.22	4	0.592
诊学生	4.24	3	0.490	诊知识与技能	4.33	2	0.485
				诊过程与方法	4.19	5	0.555
				诊情感态度与价值观	4.17	6	0.536
诊师生关系	4.26	1	0.486	诊师生互动	4.26	3	0.486

从调查结果的一级维度看，高中化学教师课堂教学诊断 3 个一级维度平均得分并不存在较大差距，诊师生关系略高于诊教师、诊学生。各二级维度平均分差异较大，诊教学内容（M=4.39）、诊知识与技能（M=4.33）远高于整体平均得分；诊教学目标（M=4.14，SD=0.649）和诊教学方法（M=4.14，SD=0.612）平均得分最低，且这两者的标准差最大。

2.2　结合访谈的整体现状分析

访谈结果与问卷调查结果基本一致，3 个一级维度中，"诊师生关系"关注度较高，因其建立在教师与学生的双向互动基础上，易暴露隐藏的问题，引发教师的课堂教学诊断行为，故教师略侧重于这一维度；相比之下，"诊教师"和"诊学生"这两个维度，更考验教师的观察敏锐性，故教师在这两方面表现不太突出。具体而言，高中化学教师将课堂教学诊断聚焦在"诊教学内容"（100.0%）、"诊知识与技能"（92.3%）和"诊师生互动"（76.9%），而较忽视学生学习的主动性和过程体验。虽然一部分的高中化学教师已认识到学生的课堂主体性，也意识到注重学生对化学过程的体验和情感态度的培养是长远发展的基础，但学生的情感态度与过程体验因人而异且不易察觉，造成在有限的课堂教学时间中无法做到一定程度的诊断。同时，正是对知识的过分关注，局限了教师课堂教学诊断的视角，无法兼顾多维度的教学目标，无法选择并诊断多样化的教学方法。部分教师谈到，常态化的教学方法已经根深蒂固了，在日常教学过程中很少联系到教学方法的转变及优化组合，偶尔考虑到，也仅是观看视频。这些明显影响了课堂教学诊断维度的全面性，进而影响教师课堂教学诊断能力的提高。

访谈还发现，高中化学教师并没有充分认识"课堂教学诊断"的含义及价值，其课堂教学诊断行为多止于反思问题，而不能及时地"对症下药"——针对问题寻求相应改进对策。如此，便限制了课堂教学诊断的深入性，仅发现问题而不去深入分析与教学调整，诊断浮于表面，不会切实提高课堂教学质量及

问卷调查结果的描述性统计，先整体分析，再分维度进行分析

结合访谈进行进一步深入分析

访谈发现并补充问卷未能调查到的结果

其教师自身的教学诊断能力。其中，个别教师谈到，他们会习惯性地对教学内容有反思，偶尔也会尝试着做出一些改变，但由于缺乏对课堂教学诊断的系统认识，往往无法形成诊断模式的迁移。当面临教学效果不佳时，也会学习优秀的教学案例并照搬，但由于不知其所以然，很难灵活驾驭课堂教学，这便限制了教学水平的提高。同时，课堂时间有限，教师难免因原定教学任务的驱赶而放弃深入的诊断。

3　课堂教学诊断的认识误区

3.1　课堂教学诊断表层化

教师对课堂教学诊断认识较为浅显，突出表现为以下两个方面：（1）教师本身基本停留在发现问题这一步，课堂教学中缺乏深入挖掘、完善的实际行动，也就导致其诊断效益偏低；（2）教师对课堂教学诊断一般只针对当下发现的显而易见的问题，而不是尝试建立一种长远规划的发展性诊断。

例如，某教师谈到，当课堂中出现意料之外的状况或学生对某些知识点的理解产生特别明显的困难时，自己在潜意识下会进行较为深入的诊断，但这些短暂的诊断行为及效果并不会强化教师对课堂教学诊断的价值认识，因此也不会建立提高课堂教学诊断能力的短期或长期的发展策略。正是认识的表层化，导致行为缺乏目的性、持续性，也无法在断断续续的课堂教学诊断中稳步发展自我的诊断能力。 访谈记录
结果

3.2　课堂教学诊断的目标狭隘化

课堂教学诊断涉及多个维度，然而绝大多数的教师依然将课堂教学工作的重心放在教知识上，而没有认识到课堂教学更重要的是指导学生学习，帮助学生克服学习的障碍，使学生学会学习，增强学习的主观能动性。为帮助学生克服学习障碍，就必须充分发现其问题，分析其特定的原因，采取一定的方式克服障碍。在这一过程中，实现学生全面发展的同时也促进教师专业化发展才是课堂教学诊断的目标。过于狭隘地拘泥于学生成绩，为提高学生成绩而展开局部的诊断，不利于学生的长远的发展。

课堂教学诊断的目标不仅是被诊者在原有基础上实现进步，还要让诊断者的诊断能力稳步提升。

4　影响因素分析

4.1　基于问卷调查的背景变量差异分析

以调查问卷中涉及的各背景变量为自变量，高中化学教师课堂教学诊断能力得分为因变量进行单因子方差分析，得到以下结果： 人口学背
景差异分
析

4.1.1　学校类型

不同学校类型的高中化学教师课堂教学诊断能力在整体（$F=3.347$，$p=0.024$）及诊教师（$F=3.636$，$p=0.017$）、诊师生关系（$F=3.384$，$p=0.023$）2个一级维度上存在显著差异。经过事后比较，发现地（市）级示范高中化学教师在上述维度上的平均得分显著高于普通高中化学教师的平均得分。地 分析各类
学校教师
课堂教学
诊断能力

〔市）级示范学校化学教师课堂教学诊断能力要高于其他类型学校的化学教师（图1）。同时，随着学校层次的升高，化学教师课堂教学诊断能力的个体差异性逐渐缩小。

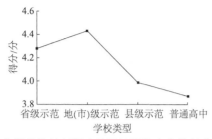

图1　各类学校教师课堂教学诊断能力整体得分均值图

Figure 1　Average overall score on high school chemistry teachers' teaching diagnosis ability of classroom teaching of different types of schools

4.1.2　教师教龄

不同教龄的高中化学教师课堂教学诊断能力在整体（F=9.094，p=0.000）、各一级维度和各二级维度上均存在极其显著差异。统计分析发现，教龄小于25年的教师群体，随着教龄增加，课堂教学诊断能力逐步上升，而25年以上教龄的教师群体课堂教学诊断能力略微跌落，但仍高于15年以下教龄的教师（图2）。

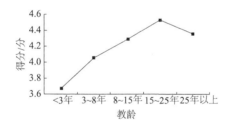

图2　不同教龄高中化学教师课堂教学诊断能力得分均值图

Figure 2　Average overall score on high school chemistry teachers' teaching diagnosis ability of classroom teaching of different teaching ages

事后比较发现，课堂教学诊断能力的整体、各一级维度差异主要在于教龄大于8年与小于3年的教师群体之间，且前者课堂教学诊断能力明显高于后者。

4.1.3　教师职称

不同职称的高中化学教师课堂教学诊断能力在整体（F=11.813，p=0.000）、各一级维度和各二级维度上均存在极其显著差异。无论是整体、各一级维度、各二级维度均一致性地表现为随着职称的升高，高中化学教师的课堂教学诊断能力不断提高（图3）。

分析不同教龄高中化学教师课堂教学诊断能力

分析不同职称的高中化学教师课堂教学诊断能力

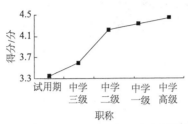

图 3　不同职称的高中化学教师课堂教学诊断能力得分均值图

Figure 3　Average overall score on high school chemistry teachers' teaching diagnosis ability of classroom teaching of different professional title

　　根据上图，不难看出从中学三级到中学二级的化学教师出现较大的增长趋势。经事后比较发现，中学二级及以上职称的高中化学教师课堂教学诊断能力极其显著得高于试用期和中学三级的教师。

4.1.4　其他

以教师性别、学历、所处学校分布为自变量，不同教师的课堂教学诊断能力在整体、各一级维度、各二级维度上均不存在显著差异。

4.2　结合访谈的影响因素分析

　　通过上述单因子方差分析，发现高中化学教师课堂教学诊断能力受到多重因素的影响。为更细致地分析高中化学教师课堂教学诊断能力的影响因素，本研究对部分教师进行访谈，搜集、整合访谈资料，将其影响因素分为内部因素和外部因素。

4.2.1　内部因素

　　高中化学教师的诊断意识、教学经验、职业倦怠等都会影响教师的课堂教学诊断能力。

　　诊断意识　教师若具有较强的诊断意识，那么就能有意识地去发现课堂教学过程中多方面的问题，并主动分析原因、调整教学，其课堂教学诊断能力一般较高。

　　T1：要是能在教学过程中善于发现问题并进行改进，并通过这样的循环感受到教学质量的提高，那么就会形成一种习惯，会有意识地展开课堂教学诊断，那么这方面的能力也就提高了，所以诊断意识是很重要的影响因素。

　　T2：就好比是进行分子碰撞，正确的方向是必不可少的，诊断意识就是正确的方向。

　　<u>诊断意识的加强将有效提高课堂教学诊断的深度</u>。教师课堂教学诊断活动的展开是以诊断意识为前提，意识指引行动的进行，行动带来的效能感，潜移默化地强化意识，使得课堂教学诊断逐步深入，并实现诊断行为的有效迁移。

　　教学经验　教师在教学实践中不断积累经验，基于丰富的学情分析和课堂教学实施策略，能更敏锐地发现教学过程中的问题，也能通过经验的提取有效调整教学。

结合访谈的影响因素分析

分析内部因素，包括诊断意识、教学经验、职业倦怠三个方面，再依次深入分析

解释诊断意识的加强将提高课堂教学诊断的深度

T3：作为一名新手型的教师，初登讲台总是战战兢兢的，会过多地去关注自己有没有讲错知识，有没有讲全知识，过多地关注自己这一方面就容易忽视学生的反应。

T4：作为一名新手型教师，在课堂教学中，我无法准确判断学生是否掌握了知识点，课堂突发状况也总让我措手不及，思维容易被教学设计所束缚，这些不熟悉限制了我发现问题的视角，即便是发现问题，我也不知道怎样的调整有利于教学质量的提高。

T2：教学经验非常重要，经验型教师对课堂调控能力较强。课堂上难免发生一些与预设不同的地方，经验型教师能基于教学经验初步分析可能的原因，并根据学生的实际情况，做出一定的教学调整。经验的累积，能让教师直面教学中的问题而不是避而不谈，且更加及时、有效。

实践过程中积累的教学经验，不仅包括教师自身对教学目标、教学内容、教学方法、教学艺术的把握，也包括对学生层面的知识与技能、过程与方法、情感态度与价值观的了解，同时还涵盖对师生互动多角度的认识。可以说，通过一届届的教学，教师对课堂教学的调控也随之得心应手，也能在课堂上拓宽视野，多角度切入问题、剖析原因、调整教学，故<u>教学经验是影响教师课堂教学诊断能力的又一重要因素</u>。 解释为什么教学经验影响教师课堂教学诊断能力

职业倦怠 长期高压力的工作环境会消减高中化学教师的工作热情，甚至导致职业倦怠，从而影响课堂教学诊断能力。

T5：我觉得作为教师自身的态度、心情会影响课堂教学诊断能力，有时候会因为工作的重复而产生抵触情绪，那时候的课堂教学诊断也就不尽如人意了。

教师这一职业需要全身心的投入，那么心理因素是影响课堂教学诊断能力必不可少的因素。客观上，教师这一职业服务的群体相对单一，教学内容更新缓慢，难免产生懈怠。主观上，教师需要面对来自社会、家庭、学校三方的压力，在这些压力的长期作用下，教师身心俱疲，无暇静心思考以提高课堂教学诊断能力。这在一定程度上可以解释省级示范教师整体得分略低于地（市）级示范教师整体得分、25 年以上教龄教师课堂教学诊断能力略有下降的现象。 解释为什么职业倦怠会影响课堂教学诊断能力

4.2.2 外部因素

师资力量、课堂教学诊断氛围、学生是影响高中化学教师课堂教学诊断能力的外部因素。

师资力量 不同类型的学校，意味着不同的师资力量。一般而言，学校层次越高，就拥有更多的经验型、专家型教师，他们可提供理论与实践的经验，以言传身教的方式有效促进教师的成长。 师资力量也会影响课堂教学诊断能力

T3：我觉得一个好的师傅很重要，他会教我如何发现问题，如何做出有效调整，如何客观评价，通过他的点拨，我成长很快。

T4：师资力量很重要，一所好学校，往往配备强大的师资，这样的环境下，

我们会成长得更快，因为在压力面前，我们需竭尽全力去平衡，这会激发我们的斗志。

强大的师资力量，确实会潜移默化地对教师自身产生源源不竭的教学动力，会从表层的敬佩之心过渡到实际行动，借助理论与实践经验丰富的师傅面对面的指导，可有效缩短差距，拓展诊断的视角，同时也为问题的解决提高效益，可有效实现教师课堂教学诊断能力的提高。

课堂教学诊断氛围　学校良好的课堂教学诊断氛围、行之有效的诊断活动，将潜移默化地促进教师自主能动地展开理论学习与课堂实践。

T6：课堂教学诊断氛围很重要，你看，现在提倡教学反思，每周的教研活动也会讨论，在这样的氛围下，我们都会主动地去了解、去实践，所以，对课堂教学诊断也是一样的，需要有一个良好的氛围，这样能给予教师一定的动力。

T7：整体的大环境很重要，有了浓郁的氛围，就能在一定程度上驱动教师朝着这个方向努力了。

教师本身由于工作的繁忙以及自我的惰性容易忽视课堂教学诊断，而良好的氛围会对教师起到指引作用，激发其后续学习的动力。若是学校能自上而下地倡导课堂教学诊断，形成教师自觉、能动的学习氛围，那么将对教师群体的课堂教学诊断能力产生积极的作用。

学生　学校类型与生源密切相关，课堂教学是师生共同生成的，学生的学习兴趣、学习态度和学习习惯也会在一定程度上影响教师课堂教学诊断。

T8：学生是不容忽视的外部因素，当学生乐于学习，认真踏实，善于发现问题，大胆质疑，这样也能将一些隐藏的问题暴露出来，有利于我及时调整教学。反之，学生若是学习态度不好，学习热情不高，课堂教学就会死气沉沉，我就失去了课堂教学诊断的激情了，长时间下去，这方面的能力就会不足。

课堂教学是教师的教与学生的学交互而形成的一种教育活动，且课堂教学诊断的一个目的就是为了更好地适合学习者的需要，故学生因素非常重要，学生的外显化行为与内隐化态度会直接影响教师对学生的知识与技能、过程与方法、情感态度与价值观以及师生互动等维度的诊断，对诊断的全面性产生影响。

4.2.3　各因素的影响力

参与访谈的高中化学教师对每个影响因素提及的百分比如表4所示。

表4　高中化学教师课堂教学诊断能力影响因素统计表
Table 4　Statistical table of influencing factors on high school chemistry teachers' teaching diagnosis ability of classroom teaching

影响因素	诊断意识	教学经验	职业倦怠	师资力量	课堂教学诊断氛围	学生
人次	3	13	2	8	3	4
比例/%	23.1	100.0	15.4	61.5	23.1	30.8

6个影响因素中，教学经验（100.0%）和师资力量（61.5%）2项认可度最

（右侧栏批注）

解释为什么师资力量也会影响课堂教学诊断能力

课堂教学诊断氛围影响课堂诊断能力

解释为什么课堂教学诊断氛围影响课堂诊断能力

学生因素

解释为什么学生会影响教师课堂诊断能力

对各因素进行总体的比较分析

总体比较分析的结论

高，而职业倦怠（15.4%）较少提及。同时，访谈发现，上述每一个因素都对课堂教学诊断的全面性和深入性产生着影响。例如，基于一定的教学经验，教师对课堂的把握更加全面，关注的视角更加广阔，同时也能潜移默化地根据以往经验及时调整课堂教学，这无疑对诊断的全面性和深入性产生积极的作用。

虽然各因素对教师课堂教学诊断能力的影响有强有弱，但各因素都不容忽视，它们交互影响着教师的课堂教学诊断能力。

5　提高化学教师课堂教学诊断能力的建议

5.1　教师自身

教师需从自身出发，增强诊断意识、积累课堂教学诊断经验、形成教学诊断习惯。

（1）教师通过自学认识课堂教学，感悟学生的主体性及教学的多要素，开阔诊断的视野，提高诊断的全面性；系统认识教学诊断，深入了解诊断的含义、价值、方法等，并尝试建立长远发展诊断能力的规划。

（2）课前适当查阅学生的预习作业，或对部分学生进行询问，收集学生中个性化、共性化问题，积极展开预先深入诊断，为课堂教学的实况诊断打好基础；通过学生、家长、班主任等多种渠道了解学生的心理特性，在课堂上有选择性地展开师生、生生互动。

（3）课后坚持书写"课堂教学诊断日记"，并对处理不当的问题展开思考，提高诊断的深入性；定期对日记中记录的诊断活动进行统计与分析，发现诊断维度侧重点与薄弱点，有意识地弥补薄弱点，让诊断更加全面。

（4）课后及时与学生、同事进行交流，客观认识课堂教学，分析发现自我诊断的疏漏点；并向经验型教师请教课堂教学中难处理的问题，形成"教学成长札记"，并积极在课堂上实践与完善，提高诊断的有效性。

5.2　学校

学校可从课堂教学诊断氛围、师资力量、职业倦怠等方面着手以提高教师课堂教学诊断能力。

（1）鼓励各学科组建课堂教学诊断小组，每周展开组内公开课，通过录像等形式搜集第一手资料，并展开师生座谈会和教师研讨会；为实现资源共享，创建网上学习平台，及时上传相关资料，鼓舞教师网上讨论互动。

（2）完善经验型教师带领年轻教师的相关制度，同时为消减教师的职业倦怠感，学校可举办多样的户外拓展活动、心理舒展体验和名师茶话会，减轻教师的心理压力、增强教师的职业成就感。

5.3　教育部门

教育部门可自上而下地从师资力量、课堂教学诊断氛围等方面予以改善。

（1）定期开展培训或讲座，邀请在课堂教学诊断方面具有一定成就的专家作主讲人；适时邀请专家到各个学校进行真实的课堂观察和课后座谈，更好地解决实际的困惑。

（侧注）针对调查研究得出的结论提出相对应的建议，建议由教师内部向外部延伸

（侧注）学校如何提高教师课堂教学诊断能力

（侧注）教育部门如何提高教师课堂教学诊断能力

（2）教育部门制定教师课堂教学诊断能力量化考核表，通过区域内教师的诊断能力大比拼，筛选出骨干教师，并将其分配到各个学校，形成区域内的导师制，以带动青年教师的快速成长。此外，教育部门还需定期到各学校考察导师制的实施情况，并针对实际情况做出相应的调整。

（3）课堂教学诊断理论上的薄弱缘于相关论文和专著极少以及中学教师提供的教学事例不多，故教育部门可组织有关教科所、师范院校、中学优秀教师进行合作，联合攻关，设计课堂教学诊断理论框架，通过师范院校对课堂教学诊断理论的教学，以及中学教师的实践，逐步改进理论体系。

参 考 文 献

[1]代天真, 李如密. 课堂教学诊断: 价值、内容及策略[J].全球教育展望, 2010, 39（04）: 41.
[2]祝新宇. 现代课堂教学诊断观探析[J]. 当代教育科学, 2009（10）: 25-28.
[3]王后雄. 化学教学诊断学[M]. 湖北: 华中师范大学出版社, 2002: 109-151
[4]王曾祥. 教学诊断[M]. 北京: 华文出版社, 1995: 153-213.

研究分析

研究目的： 文章开篇阐明了研究课堂教学诊断能力的影响因素的目的、意义与价值：课堂教学能力是指为使课堂教学更好地适合学习者的需要，并实现教师自身的专业发展，按照教育部颁布的《中学教师专业标准（试行）》的要求，教师要注重培养教学实施、反思与发展等专业能力，而教学诊断是教学反思的核心要素，因此有必要对课堂教学诊断进行研究。对已有的文献进行梳理可以发现：目前对于教师课堂教学诊断能力的研究甚少，已有的研究大都是理论的介绍与探析，实证研究尚欠深入。本研究通过对华中地区某省的高中化学教师进行抽样调查，了解教师课堂教学诊断能力的现状及其影响因素，进一步提出提高教师课堂教学诊断能力的方法。此研究整体思路清晰，目的明确，但限于论文篇幅，对于国内外研究现状的分析与评述较简略。

概念界定： 文章中就核心概念——课堂教学诊断能力给出了明确的界定，即为使课堂教学更好地适合学习者的需要，并实现教师自身的专业发展，以师生共同生成的"教"与"学"的课堂活动为诊断客体，在判断该客体存在的价值偏差、分析成因并寻求解决对策的过程中所形成的一种心理品质。

抽样说明： 作者采用抽样调查，以该省的高中化学教师作为调查对象，分别调查研究对象的背景变量和表征化学教师课堂教学诊断能力的各项指标，且后者采用利克特5级量表计分法，从诊教师、诊学生、诊师生关系3个方面调查了当前高中化学教师课堂教学诊断能力的现状。在问卷调查的基础上，设计了访谈提纲，并分层选择典型代表进行访谈，进一步弥补了问卷调查的不足，整体设计较为合理。

调查手段： 研究设计、研究方法、研究结果紧密联系。首先通过参考《化学教学诊断学》《教学诊断》等其他文献，自编《高中化学教师课堂教学诊断能力调查问卷》，通过问卷调查了解当前高中化学教师课堂教学诊断能力的现状，对收回的有效问卷，利用SPSS19.0进行统计分析。然后设计访谈提纲，分层选择代表进行访谈，以进一步了解高

参考文献

中化学教师对课堂教学诊断的认识、实施及影响因素。这也是对问卷调查结果的一种验证。总体来看，整个研究过程描述充分，证据具有科学性和合理性。但文中问卷效度的证据略显单薄。

数据分析： 研究收集的数据采用 SPSS19.0 进行统计处理与分析。作者对得到的数据的分析合理，对统计结果的解释正确，并采用折线图等可视化的方式对影响因素的具体影响进行呈现，值得学习和借鉴。

研究结论： 结果呈现科学合理，对统计解释正确、恰当，表 3 的结果表明：一级维度中诊教师、诊学生与诊师生关系的平均维度并不存在较大差距，而在二级维度中，诊教学内容（$M=4.39$）、诊知识与技能（$M=4.33$）远高于整体平均得分；诊教学目标（$M=4.14$，$SD=0.649$）和诊教学方法（$M=4.14$，$SD=0.612$）平均得分最低，且两者的标准差最大。由此得出现阶段的高中化学教师的课堂教学诊断能力在整体上处于中等偏上水平，且聚焦在"诊教学内容""诊知识与技能""诊师生互动"等维度。对数据进行事后比较分析并结合图 1 可知，地（市）级示范高中化学教师在诊教师、诊师生关系上与普通高中化学教师具有显著性差异，同时随着学校层次的升高，化学教师课堂教学诊断能力的个体差异逐渐减少。图 2 呈现出不同教龄的高中化学教师在各个维度均出现显著性差异，表现出随着职称的升高，高中化学教师的课堂教学诊断能力不断提高。由图 3 可以看出中学二级及以上职称的高中化学教师课堂教学诊断能力显著高于试用期和中学三级教师。表 4 中，教学经验（100%）和师资力量（61.5%）2 项认可度最高，而职业倦怠（15.4%）较少提及。

结合上述研究结论，作者从教师自身、学校、教育部门三个层面提出了提高化学教师课堂教学诊断能力的建议。

讨论

1. 比较化学教育研究中问卷调查和访谈调查的优缺点。
2. 简述化学教育调查研究的基本过程和注意事项。
3. 调查研究有哪些不同类型？每种类型有何典型特征？

研究练习

1. 请就自己感兴趣的化学教育问题设计一份调查问卷，拟定好调查计划，并进行实施，回收问卷之后进行数据分析，得出你的调查结论。

2. 如果你要做一个深入调查研究，如何将问卷调查和访谈调查结合起来？并试拟定一份访谈提纲。

小结

1. 化学教育调查研究是运用观察、列表、问卷、访谈、个案研究及测验等科学方式，按照一定的程序，有目的地、系统地搜集资料，获取关于化学教育现象的科学事实，并做出科学的分析、提出工作建议的一种研究方法。它具有较难把握材料或数据的代表性、不能可靠地揭示事物之间的因果关系等局限性。

2. 根据研究的目的，化学教育调查研究分为现状调查、发展调查和关系调查；根据调查规模分为全面调查、抽样调查、个案调查；根据搜集资料所耗费的时间跨度分成横断调查和纵向调查；根据搜集资料的方法分为问卷调查、访谈调查、电话调查和实地调查等。

3. 调查研究是一个不断提出问题和解答问题的过程，包括选定调查课题、确定调查对象、确定调查程序和工具、确定调查方法、编制和选用调查工具、制定调查计划、实施调查、整理分析调查资料、撰写调查报告等步骤。

4. 问卷调查法是研究者根据调查目的和内容，把研究问题设计成若干具体问题，按一定的规则排列编制成书面的表格或者试卷，被调查者填写作答后回收、整理、分析，从而得出结论的一种研究方法。其关键在于问卷设计的合理性，优点是可在大范围内抽选调查对象、费用低、花费时间少、便于定量分析。但是不可能深入调查出答卷人的真实观点和情感。

5. 实施问卷调查时，选择有代表性和典型性的样本，调查者亲自到场或委托其他人发放问卷，还可以利用网络平台进行调查。网络问卷调查就是在问卷网、问卷星等网站上将问卷设计成网页版式，将问卷的网址链接或者二维码通过 QQ 和微信等方式发给被调查者，被调查者在网上填写作答。问卷回收后进行编码、录入、整理，并进行信度、效度检验，待检验指标合格之后再深入分析。

6. 访谈调查是以口头形式收集资料的研究方法，主要包括面对面访谈、电话访谈、网上访谈等访谈形式。其优点是不受书面语言文字的限制，调查对象广泛，易深入调查，收集资料的范围更广，灵活性强，还可以观察被访谈者的动作、表情等非语言行为，辨别真伪，分析被访谈者的心理活动。但是对访谈者的访谈素质要求比较高，对人力、财力、物力均有较高要求，且规模有限，资料不易量化。

7. 访谈因研究的目的、性质或者对象的不同，可以分为多种类型。以调查对象的数量划分为个别访谈和集体访谈；以调查的访谈次数划分为横向访谈和纵向访谈；以访谈人员对访谈的控制程度划分为结构式访谈、非结构式访谈和半结构式访谈。

8. 访谈调查的过程包括准备访谈（制定访谈计划、访谈问题的编制）、正式访谈、结束访谈、访谈资料的整理和分析。

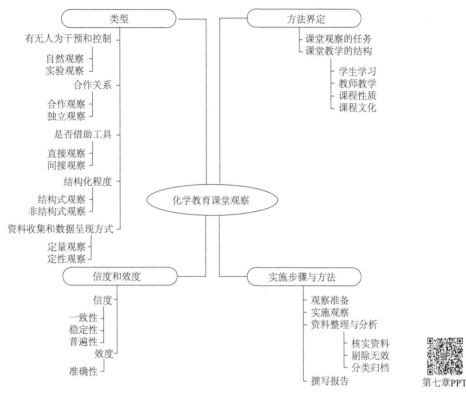

第七章PPT

学习目标

◇清楚知道化学课堂观察的优点和缺点。

◇形成课堂观察的概念，清楚课堂观察的本质和价值，能说出课堂观察常用的方法。

◇明确课堂观察的实施步骤，能够自己设计一份观察量表，了解化学课堂观察需要注意的问题，进入化学课堂进行观察，并写一份课堂观察报告。

　　观，通过眼睛看来获取研究对象的信息，侧重于一般的感官行为；察，则是仔细认真地去听，用心去看，侧重于有思维判断等认识活动伴随的感官行为。人类认识对象，大多是通过观察实现的。在科学研究中将"观"和"察"结合起来则表示一种有目的、有计划、比较持久的知觉活动。

　　运用于化学教育中的观察法是指研究者根据一定的观察目的，制定相应的研究计划，运用自己的感觉器官和借助某些辅助工具，对自然条件下的化学教育现象进行有目的、有计划的系统考察[①]，直接获得化学教育经验事实的一种研究方法。

---

① 徐红. 教育科学研究方法[M]. 武汉：华中科技大学出版社，2013：64.

第一节　课堂观察概述

从方法论的角度看，课堂观察有一定的研究目的、工具和程序等，是一种教育科学研究方法[①]。从教学手段的角度看，教师通过观察学生和反省自身获得教学反馈，是一种提高教学有效性的手段[②]。从发展途径的角度看，课堂观察促进了教师专业发展，改善了学生学习，是一种实现师生共同发展的有效途径[③]。在化学教育中为何要进行课堂观察？课堂观察的目的和意义何在？怎样进行课堂观察？课堂观察应该坚持怎样的价值观？这些是本节要探讨的主要问题。

一、课堂观察的界定

课堂观察是教育研究的一种方法和工具，也是课堂研究的一种重要方法。它是指研究者或者观察者带着明确的目的，凭借自身的感官（如眼睛、耳朵等）及相关辅助工具（如观察表、录音录像设备等），直接或者间接从课堂情境中收集资料，并依据资料进行相应研究的一种教育科学研究方法[④]。

从课堂的特点来看，化学课堂情境在不断地变化，具有同时性、即时性和脉络性等特点，是复杂的、多样的、动态的，且传递着丰富的信息。对于化学课堂的研究不能像做化学实验一样，严格控制变量，进行反复的实验，因此必须尊重化学课堂的自然情境，在课堂情境下获得可靠的资料。以课堂观察为手段进行课堂教学研究，并与其他方法综合应用，从课堂观察中获取的大量事实中发现有价值的问题。在复杂的化学课堂进行有效的课堂观察，必然要有明确的目的，借助一定的工具，并讲究一定的研究方法，观察者才能洞察化学课堂的深度和广度，挖掘出化学课堂所蕴藏的丰富的、有价值的研究要素[⑤]。

（一）课堂观察的任务

课堂观察不应只是教师的自我观察，也不是随意地去"观"别的教师的课，而是指有组织、有准备、有程序的专业活动。其关键在于什么样的团队才适合作合作体。一个合作体一般需要四个元素：主体的意愿、可分解的任务、共享的规则、互惠的效益。在合作的技术和可持续方面有一定的要求，合作体"可以是有形的，也可以是无形的"，它强调任务的驱动、持续合作的团队，如自愿组织的研究组。当然，在教育研究中，也可以让单独的研究者独立完成对观察项目或者主题的课堂观察。

① 桑国元，于开莲. 基于人种志视角的课堂观察理论与实践[J]. 中国教育学刊，2007(05)：48-51.
② 钱金明. 方法与工具：教师课堂观察的必要准备[J]. 江苏教育研究，2011(19)：24-27.
③ 沈毅，林荣凑，吴江林，等. 课堂观察框架与工具[J]. 当代教育科学，2007(24)：17-21，64.
④ 陈瑶. 课堂观察与指导[M]. 北京：教育科学出版社，2002：1.
⑤ 孙剑飞. 课堂观察手把手[M]. 福州：福建教育出版社，2013：10-11.

（二）课堂教学的结构

课堂观察就是观察课堂。然而，课堂是什么？是教师的教吗？为什么我们的听评课习惯都是"听评"教师的行为呢？实际上，课堂有四个要素（图 7-1）：学生学习、教师教学、课程性质和课程文化。其中学生的学习是课堂的核心，教师教学、课程性质和课程文化是影响学生学习的关键因素，图中的箭头表明了各要素之间的关系。出于观察的需要，遵循理论的逻辑，将每个因素分为 5 个视角，再将每个视角分解成 3～5 个可供选择的观察点，这样就形成了"课堂 4 要素 20 视角 68 观察视角"（表 7-1）。它为我们理解课堂观察、确定研究问题、明确观察任务提供了一张清晰的认知地图和一个实用的研究框架[①]。

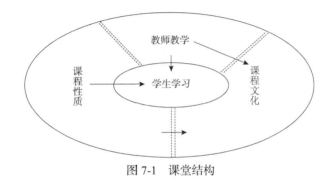

图 7-1　课堂结构

表 7-1　课堂 4 要素 20 视角 68 观察视角

要素	视角	观察点举例
学生学习	准备；倾听；互动；自主；达成	以"达成"视角为例，有 3 个观察点。 ➢　学生清楚地知道这节课的学习目标吗？ ➢　预设的目标达成有什么证据（观点/作业/表情/板演/演示）？ ➢　这堂课生成了什么目标？效果如何？
教师教学	环节；呈示；对话；指导；机智	以"环节"视角为例，有 3 个观察点。 ➢　由哪些环节构成？是否围绕教学目标展开？ ➢　这些目标是否面向全体学生？ ➢　不同环节/行为/内容的时间是怎么分配的？
课程性质	目标；内容；实施；评价；资源	以"内容"视角为例，有 4 个观察点。 ➢　教材是如何处理的（增/删/合/立/换）？是否合理？ ➢　课堂中生成了哪些内容？怎样处理？ ➢　是否凸显了本学科的特点、思想、核心技能及逻辑关系？ ➢　容量是否适合该班的学生？如何满足不同学生的需求？
课程文化	思考；民主；创新；关爱；特质	以"民主"视角为例，有 3 个观察点。 ➢　课堂话语（数量/时间/对象/措辞/插画）是怎样的？ ➢　学生参与课堂教学活动的人数、时间怎样？课堂氛围怎样？ ➢　师生关系（情境设置/应答机会/座位安排）如何？学生间的关系如何？

① 崔允漷. 论指向教学改进的课堂观察 LICC 模式[J]. 教育测量与评价(理论版)，2010(03)：4-8.

上述的 68 个观察点并不是要求每个课堂观察都需要观察 68 个点,它只是说明课堂非常复杂,充满了丰富的信息。通过解构课堂,一是为观察者开展课堂观察提供知识基础或问题基础;二是让观察者认识到个人能力有限,课堂观察需要"合而作之",正如医生碰到个人解决不了的患者就需要会诊一样[①]。

二、课堂观察的类型

根据不同的分类标准可将课堂观察进行不同的分类[②],具体分类如表 7-2 所示。

表 7-2　常用的课堂观察法一览表

分类标准	类型	特点
对无关变量的控制	自然观察	在自然情况下,对观察对象及其影响因素不加以控制地观察
	实验观察	在实验条件下,控制无关变量,采用标准化手段进行观察
观察者间的合作关系	合作观察	将观察目标分配给多个人,由大家合作完成课堂观察活动
	独立观察	一个人为单位,独立完成观察项目或者主题的课堂观察
观察工具	直接观察	通过感官在现场感知并记录被观察对象的行为表现和活动过程
	间接观察	借助一定的仪器来观察和记录观察对象的行为表现和活动过程
观察设计	结构式观察	事先对观察对象和内容进行抽样、变量定义,设计观察记录表,严格按照设计要求进行观察
	非结构式观察	只有观察的总目标和主要要求,没有周密的观察设计,在观察现场根据具体情况进行灵活观察
观察资料收集和数据呈现方式	定量观察	用结构化方式收集资料,用数字化形式呈现资料
	定性观察	用质化的方式收集资料,以非数字化的形式呈现资料

(一)根据有无人为干预和控制的情境条件,分为自然观察和实验观察

自然观察指在自然的情境当中,对观察对象不加干预和控制的状态下考察观察对象的心理活动和行为表现,收集研究资料的一种方法。由于课堂是一种自然情境,因此课堂观察通常是一种自然观察。

实验观察是指通过人为的改变,控制一定的条件,有目的地引起被研究对象的某些心理现象,以便在最有利的条件下进行观察,收集研究资料的一种方法。它可以观察被控制的变量对其他因素的影响,从而推断出变量之间的因果关系。虽然课堂观察通常是一种自然观察,但有时候为了研究某个特定的课堂现象,也可以运用实验观察法。例如,要研究化学模型教学在课堂上的效果,可以选择由同一化学教师任教的两个同质班级,随机选择一个班作为实验组进行模型教学,另一个班作为对照组,仍采用传统教学方案进行教学,并对两个班级进

---

① 崔允漷,沈毅,吴江林. 课堂观察 2:走向专业的听评课[M]. 上海:华东师范大学出版社,2013:28-29.

② 王鉴. 课堂观察与分析技术[M]. 兰州:甘肃教育出版社,2014:96-100.

行课堂观察，分析模型教学与教学效果、课堂氛围、师生合作等的因果关系。

（二）根据观察者间的合作关系，分为合作的课堂观察和独立的课堂观察

合作的课堂观察是指将课堂观察的目标和重点分配到多个人，每一个观察者负责同一量表的某一或者几部分；也可以把观察者分为几个小组，每个小组负责一个或者几个观察项目，由大家合作完成对一个课堂的观察活动。

独立的课堂观察是指以个人为单位，独立完成对观察项目或者主题的课堂观察。

合作的课堂观察更有利于对整个课堂的把握，观察的目标更加明确，如果是独立的课堂观察，有可能因为一个人能力有限而忽视了一些很重要的信息。但是人手不够时，如做学位论文时，就只能进行独立的课堂观察。

（三）根据是否借助工具，分为直接观察和间接观察

直接观察指观察者凭借自己的感官（如耳朵、眼睛等）直接感知观察对象，获得第一手资料的研究方法。例如，研究人员不带任何仪器设备随堂听课，边听、边看、边记录。

间接观察指借助各种观察仪器、摄像设备进行观察，获得实时资料的一种研究方法。间接观察突破了感官阈限，可供日后反复观测和分析。

（四）按照观察的结构化程度，分为结构式观察和非结构式观察

结构式观察是指观察者在观察之前设计好了观察提纲，并严格按照规定的内容和计划进行的可控性观察。它有一定的分类体系和详细的观察纲要，观察程序标准化、观察内容结构化、观察效果数量化，但是缺乏弹性，比较费时。

非结构式观察是指对观察对象采取弹性的态度，不预先设置观察内容和观察步骤，也没有具体的记录要求。它的特点是灵活机动、适应性强、简单易行，但获得的资料比较零散、难以进行定量分析和严格的对比研究。

（五）按照观察资料的收集方式和数据呈现的方式，分为定量观察和定性观察

定量观察是指用结构化的方式收集资料，并以数字化的方式呈现资料的一种课堂观察方法。它主要包括编码体系、记号体系或核查清单、等级量表等。

定性观察是指用质化的方法收集资料，并以非数字化的方式呈现资料的一种课堂观察方法。其记录方式包括描述性体系、叙述体系、图示记录、工艺学记录。

上述观察的类型是相对而言的，各种观察类型既互相补充又互相区别，而且各种分类是有交叉的，要根据观察目标进行选择。

三、课堂观察的信度和效度

（一）课堂观察的信度

课堂观察的信度是指观察结果的一致性程度，包括典型行为的一致性、稳定性和普遍

性。其中一致性是指不同的观察者在同一堂课的同一个观察点的观测结果基本相同。稳定性是指相同的观察者在一系列不同的课堂上对同一观察点的观测结果基本相同。普遍性则是指不同的观察者在不同的课堂观察不同的观察对象的同一观察点的结果基本相同。它受观察指标、观察样本、观察技术、观察维度和被观察者的影响。

可以从以下几个方面提高课堂观察信度：获取足够多的观察样本；增加各观察指标之间的区分度；熟悉观察点、观察量表和记录方法；完善观察手段（进行录像、摄像，再听录音和看摄像进行修正）；创造一个良好的观察环境；观察前和师生沟通好等。

观察的信度只具备统计学的意义，针对的是一系列观测结果。单一的观察结果说不上一致性和稳定性，因此没有信度。

（二）课堂观察的效度

课堂观察的效度是指观察行为的准确性，它是针对观察结果，只对所观察的教学特性起作用，要回答"课堂观察要评估什么样的课堂？""它对所要观察的特性符合程度有多高？"影响课堂观察效度的因素有：观察指标的代表性、完整性、权重和非普适性，观察者，被观察者和观察环境。

因此，为了提高课堂观察的效度，必须明确观察的目的，选用优秀的观察量表，完善观察量表，明确观察分工。

四、课堂观察的实施

课堂观察的实施步骤可以分为观察准备、实施观察、观察资料的整理与分析、得出观察结果、撰写报告等五个阶段。

（一）观察准备

观察的准备工作包括：制定实施计划、设计观察提纲、准备观察工具、确定观察途径。

1. 制定实施计划

制定实施计划是课堂观察实施的蓝图，是确保观察有目的、有计划、有步骤进行的指导性文件。观察计划涉及的基本内容如表 7-3 所示。

表 7-3　课堂观察计划的参考格式

一、研究课题
二、观察目的与任务
三、观察对象及范围（观察谁）
四、观察内容（要收集哪些材料）
五、观察地点（在什么地方观察）
六、观察方法与手段（观察方法、仪器设备、如何保持观察对象和情境的常态）
七、观察步骤与时间安排（观察的次数、程序、时间间隔、观察要持续的时间等）
八、其他（组织、分工和有关要求）

观察者：
年　月　日

　　制定观察计划要符合实际情况，考虑周密，条理清楚，有指导性和可行性，但它的结构也不是一成不变的，要根据具体的情况做补充和调整。

　　2. 设计观察提纲

　　观察提纲是对对象及内容的具体化，是由观察目的和有关理论假设来确定的。

　　观察提纲通常要回答以下六个方面的问题。

　　（1）谁？（有谁在课堂上？）

　　（2）什么？（课上发生了什么事情？观察对象有什么行为表现？）

　　（3）何时？（什么时间点发生的？持续时间是多少？）

　　（4）何地？（上课班级在哪里？）

　　（5）如何？（事件是如何发生的？事情诸方面的关系如何？）

　　（6）为什么？（发生的原因是什么？）

　　在制定观察提纲的时候，应该事先查阅与研究课题有关的文献资料，弄清楚有关变量的内涵，掌握一定的理论框架，并结合实际进行分析。

　　在设计观查提纲时，最重要的就是要找到观察点，即研究的问题。在化学教育研究领域，一般按照"从领域到问题、从问题到观察点"的方法确定观察点。

　　确定观察点是一个从宏观到微观、从抽象到具体的过程。例如，我们对化学课堂中的实验探究教学感兴趣，决定对它展开研究，但是这仅仅确立了研究领域，因为探究性学习不是一个具体的研究问题。那么如何从这个研究领域找到合适的观察点呢？

　　首先，应该将研究领域分解成研究问题。从教学法的角度看，实验探究教学中值得关注的问题有哪些？哪些课题值得实验探究教学？哪一种方式进行实验探究教学更好？实验探究教学中应该注意什么？实验探究教学中可能出现哪些问题？实验探究教学的效果该怎么检验？……其次，将问题转化成观察点。例如，对"哪一种方式进行实验探究教学更好"这个问题，实验教学的方式又分为教师指导学生实验、教师边讲边实验、学生自主实验、教师边讲边放实验视频等。因此，这个问题就转化成"教师演示""教师指导""实验中的小组合作""实验成果的分享"等一系列问题观察点。

　　从领域到问题，再从问题到观察点，通过这样一个过程，观察者基本上可以找到一个合适的、科学的、有针对性的、可操作的观察点。

　　还可以按照"此人、此时、此课"的方向确定观察点，即要切合课堂的具体情况，如观察者、被观察者、教学背景、教学中的关键事件。另外，确立观察点还要遵循"可观察、可记录、可解释"的原则。

　　3. 准备观察工具

　　课堂观察中，观察方法不同，使用的观察工具和记录方式也有所不同，要依据自己的观察方法选择合适的观察工具和记录方式。详细请见资料卡片中各种定性、定量观察量表。

　　在准备工具的时候，要对下列问题做系统性的考虑：我为何要选择这个观察点？我是如何理解这个观察点的？观察工具设计的基本思路是什么？观察工具能解决的问题和不能解决的问题是什么？观察点的研究思路和观察指标的设置是否合理？我们应该在有逻辑地分解问题涉及的核心概念之后，找到与分解要素相应的关键行为，确定关键行为是否可观察、可记录、可解释，再确定关键行为与记录表格是否匹配。

　　观察表中的每一个观察点都要有一定的指标意义，都要有基本的思考路线。以观察点"化学课堂中提问的效度"为例，其思考路线是：为何提问（目的）、问了什么（内容）、问了谁（对象）、什么时候问的（时机）、怎么问的（方式）、在什么情况下（背景）。在可能的情况下，还需要记录学生回答的情况（内容、对象、时间、方式）以作为辅佐性依据，这样就能全面地理解提问的效度了。

　　另外，还要考虑量表在课堂上的可操作性：量表是否适合个人记录或者合作记录；量表是否便于记录重要的、关键的观察数据或现象；量表是否便于记录后的整理、归纳和推理。当然，无论是编制还是选择观察量表，都要在实践中不断改进，优秀的量表应该经历"个体开发—合作研讨—个体修改—量表试用—合作研讨—形成终稿"这样一个开发程序。

　　除了自己制定量表，还可以选用现成的量表或者改编量表。选用现成的量表较适合初步进入课堂观察的人，但是一定要挑选与观察目的最为吻合、观察项目少、指标具体的量表，并且要深刻领会他人使用该量表的真正内涵。改编现成量表是较为实用高效的方法，它可以保留框架，改变权重，或者增减观察指标，或者既改变指标又改变权重。

资料卡片

定性与定量观察量表

1. 定量观察

定量观察主要有以下三种记录方式。

（1）编码体系：是指把行为类型进行编码，用编码进行记录。例如：化学课堂学生不当行为观察表（表1）。

表1　化学课堂学生不当行为观察表

量表类型：编码体系　　观察对象：学生

研究问题：化学课堂教学中学生行为规范如何

观察项目		出现该表现的百分比/%				
		100	80～100	50～80	20～50	<20
不当行为	外向型	违纪说话或吵闹				
		上课时随意走动				
		不适宜地使用器材或教材，甚至损坏				
		动作干扰其他同学				
		故意不听从指挥				
		拒绝参加学习活动				
	内向型	凝神发呆，沉默寡言				
		看与本课学习无关的书籍				
		做小动作				
		睡觉				

（2）记号体系（或项目清单）：预先列出一些需要观察且有可能发生的行为，课堂上在每件事情或者行为发生时做上记号。例如：化学教师课堂理答情况观察表（表2）。

表2 化学教师课堂理答情况观察表

量表类型：记号体系　　观察对象：教师

研究问题：教师在化学课堂上如何对待学生的提问和回答

理答方式	计数（在相应的栏目中画"正"字进行统计）	总计
用语言肯定、鼓励或称赞学生		
以语气、眼神、手势表示认可		
直接否定		
反问		
追问		
提示		
代答		
重复问题		
解释学生的错误		
打断学生的回答		
重复学生的回答		
不理会学生的回答		
鼓励提问		

（3）等级量表：观察者在一定时间内对目标进行观察，在量表上核对发生的目标，评议相对应的等级，如学校对教师课堂教学质量进行等级评估。常用的等级表示有数字等级量表、图示量表、描述性量表。

数字量表就是用数字来代替内容的描述，形式有3点量表和5点量表。例如：教师教学情况评定量表（表3）。

表3 教师教学情况评定量表

姓名：_____ 性别：_____ 年龄：_____ 任教班级：_____

评定内容	评定等级				
	1	2	3	4	5
能较好地组织学生学习					
对学生的态度和蔼					

续表

评定内容	评定等级				
	1	2	3	4	5
注意学生的需求与问题					
表扬和鼓励学生					
对工作表现出喜爱和热情					
认真备课					
安排班级活动具有灵活性					
允许学生根据自己的特点选择学习方法					

2. 定性观察

定性观察主要包括以下四种记录方式。

（1）描述体系：用文字化、个人化的速记符号，通常还辅以录音、录像等方法，往往抽取较大的事件片段，并进行多方面记录。例如：教师化学课堂评价语言观察量表（表4）。

表4　教师化学课堂评价语言观察量表

量表类型：<u>描述体系</u>　观察对象：<u>教师</u>

研究问题：教师课堂评价语言

积极评价	意义	实事求是的、真诚的、具体的、启发性的、指导性的、诙谐幽默的、机智的、赏识的、宽容的、科学的、道德的……
	典型评价语言记录	
简单评价	意义	判决式的、笼统的
	典型评价语言记录	
消极评价	意义	失真的、违心的、迎合的、伤自尊的、封闭的、乏味的、单调的、代办的、违背科学的、违背社会伦理的
	典型评价语言记录	
评价思维结果	意义	注重思维成果的语言
	典型评价语言记录	
评价思维过程	意义	注重思维过程、思维方法、思维品质的评价语言
	典型评价语言记录	

（2）叙述体系：属于开放体系，没有预先设置分类。事先抽取一个较大的事件或行为做详细的真实记录，同时还可以加入观察者一些现场的或主观评价。例如：化学课堂观察记录表（表5）。

表5 化学课堂观察记录表

观察主题			
细节和现象		分析和建议	

（3）图示记录：用位置、环境等形式直接呈现相关信息。例如：化学课堂提问的广度观察表（表6）。

表6 化学课堂提问的广度观察表

量表类型：图示记录　观察对象：学生
研究问题：化学课堂提问广度

讲台							

（4）工艺学记录：使用录像带、录音带、照片、视频等形式对所需要研究的行为、时间做现场的永久性记录。

在化学课堂观察中，鉴于每种课堂观察方法都有优势和不足，一次课堂观察可以使用多种方法，把定性研究和定量研究相结合，实现优势互补、点面结合，确保一定的深度和广度。化学课堂观察的记录方式有多种，应从化学课堂观察点出发，根据观察内容、观察类型，选择自己擅长的记录方式进行观察记录。

4. 确定观察途径

课堂观察要在自然情况下进行，而且不能影响正常的教育教学。因此课堂观察的基本途径有上课、听课两种。上课就是教师亲自上课的过程，教师也是研究者，通过上课过程与学生面对面地交流、观察获取信息。通过听课可以了解教师课堂上的行为表现、教学思想和技能；也可了解学生的学习活动和心理特征，还可以在一定程度上间接了解备课情况。

（二）实施观察的方式与方法

实施观察时，首先要选择好进入方式。进入课堂时，要注意不要影响大家上课的常态，选择好观察位置。并做好观察记录。

在实际观察中要做好以下几点：第一，灵活执行观察计划；第二，抓住观察点；第三，注意观看、倾听、询问、查看、思考等方面的配合；第四，做好观察记录。

（三）观察资料的整理与分析

观察结束之后，要对观察记录进行整理和分析。对笔录资料要进行分门别类存放，对录音、录像、摄影资料要登记并做好卡片。具体内容包括：整理资料，查看所需要观察的资料是否收集齐全；审核资料，剔除无效资料，保证课堂观察结果的信度和效度；分类归档；详细说明要解释的内容。

观察者亲自观察的资料一般真实可靠，但是要注意以下几点：资料收集要严格遵循科学方法的程序；注意对不同方法、不同观察者收集的资料进行对比分析，若发现问题及时核实；对于较重要的问题，长时间的观察比短时间的观察可靠。

（四）得出观察结果及撰写报告

课堂观察结果的呈现和分析，不同于泛泛而谈的评课，而是"基于事实的推论"，针对具体的课堂实际，从参照理论、商定标准、确立常规、学科特征等角度加以诠释。瞬息万变的课堂中，很多事情都是同时发生、互相关联的，在诠释某一方面的观察结果时，要把观察结果置于课堂整体的框架中，联系与观察点间接关联的现象，合理、全面、深刻地进行诠释。并在分析得出观察结果后，撰写观察报告（图7-2）。

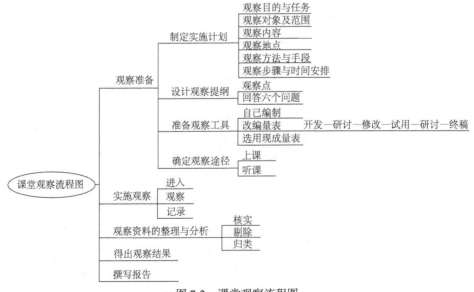

图 7-2　课堂观察流程图

资料卡片

可应用于化学课堂观察的量化工具[①]

1. FIAS 及其衍生模型

二十世纪六十年代弗兰德斯（N. A. Flanders）提出的课堂语言行为互动分析系统（Flanders' interaction analysis system, FIAS）标志着现代化的课堂观察的开始。弗兰德斯将课堂行为分为教师语言、学生语言等10类，并且对课堂教学中的师生语言行为进行分析、定义了一套编码系统，制定了课堂语言行为互动分析系统量表，并与同事一起制定了六项观察原则。

按照观察原则在时间轴上对课堂师生语言行为进行编码、统计、分析，这样就为课堂观察提供了一个切实可行的量化分析模型。FIAS 的量化分析方法为后来很多量化取向的课堂观察范式所沿用、改进和发展。例如，华东师范大学顾小清教授对弗兰德斯课堂语言行为互动分析系统的改进，考虑到现代多媒体技术在课堂交互中的作用，把影响多媒体课堂教学交互的因素分为四大类（教师言语、学生言语、沉寂、技术）共18项指标，提出了基于信息技术的互动分析系统（information technology based interaction analysis system, ITIAS）。闫君根据化学课堂的特殊性，将根据FIAS的观察原则无法编码的"化学实验"编为第五类，提出了基于化学课堂及信息技术的互动分析系统（chemical class and information technology based interaction analysis system, CCITIAS）。CCITIAS 比 FIAS 直接进行化学课堂观察更贴合化学课堂的实际特点，但是改进后的量表的信度与效度并未经过严格的大量化学课堂样本的检验。

2. COLT 量表

COLT（communicate orientation of language teaching）量表，由 Nina Spade 等于1984年提出。COLT 量表由两部分组成，分别用于描述师生在课堂上某段时间的行为（时间、活动、参与者的组织、话语内容、内容控制、学生状态、材料）和师生或生生之间的交流互动情况（目标语的使用、信息差、话语持续、对形式和语篇的反应、话语合并、话语引发和形式约束）。观察者或研究者根据自己对课堂的观察在 COLT 量表中记录、统计、分析课堂交流情况。COLT 量表制定的出发点是对以交际为目的语言类课堂的研究，所以鲜见该量表在化学课堂观察研究上的实践案例。化学学科虽然是具有科学性质的学科，但课堂上（或实验室）交流的有效性在一定程度上也可以通过该模型进行研究分析。

3. LICC 课堂观察范式

2005年华东师范大学崔允漷教授在带领自己的硕士研究生和博士研究生与全国几所重点中学的部分教师开展一项长期的课堂观察研究领域的教研活动中，不断总结经验，与学生们、教师们共同成长，基于"证据、技术与合作"提出了 LICC（learning instruction curriculum culture）课堂观察范式。LICC 范式认为对

① 尹昱东，郭承育，王哲学，等. 几种可用于化学课堂观察的量化研究工具简析[J]. 青海师范大学学报(自然科学版)，2015(02): 31-33.

一节课的观察与评价应该从学生学习、教师教学、课程性质、课堂文化四个维度展开，并且指出教研组等合作共同体应该在充分交流沟通的基础上，通过选择合适的观察点对课堂进行观察、记录、分析、研究，解决教师教学中的实际问题及促进学生学习。LICC范式带有很强的实用主义色彩，很难形成统一的量化工具，但在实际化学教学中，对于一个学校的化学教研组提升整体教学水平，解决化学教学中的实际问题及提高学生化学学习水平具有一定实践意义。

4. 基于信息熵的课堂观察模型

2009年李万春等将应用于金融、计算机、农业领域评价系统的信息熵理论与课堂观察结合，以课堂教学事件为出发点，提出了基于信息熵的课堂观察模型。该模型制定了教师观察量表和学生观察量表，主要包括课堂的组织活动、教师（学生）的言语行为、教师（学生）的课堂活动、教学事件，采用类似FIAS的记录方式。分析过程比较复杂，首先根据教学事件的概率分布确定课堂类型（讲授型、复习型、练习型、讨论型、混合型），然后根据分析得出的课堂类型选择该类型课堂的权重分析方法，对课堂教学过程、教师和学生行为的相关性、师生互动情况、教师教学策略进行分析评价。该模型具有直观的分析结果，但对于一线化学教师操作过于复杂。计算过程的信度和效度可以保证，但操作过程中还是有些地方很难保证信度和效度。例如，规定1分半钟记录一次教学事件，化学课堂上1分半钟，可能教师简单讲解了一个化学概念，接着进行了化学方程式的练习，不同的观察者对课堂事件的选择各有差异，选择前者或后者对于该模型的课堂类型的判断就可能有不同的影响。

5. CPUP化学课堂结构模型

CPUP化学课堂结构模型是由东北师范大学郑长龙教授于2013年在娄延果博士的CPUP化学课堂结构模型的基础上改进提出的。娄延果博士在其博士论文中，分三个级别取样研究了共900多节化学常态课堂的结构，根据系统科学理论，提出了"化学课堂板块理论"，并在化学课堂板块理论的基础上提出了"教学行为对"和"教学行为链"等CPUP模型的核心概念与理论。CPUP模型将化学课堂结构模型进一步划分为化学课堂活动模型和化学课堂结构模型，并提出"基元活动"（化学课堂教学最小活动单元）。通俗讲，CPUP模型是借助课堂录像，分析化学常态课堂的基元活动，采用语言、行为编码的分析方式来揭示化学课堂的真实性与客观性的一种课堂观察范式。

前四种课堂观察范式的研究对象都是对多学科的，只有CPUP模型具有化学专属特色。该模型已经经过大量化学常态课样本的验证（多是我国东北和南方地区的化学课堂），其量表通过对一线专家教师的半结构式访谈得出且经过探索性因子和验证性因子检验，具有较强的信度与效度。

第二节　案例分析

诊断型课堂观察课例：《从海水中获得的化学物质》[①]

毛红燕　徐　健

案例分析

一、背景

◆任教教师：徐健（浙江省余杭高级中学化学老师，化学硕士，教龄1年，性格稍显内向，语言感染力较欠缺，专业知识扎实，处于教学适应期）。

◆内容主题：复习课"从海水中获得的化学物质"（普通高中化学课程·化学Ⅰ）。

◆观察者：化学组课堂观察合作体。

◆简况：化学组开展课堂观察已有一年半的时间，主要开展了诊断型（帮助上课人发现问题）、指导型（帮助上课人改进）、观摩型（观察者与上课人互相学习）三种类型的课堂观察活动，其中诊断型和指导型课堂观察深受年轻教师的喜爱，这次课堂观察就是应徐健老师的要求而举行的。作为一名新教师，他在教学中有许多的困惑，想通过课堂观察活动找出自己在课堂教学中存在的问题，并获得解决问题的帮助。

背景介绍，包括任教教师、内容主题、观察者

二、课前会议：2007年11月6日

（一）徐健老师说课

1. 我的设想

本节课教学内容为新教材（苏教版）专题二第一单元复习课，也是期中考试复习课。这是学生在专题一学习了研究物质的基本方法后，所学的第一个元素化合物知识。在专题一中，学生学习了物质的分类、氧化还原理论、实验研究物质性质的方法等理论知识。从能力培养的角度看，我想让学生体会研究物质的一般方法，能运用专题一中所学的知识，培养学生的综合运用知识的能力。从知识掌握的角度看，我想把关于氯、溴、碘这一单元中所要求学生掌握的知识整理复习一遍。

课前
说课
设想

2. 我的困惑

在备课过程中，我只知道有哪些知识是要求学生掌握的，能够罗列出来。但是，感觉特别困难的是，怎样把这些知识点串起来，形成一条主线。在具体教学过程中，我感觉自己与学生的交流互动这一块有问题，上课气氛较闷，学生的积极性调动不起来，而且自己讲话总是重复，可能比较啰唆。这些问题一直以来都没有大的改观，想请组内同行观察后给予指点。

教师的困惑

（二）徐老师与观课教师的交流

毛红燕：徐老师，我想知道你这节课的教学主线是什么？在教学目标

记录交流

① 毛红燕，徐健. 诊断型课堂观察课例：《从海水中获得的化学物质》[J]. 当代教育科学，2007(24)：44-49.

中有一条是氧化性强弱比较，关于这一点徐老师你上课讲到什么层次？在本节课中你有哪些教学环节来体现教学目标中的第四条，即"了解物质研究的一般方法，能综合运用所学知识的能力"？

徐健：本节课复习主线是：制备→氯气的性质→氯气重要的应用（漂白剂）。关于氧化还原强弱比较只讲到书上所要求的氯、溴、碘之间的比较，不再拓展。对于目标的第四条，想在课的最后小结部分让学生总结研究氯气的方法这个过程中，加以体现。

倪丰云：我在工作第一年的时候，也总是被毛老师、李老师说，你上课讲得太多了。在后面的教学中，我有意识地注意了这个问题，目前在这方面有所改进。所以这节课我就听徐老师的语言、手势、目光等。

洪娟：教学目标的确定与达成是我们新老师最困难的地方，这节课我打算和老教师一起来观察目标的设置与达成。

（三）关于观察点的确定

　　为了更好地获取更多有效的信息，也为了更好地让观察教师之间形成多元的观点，我们此次观察采取了多人一点的观察方式。通过商议，确定了如下的观察点及分工。

毛红燕、陈跟图、褚玉良、洪娟：目标的设置与达成；

刘桂清、王忠华、吴天国、李锦亮：提问、理答、应答；

刘辉、李建松、倪丰云：教师语言、语气、声音、肢体语言、体态等；

徐卫平、周玉婷：多媒体运用情况。

三、课堂观察：2007 年 11 月 7 日下午第三节课

（一）观察工具见课后会议分析报告

（二）观察位置的选择

后门		周玉婷	王忠华	刘桂清	李建松	李锦亮	吴天国	刘辉	徐卫平
		褚玉良 洪娟 毛红燕					倪丰云 陈跟图		
前门			讲　　台						

　　周玉婷、徐卫平两位老师观察多媒体使用情况，所以两人分别在教室两个方向进行观察，从两个角度观察学生观看幻灯片课件的情况（教室里的多媒体屏幕挂在黑板的右方，即徐卫平老师的这一侧）。

　　刘桂清、王忠华、吴天国、李锦亮四位老师观察的是提问、理答、应答，为方便合作记录及沟通，又能最少限度减少观察老师对学生的影响，

旁注（右栏）：
确定观察点（小组合作，分工观察）
多人一点减少观察误差
时间
观察点位置选择
观察过程

所以选择一起坐在后排。

毛红燕、陈跟图、褚玉良、洪娟四位老师想从学生的课堂表现（如书写方程式）方面观察目标的设置与达成，故选择坐在教室中间的走廊。其他老师的观察维度主要是老师的教学，为减少对课堂教学和学习的影响，均选择在教室最后一排之后的空地观察。

四、课后会议：2007 年 11 月 7 日下午第四节课 课后会议

（一）徐老师课后反思 徐老师反思

从学生在课堂上的表现看，我感觉本节课的知识目标已基本达成了。学生能较好地写出化学方程式，说明学生掌握了从海水中提取氯、溴、碘的基本原理；学生能较好地表述提取氯、溴、碘的实验现象，说明对氯、溴、碘单质的性质及差异、卤素间的置换反应、氧化还原反应中电子转移的表示及氧化剂、还原剂的判断等知识的理解和运用也解决得较好；学生能顺利完成本节课的课堂巩固练习，也进一步证明了我的判断。

上课过程中，我感觉学生上课不够兴奋，可能是我提的问题不能吸引学生的缘故，这种情况在后半节课表现得特别突出。工作一年多来，如何设计问题，如何提出问题，如何通过问题激发学生的积极性，一直困扰着我。

本节课也基本上没生成什么问题，学生未主动提出过任何问题，为什么我的课学生不能提问题呢？我非常想听听大家的意见，请大家帮帮我。

（二）观课教师简要汇报观察结果 观察组汇报情况，分组进行

第一观察小组汇报观察结果： 第一组

徐卫平：现代的课堂，多媒体的应用有着举足轻重的作用，课件的制作及播放是否合理，直接关系到能否促进课堂教学目标的达成。因此，我们选择观察课件的制作和播放这个观察点，以制作和播放为基础开发了如下观察表，记录情况如下：

	观察内容	内容描述
课件制作	字体大小、数量、颜色	黑色字体、有两张幻灯片文字数量偏多
	背景与字体颜色	背景白色、字体黑色，反差明显
	文档位置	全部居中
课件播放	播放时老师的站位	多数位于讲台中间，控制鼠标处
	口述、板书次数	口述重复 17 次
	文档呈现速度	大多适中，2 次大篇幅文档直接出现
	幻灯片切换速度	速度适中

我们从五个方面进行了观察：

一是清晰度。从我所坐的位置看，后排学生均能看清，幻灯片的字体大小也比较适中，视觉效果较好。

二是幻灯片的科学性。总体看比较好，但我发现课件中有些化学式的

下标没有写出，还有就是超级链接出错，希望徐老师以后要严谨些。

三是老师演示课件时的位置。我发现徐老师比较喜欢站在讲台前面，或是离学生非常近的位置，学生不断地扭身摆头，说明挡住了学生的视线，可能徐老师没注意到。

四是课件的演示速度。总的来看播放速度比较适中，徐老师的讲解速度和课件的演示速度配合得较好，有利于学生接受信息。

五是学生如何获得幻灯片中的信息。我发现徐老师有一个习惯，屏幕上的内容他总要重复地说一遍或多遍，既然学生能看清楚，重复就造成了时间的浪费。

周玉婷：我也是观察幻灯片课件的使用情况的。我只补充一点，我坐在教室的右边，离屏幕最远的那一侧，我在观看屏幕时，屏幕上的有些内容因为反光看不太清楚，特别是出现在屏幕右侧的那些字。而我们做课件时，习惯于从左侧写起，我想以后制作课件时应将文字尽量地写在右边，空留在左边，这样全班的学生观看屏幕都比较清楚了。

李建松：有关的内容如果幻灯片上已有显示，教师就不要再读一遍了。因为教师在读相关内容的过程中，会有意无意地对某些比较重要的地方加重语气，这就相当于给学生某种提示，对培养学生的审题能力是没有帮助的。

褚玉良：屏幕上最好不要出现大段的文字，否则，学生易出现视觉疲劳。

第二观察小组汇报观察结果：　　　　　　　　　　　　　　　　第二组

倪丰云：我们小组观察的是语言、语气、肢体语言、声音、体态等。

	每分钟记录一次	频次	百分比/%	排序
教师的音量	1. 非常响	1		
	2. 很响	8		
	3. 比较响	15		
	4. 一般	11		
	5. 很轻（听不到）			
教师的板书	1. 非常好			
	2. 很好			
	3. 一般	12		
	4. 差			
	5. 看不清楚			
教师的肢体语言	1. 幅度非常大（兴奋、手舞、足蹈）	0		
	2. 比较大（情绪高涨）	0		
	3. 一般	12		
	4. 不大			
	5. 很小	11		
	6. 不动（情绪低落）	3		

我代表本小组汇报观察到的几个主要问题：

一是语速太快，我感觉老师的声音还没有给学生留下深刻的印象时，第二个内容又来了，前后信息之间会形成干扰。而且徐老师的声音比较低沉，学生就更不易听清楚了。建议以后放慢语速 10%左右，例如，一分钟117 个字比较合适。

二是打断学生的话，学生回答问题时，徐老师总是抢学生的话，不知道是习惯问题，还是怕完不成教学任务。学生思考的时间不足，又不能说完自己想说的话，这既不利于学生的参与问题的提出，调动学生的学习积极性，也不利于老师掌握学生的学习情况，同时造成了关爱、民主、思考的课堂文化稍显不足。

三是自答较多，自问自答多了，问题的价值也就失去了，如果是老师的一种语言习惯，建议今后要注意解决好这个问题。

四是肢体语言。徐老师讲课比较喜欢将一只手插在口袋里讲课，这种形象不太好； 讲课的过程中口头语言与肢体语言配合得很少，使得课堂的生动性不够，建议今后可以多用一些肢体性语言辅助教学。

第三观察小组汇报观察结果：

第三组

王忠华：我们小组观察的是提问、应答、理答。主要从教师提问、学生回答、教师理答三个方面关注课堂提问，判断提问的有效性及学生的达成情况。

问题性质		频次	应答方式	频次	理答方式	频次
指向性	明确	20	无应答	4	打断或代答	10
	模糊	6	集体回答	8	不理睬或批评	1
记忆性		22	个别回答	18	重复答案	8
探究性		4	自由回答	0	追问	7
			讨论汇报	1	鼓励称赞	4

工具说明：问题的性质指的是所提问题指向性是否明确，问题本身的层次是什么，是识记性质的，还是探究性质的。

我代表本小组汇报三个方面的观察结果。

一是提问方面，从我们观察记录的数据来看，徐老师本节课共提了 26个问题，这些问题的 70%学生均能正确完整地回答。这一方面说明教师所提问题指向性很明确，学生明白要回答什么，且学生对这些知识的掌握很不错。另一方面说明教师所提问题层次较低，缺少思考力度。所提的问题中，只有用高锰酸钾和浓盐酸制备氯气，然后用氯气来进行一系列反应的一个装置图的讨论这个问题有探究与思考的价值。学生对这个问题兴趣比较高，可惜的是徐老师提问后却进行了代答，使问题的价值大大降低。

二是应答方面，这节课学生的回答绝大部分是个别答或教师点名后回答，齐答 8 次和讨论后回答 1 次，回答方式略显单一。

三是教师的理答，本节课徐老师有 10 次打断学生回答，其他的二十个问题，提出后留给学生的思考时间也太少（好几个问题只有一二秒的时间）。这样学生回答起来就比较困难。学生稍有迟疑，就立刻代答，这对发展学生的思维、了解学情都是不利的。

另外，学生回答问题后，徐老师也没有给予充分的回应，鼓励性语言很少，这可能会影响学生学习的积极性。

第四观察小组汇报观察结果：

毛红燕：我们小组是观察"目标的确定与达成"。我们是这样观察的：以徐老师制订的教学目标为观察中心，观察徐老师围绕目标所设置的情境及学生的达成情况。下面是我们的观察结果及分析：

目标一：掌握从海水中提取氯、溴、碘单质的基本原理和方法；了解氧化性强弱比较；掌握氯、溴、碘间的置换反应；知道氯、溴、碘单质的性质及差异。

观察结果：

教师行为：多媒体播放下列问题。

1. 写出从海水中制备氯、溴、碘的基本原理。

2. 说出工业制氯气实验的现象，说出检验 H_2、Cl_2 的方法。

3. 在环节 1 所写的反应方程式上标出电子转移情况。

4. 从电子得失角度分析实验室制氯气原理。

5. 对 $KMnO_4$ 制氯气原理的理解。

学生行为：（观察 13 名学生）。

1. 12 人全对，1 人有一小错误。

2. 1 学生站起来回答，基本正确；教师又重复一遍。

3. 11 人全对，2 人有小错误。

4. 此处教师讲解，学生倾听。

5. 此处以习题形式出现，学生明显表现出兴趣且有疑问，但教师没有充分展开。

结果分析：

从学生书写化学方程式，标出电子转移，回答有关从海水中提取溴、碘的实验操作等有关问题看，正确率很高，说明这些基础知识学生掌握较好。教师对这些知识的呈现均以问题形式出现，显得较为单调，无法激发学生学习的兴趣，所以课堂气氛较为沉闷。

溴、碘的提取是否能从实际生产的角度出发创设情境、设计问题，让学生在陌生中感到熟悉，在学习中体验应用。$KMnO_4$ 制氯气在教材中没有出现，但它既是氧化还原知识的一个应用，又是氯气制备方法的补充，教

第四组

目标一的观察结果

目标一的结果分析

师在此一带而过，没有充分发挥其作用。

目标二：认识氯水的性质，认识卤素化合物在生产生活中的重要应用。

观察结果：

教师行为：多媒体播放。

1. 氯水的性质（练习题）。

2. 关于漂白剂（家庭制漂水装置的讨论）。

学生回答情况记录：

1. 一名学生站起来回答，基本正确。

2. 两名学生被叫起来回答，均没有答出。

结果分析：

氯水的性质仍是以习题的形式出现。尽管教师提问速度很快，没有留给学生足够的思考时间，但学生很快就回答出来了，说明学生掌握得还是不错的。但题目中硫化氢与氯水的反应，显然出现过早。如果以某一品牌的漂水的说明书为载体进行有关氯水性质的讨论，比单纯练一个题目是不是要好一些？

这对于教学目标（认识卤素化合物在生活中的应用）的达成也有促进作用。

家庭制漂水装置的讨论（类似于某年的上海高考题），虽说是讨论，但没有让学生进行讨论，给学生思考的时间也过短，导致两名学生均没有答出。所问的问题有超标之嫌（要求学生判断出电源的正负极）。

目标三：了解物质研究基本方法，能综合运用所学知识。

观察结果：

教师行为：谈一谈你对氯气性质的认识。

学生行为：（一学生主动举手，回答此问题）首先，氯气是气体，一种黄绿色、有毒的气体。氯气能与钠、铁、铝等金属反应，……

教师行为：（打断学生的话）我们如果学习一个物质的性质时，首先应当分析这个物质的类别是什么，是单质、氧化物还是酸、碱、盐，这样我们可以从物质的类别上大致知道这个物质的性质，然后还可以从化合价的角度来分析研究这个物质是否有氧化性、还原性……这就是我们研究物质的基本方法。

结果分析：学生的回答完全是根据教师所问的问题来回答的，而且总结得不错，很有条理，只不过没有说出教师想让学生说出的话。反过来说，哪怕学生说出了教师后面的一段话，难道就算是这个目标达成了吗？所以我认为这个目标本身就有一定的问题。

在此还想回应徐老师的一个问题，他说这节课学生不够兴奋，课堂比较沉闷。我认为主要原因是这节课的教学目标设置不合理。为什么这样说呢？这节课老师所设置的问题学生能很快答出，甚至没有思考也能立即答

目标二的观察结果

目标二的结果分析

目标三的观察结果

目标三的结果分析

观察后发现的不足

出，这说明教学目标的设置太低了。知识要求和能力要求过低当然吸引不了学生，这是不是反映了徐老师在设计教学目标时对学情没有做深入的了解？教学的有效性很大程度上取决于目标设置的合理性，是不是学生需要"跳一跳才能摘到的桃子"，才会有兴趣去享受"桃的美味"？学生需要什么，是我们应该搞清楚的地方，这就是我们的教学目标。

就本节课来看，应该增加一些知识的理解和应用方面的教学目标，这既能调动学生学习的积极性，也能提高学生的能力，并帮助他们形成必要的知识结构。

刘桂清：这堂课中徐老师采用的习题很多都是我们平时练习中做过的，学生没有新鲜感，自然也就没有什么兴趣了。所以，复习课的选题也是非常重要的。

（三）给徐老师的建议

通过观察与交流，大家给徐老师提了以下几点建议。这些建议不仅是给徐老师的，也是给我们所有的年轻教师。

1. 改进理答方式。一是问题提出后，应给学生足够的思考时间。二是不要随意打断学生的发言，让学生把想说的话说完。三是多鼓励学生，多些肯定性的口头或肢体语言，丰富课堂的表现力。四是讲课时不要总是将手插在口袋中，并注意屏幕与学生视线间的关系。

2. 改进复习课教学。要多研究学生的情况，例如平时要注意收集学生的作业信息、学生课后的问题、针对某些问题的调查信息。同时，徐老师也可尝试写教后感，每节课后写三五点感想，把没有教好和学好的地方记录下来。这些来自学生和老师自己的信息都可以作为设计复习课的教学目标的依据。希望徐老师在一年半的时间内能养成这样设计复习课教学目标的习惯，并多听听老教师的复习课。

研究分析

目的：在开篇的背景介绍中，作者阐明了本研究的目的——帮助新教师徐老师解答他在课堂教学中的困惑，找出他在课堂教学中存在的问题，为他提供解决问题的帮助，同时也为许多新手型教师提供一些相关教学建议与参考。

定义：作者对关键术语"课堂观察"并没有进行明确定义，但是给出了课堂观察的观察点、具体的观察过程和观察结果的分析，主要包括对多媒体使用、教师的提问和应答及学生课堂表现、教师教学几个方面进行观察，经过对观察过程的分析与阅读，读者自己也能从中归纳出课堂观察的定义，明确课堂观察的基本程序与方法，以及如何分析观察的结果，能够为读者以后进行课堂观察研究提供一定的参考。

前行研究：由于这个研究进行的主要是实证研究，其研究对象是特定的，不能根据其他的研究结果来分析此课例，因此文章中并没有列出参考文献，但是如果能够借鉴一下相关课堂观察的案例及相关的理论基础就显得更为充实。

假设：因为本研究属于现状的观察，所以文章中并没有陈述假设。

样本：由于本研究进行的是案例分析，因此选择的研究对象是一名特定的教师——浙江省余杭高级中学的化学教师，教龄1年，属于新手型教师，他的教学问题和困惑也是很多新入职教师的困惑，因此选择他作为典例案例分析，具有一定的代表性。

手段：本研究依据观察对象的特殊性，采用非参与式观察的定性方法和记录频次的定量方法相结合的方法，首先将观察点分为多媒体使用、教师的提问和应答及学生课堂表现、教师教学等几个方面，同时确定观察的位置及划分观察小组，并且采用多人一点的方式减少观察的误差，减少个人主观因素对观察结果的影响。

内部效度：该研究针对特定的需要对观察的教学特性进行了不同的划分，采取了不同的方式，同时选取了几个比较有代表性的课堂要素进行观察，在观察前就明确提出了观察目的，并运用相应的观察量表进行观察，明确了观察分工，同时为了避免出现个人观察不准确的情况进行了无关变量控制，具有较好的内部效度。

数据分析：本研究主要采用观察量表采集相关数据，结合教师话语分析，小组汇报观察结果，再结合具体目标进行数据分析，从而得出观察后发现的问题，并给徐老师提供相关建议。

结果：通过观察发现徐老师在对学生的提问及学生回答后的回应方面做得不够，上课语速过快，幻灯片设置不当，在设置教学目标时也没有考虑到学生的已有学习水平，目标设置过低，目标达成方式不明确，同时对于习题选择难度把握不合适等，并依此给徐老师提出改进理答方式和复习课教学两方面的建议。

解释：针对教学中的困惑开展课堂观察研究，是促进教师专业发展的重要策略之一。由于徐老师教学才1年，还处于职业适应期，通过观察诊断课堂中的问题，进行有针对性的改进，将会促进其课堂教学的良性发展。

讨论

1. 简述化学课堂观察的基本过程和注意事项。
2. 分析化学教育研究中课堂观察的优缺点。
3. 化学课堂观察的信度和效度如何保证？谈谈你的想法。
4. 如果你要进行一次化学课堂观察，你需要做哪些准备工作？在课堂观察过程中你应该怎么做？对于课堂观察的结果你又该如何分析？

研究练习

走进中学化学课堂进行课堂观察，找到观察点，设计观察量表并进行观察，总结并分享你的观察结果。

小结

1. 课堂观察是指研究者或者观察者带着明确的目的，凭借自身的感官（如眼睛、耳朵等）及相关辅助工具（如观察表、录音录像设备等），直接或者间接从课堂情境中收集

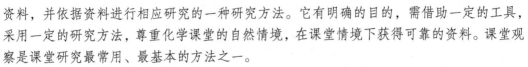

资料，并依据资料进行相应研究的一种研究方法。它有明确的目的，需借助一定的工具，采用一定的研究方法，尊重化学课堂的自然情境，在课堂情境下获得可靠的资料。课堂观察是课堂研究最常用、最基本的方法之一。

2. 课堂观察的观察者是一个合作体，一般需要四个元素：主体的意愿、可分解的任务、共享的规则、互惠的效益。合作体"可以是有形的，也可以是无形的"，在合作的技术和可持续方面有一定的要求。

3. 课堂有四个要素：学生学习、教师教学、课程性质和课程文化。其中学生的学习是课堂的核心，教师教学、课程性质和课程文化是影响学生学习的关键因素。

4. 根据不同的分类标准可将课堂观察进行不同的分类，根据有无人为干预和控制的情境条件，分为自然观察和实验观察；根据观察者间的合作关系，分为合作的课堂观察和独立的课堂观察；根据是否借助工具，分为直接观察和间接观察；按照观察的结构化程度，分为结构式观察和非结构式观察；按照观察资料的收集方式和数据呈现的方式，分为定量观察和定性观察。

5. 课堂观察的信度是指观察结果的一致性程度，包括典型行为的一致性、稳定性和普遍性。它受观察指标、观察样本、观察技术、观察维度和被观察者的影响。提高信度要做到：获取足够多的观察样本；增加各观察指标之间的区分度；熟悉观察点、观察量表和记录方法；完善观察手段；创造一个良好的观察环境；观察前和师生沟通好等。

6. 课堂观察的效度是指观察行为的准确性，其影响因素有：观察指标的代表性、完整性、权重和非普适性，观察者，被观察者和观察环境。为了提高课堂观察的效度，必须明确观察的目的，选用优秀的观察量表，完善观察量表，明确观察分工。

7. 课堂观察的实施步骤分为观察准备、实施观察、观察资料的整理与分析、得出观察结果及撰写报告等阶段。观察的准备工作包括：制定实施计划、设计观察提纲、准备观察工具、确定观察途径。在设计观察提纲时，最重要的就是要按照"从领域到问题、从问题到观察点"的方法确定观察点。

第八章 行动研究

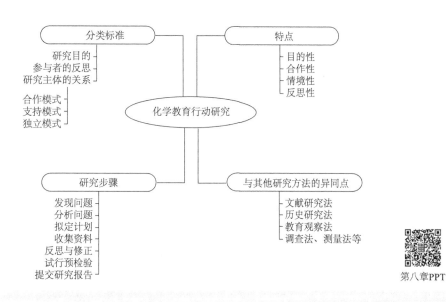

第八章PPT

学习目标

◇ 知道化学教育行动研究的主要特点和类别。

◇ 熟练掌握化学教育行动研究的基本过程。

◇ 知道行动研究对化学教师专业发展的作用。

◇ 能够联系实际去区别行动研究与实验研究。

◇ 能够找出某位化学教师在教学中存在的问题，并为其设计一个解决这一问题、改进教育实践的"行动研究"方案。

　　"行动"与"研究"是两个用以说明不同的人从事不同性质活动的概念。《国际教育百科全书》把行动研究定义为：由社会情境（教育情境）的参与者，为提高对所从事的社会或教育实践的理性认识，为加深对实践活动及其依赖的背景的理解所进行的反思研究。也有学者把行动研究定义为对实践活动所采取的小规模的干预，以及对这一干预结果做细致的反省或检查。前者指实际工作者的实践性活动；后者指专家、学者、研究人员的学术性探索活动，二者之间并无有机联系。最早将"行动"与"研究"这两个概念联系在一起的是美国著名的社会心理学家勒温和社会工作者科利尔，他们在反思社会科学研究中理论与实践脱节的基础上，提出了社会科学研究的新思路、新方法，即从实际工作需要中寻找课题，在实际工作过程中进行研究，由实际工作者和研究者参与，使研究成果为实际工作者理解、掌握和实施，从而达到解决实际问题、改善社会行为的目的。

第一节　行动研究的特点与分类

关于行动研究的定义不计其数，进行归纳之后大致可分为如下三种。

（1）行动研究即行动者用科学的方法对自己的行动所进行的研究。这种观点强调行动研究的"科学性"，是一种技术性行为研究。这与19世纪末20年代初兴起的"教育科学化运动"及一些心理学家强调心理测量有很大关系。代表人物是柯立尔。

（2）行动研究即行动者为解决自己实践中的问题而进行的研究。这种观点更关注行动研究对教育实践的"改进"功能，它是实践性行动研究，这是英美最为普遍的研究模式。代表人物是斯腾豪斯。

（3）行动研究即行动者对自己的实践进行批判性思考所进行的研究，即以"理论的批判""意识的启蒙"来引起和改进行动。这种观点突出了行动研究的"批判性"，是独立性行动研究。它是实际工作者通过批判性的思考，采取相应的行动，使教育摆脱传统的教育理论和教育政策限制的一种研究方法。代表人物是凯米斯[①]。

化学教育行动研究是为解决化学教育问题，将研究者和实践者结合起来，鼓励研究者在实际工作情境中对实践活动所遭遇到的实际问题进行研究，拟定解决问题的途径、策略、方法，并付诸实施，进而加以评鉴、反省、回馈、修正，以解决实际问题。行动研究的思想，对于我国化学教师研究工作本身、对于我国化学教育实践和教育理论发展都有很大的价值。

一、行动研究的特点

（一）目的性

以解决实际问题、改进实际工作为首要目标。化学教育研究需要研究者多角度、多层次地观察和分析实际问题，并运用多学科的知识、方法和技术来科学地解决问题。行动研究的目的不在于发展和完善化学教育理论，而在于实践本身的改进。所以，行动研究不局限于某门学科知识或某种教育理论，只要有助于解决实际问题、改进实际工作，对各种知识、方法、技术和理论都主动容纳、吸收并加以利用。

（二）合作性

强调理论研究者与实际工作者的合作。行动研究是在研究者与实践者相互尊重的状况下进行的，这就要求实际工作者亲自参与研究，通过研究活动对自己所从事的实际工作进行系统的、批判性的反思，并在研究中增长实践性知识。同时，理论研究者也要深入现场，参与实践的全过程，与实际工作者共同解决面临的现实问题。这样，亟待解决的现实问题就成为连接研究者与实践者的桥梁，为二者的结合提供了结合点。在这一过程中，双方共同参与研究，各自发挥自身优势，相互取长补短，共同解决实际问题。实际工作者完全应该而且有可能身兼行动者和研究者两种角色，使工作在自我反省和研究的基础上不断改进。

---

① 张晓艳，庞学慧. 论行动研究[J]. 中山大学学报(社科版)，2005(02)：70-73.

（三）情境性

强调自然情境下的现场研究。行动研究是一种对具体情况采取相应措施的现场研究方法。这意味着行动研究是在动态的自然环境中进行的。由于行动研究以解决实际问题为首要目标，鉴于任务的迫切性和情境的可变性，行动者在提出一个大致的设想后，允许其根据情境的变化调整与修正原有计划。由此可见，行动研究能够有效地克服以研究者主观假设为研究出发点的缺陷，强调研究者深入实际情境与教师一起随时发现新情况并不断对原有计划加以调整，从而使研究更具有客观性和针对性。

（四）反思性

基于行动进行反思，能在较短时间内显示其作用和效能。行动研究并不过于强调研究过程中控制的严格性。在整个行动研究过程中，诊断性评价、形成性评价、总结性评价是贯穿始终的。另外，行动研究的成果能立即或在较短的时期内被运用于实际工作中，易于在短期内得到反馈。

二、行动研究的分类

根据不同的分类标准，行动研究有不同的分类。

按照研究侧重点的不同，行动研究可以划分为以下两类：①行动者为解决自己的问题进行的研究；②行动者对自己的实践进行批判性反思的研究。前者在于改善实践、解决实践问题，往往是实践者在实践过程中遇到了困惑或棘手问题，与他人协作，制定研究方案，观察一切可用资料，进行整理、分析、讨论，根据整理的结果进行综合评析，为进一步实践提供依据。后者强调行动研究的批判性功能，行动者在研究中自我反思，追求解放。

根据参与者对自己的行动所做的反思，行动研究可划分为以下三类：①内隐式"行动中认识"，它强调研究过程中通过观察、比较、分析和反思实践者的日常行为，了解自己内隐于身的"知识"，促进行动的有效性和自觉性。②"行动中反思"，它针对一个独立的情形来思考问题，不依靠现存的理论或者技巧处理问题。将目标和手段看作一种互相建构的关系，根据需要进行调整，并在行动中推进自己对事物的探究。③"对行动进行反思"。行动研究者将自己抽离出情境，对自己的行动进行反思，对自己的实践进行充分的认识。

根据行动研究的主体与主体之间的关系，行动研究可以分为以下三类：①合作模式研究；②支持模式研究；③独立模式研究。

合作模式的化学教育行动研究，主要是指作为研究主体的中学化学教师和专业研究人员的合作研究。中学教师和专家就某一个来自实践情境的共同感兴趣的问题展开合作研究，双方一起制定研究计划，共同制定对结果评定的标准和方法。

支持模式的化学教育行动研究，往往是作为研究主体的中学化学教师先发现问题，又感觉自己解决问题的难度过大，于是寻求专业研究人员的帮助。专业研究人员通过讨论、协商或者必要的专题讲座等方式为中学化学教师提供相关的教育理念和研究方法的信息，提供理论资源，也可以厘清具体问题，等等。

独立模式的化学教育研究，是指中学化学教师作为研究的主体，不需要专业研究者的参与。这类研究对中学化学教师的素养要求比较高，需要行动者有较高的进取动机，具备独立的研究能力，能对自己的实践进行批判性思考，能够在自己习以为常的专业生活中发现问题，并有较强的分析问题和解决问题的能力，对化学教育进行改造。

思考题

教育行动研究的分类依据还有哪些？

第二节　行动研究的模式与步骤

行动研究自身在不断地发展，形成了形形色色的研究模式。化学教育行动研究主要用到下面几种具有代表性的研究模式。

一、行动研究的常见模式

（一）勒温-科利模式

勒温在 20 世纪 40 年代提出了实施行动研究的程序问题，认为可以用"计划""执行""调查"等概念来描述行动研究的过程。它是一个循环的模式，在此过程中不断地进行修正，详见图 8-1。它特别强调系的事实探索或勘察，认为其结果将有助于行动方向的导引与整体计划的修正，并可以获得最大的效能。勒温的观点奠定了行动研究的基本操作程序，其后的此类研究大体上也遵循这一基本思想：即行动研究首先应对问题进行"勘察"——界定与分析，其次应包含对计划及其实施情况的评价，并在此评价的基础上加以改进，总体来看，行动研究是螺旋循环的过程[①]。

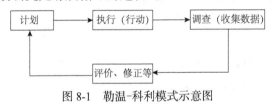

图 8-1　勒温-科利模式示意图

在勒温的基础上，科利结合自己的研究实践，对教育行动研究的步骤进行了进一步设计，步骤如下。

（1）明确问题。要澄清教师在实践过程中具体遇到了什么问题，并要对这些问题进行清楚的界定。例如，化学教师在教学中发现化学课堂不好，学生不能专心听讲，这一现象是一个问题，但是需要对它做进一步的澄清和界定，例如，纪律不好的因素有哪些，以及学生的年龄、化学知识内容、教学方法、教师的人格因素，等等。在进行课堂行动研究之前，有必要对这些因素做进一步的考察，明晰问题的背景、可能因素、后果等，为下一步工作打好基础。

（2）确定目标与过程。明确问题之后，教师要根据自己或者其他教师的经验，依据一定的教育理论，在理解问题的基础上设计可能解决的行动步骤，明确行动要达到的目标。

---

① 焦炜，徐继存. 课程行动研究模式探析[J]. 外国教育研究，2010(08)：35-41.

（3）按设计好的步骤进行行动，并对行动做好记录，收集证据，并确认目标是到什么程度。为了更全面地认识，第一环节和第二环节可能需要重复进行，如第二环节可能会证实第一环节所做的分析不正确，需要对问题进行重新修正和界定，重新制定行动计划。

（4）对有关材料进行整理，概括出行动与目标之间关系的原则。

（5）在实践过程中对这些原则进行进一步的检验。

思考题

1. 勒温-科利模式最突出的优点是什么？缺点是什么？

2. 你能说说第一环节和第二环节重复时可能遇到的问题吗？

（二）凯米斯模式

凯米斯模式保留了勒温-科利模式的基本内核，提出了一个明确的行动研究的模式。他强调教育实践者的地位，教师是在生生不息的探索过程中提升自己的教育实践质量，行动研究的每一个环节都是为下一个环节打基础的。

在凯米斯模式中，研究者首先是观察到教育实践情境中的问题，引起了研究兴趣，找到研究的合作者，共同探寻解决问题的途径，估计研究的可能性和可能存在的障碍，制定第一个"总体计划"。接下来就是实施计划，研究者要系统地观察、收集相关的资料，并不断地进行讨论、学习、反思、再计划，并进行合理的评价，为下一阶段做好准备工作。"凯米斯"循环是螺旋循环模式，内涵在不断丰盈、质量在不断地提升，如图8-2所示。

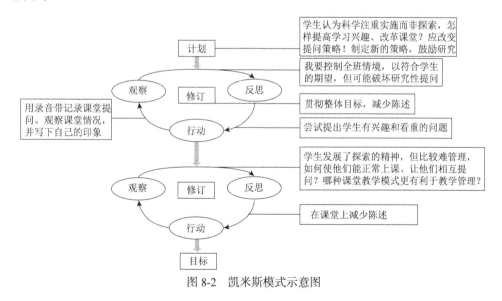

图 8-2 凯米斯模式示意图

此模式在得到广泛认可的时候，也受到了一些学者的批评。例如，埃利奥特就提出，凯米斯模式不符合事件本身发展的需求，它的不断循环模式，让人感觉"研究的基本问题"在未来研究中，总是始终不变的。

思考题

1.凯米斯模式在化学教育行动研究中的最突出的优点是什么？

2. 在化学教育行动研究中，凯米斯模式有哪些不足？

（三）埃利奥特模式

埃利奥特接受了凯米斯模式的基本要素，并对其中存在的问题进行了修正，增加了每一个循环起点的开放性，还丰富了每一个循环研究内容的内涵（图8-3）。

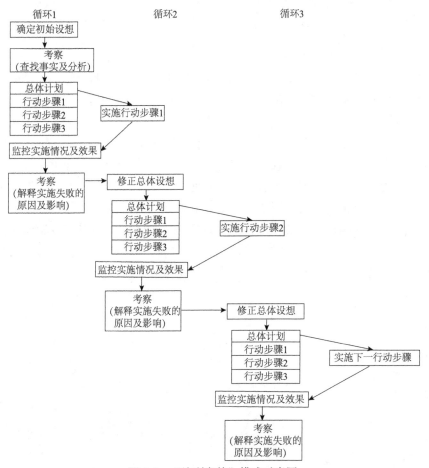

图 8-3   "埃利奥特"模式示意图

埃利奥特模式是基于勒温的计划、执行、调查及评价的螺旋循环，其基本程序如下[①]。

（1）第一循环。确定初始设想→考察（查找事实及分析）→总体计划（设计多个行动步骤）→实施第一个行动步骤→监控实施情况及效果→考察（解释实施失败的原因及影响）。

（2）第二循环。修正总体设想→修正后的总体计划（设计多个行动步骤）→实施下一

---

① 焦炜，徐继存. 课程行动研究模式探析[J]. 外国教育研究，2010(08)：35-41.

步行动→监控实施情况及效果→考察（解释实施失败的原因及影响），然后进入第三循环，如此类推。

该模式认为，教师进行研究时首先应做自我评价，以分析当前的课程现实为出发点，收集资料、分析资料。教师开始进行课程行动研究时应先考虑以下问题：①把某一普通的概念加以改变，叙述成疑问语气，以提出问题；②陈述所要改变的因素（行动假设的提出）；③磋商与协议的描述，将涉及哪些人；④描述所需资源与人力协助；⑤描述收集资料或协同研究所涉及的伦理规范。

（四）埃巴特模式

埃巴特在继承凯米斯模式的基础上，又结合自己和其他学者的意见，对凯米斯模式进行了改造。这个模式在包容凯米斯模式的同时，强调研究的开放性。这个模式如图8-4所示。

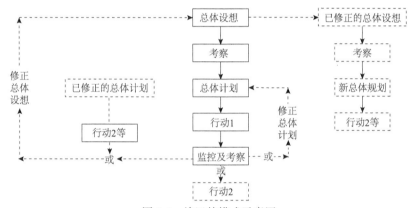

图 8-4　埃巴特模式示意图

该模式考虑"基本假设"既可能变动，也可能不变，因此，具有更大的包容性，另外突出了反馈作用。埃巴特认为，对于教育实践情境的研究，必须考虑人的因素，考虑人的复杂性、动态性，行动研究的程序要能够反映这种复杂性和动态性。

（五）卡尔霍恩模式

20世纪90年代之后，卡尔霍恩阐述了行动研究的新看法，形成了自己独特的研究模式。研究模式如图8-5所示。

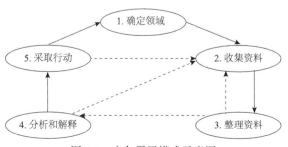

图 8-5　卡尔霍恩模式示意图

最大的不同是，它强调行动研究各环节之间的互动。如在研究之初的"确定领域"一步，不仅强调"确定领域"对于下一步"收集资料"的规定，同时也十分注重"收集资料"之后，随着资料的丰富，研究者对原来确定的领域的认识也在不断拓宽，对一些细节有进一步的了解，研究开始之后发生的这一切，不但不应该回避，反而应该积极地加以利用，依此对原来确定的研究领域进行修订。卡尔霍恩模式还认为，"整理资料"也不是"收集资料"的简单发展，它同样会对"收集资料"产生反作用。在"整理资料"的过程中，研究者如果发现某一方向或者某一方面的资料作用不大，可暂时放弃，或进一步挖掘，给予更多的注意。收集资料和整理资料之间已经形成了一个相互作用的"环"，而每一部分又在一个大环之间。

（六）米尔斯模式

在吸取前人研究成果的基础上，米尔斯提出了"辩证的行动研究螺旋"的概念，建立了行动研究模式，如图 8-6 所示。

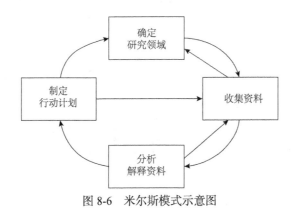

图 8-6 米尔斯模式示意图

按照米尔斯自己的阐述，"辩证的行动研究螺旋"模式主要是给作为行动研究主体的教师进行行动研究提供指引和说明，而不是为一般专业研究提供理论，是能够为他们提供刺激性和建设性的研究方法[1]。

由以上六种行动研究模式可以看出，尽管各模式的理论基础不同，形态各异，但却具有共同的特征。第一，它们都或多或少地由勒温的螺旋循环模式演化而来，并原则上都维持了观察→计划→行动→反省的循环顺序。第二，就理论而言，行动研究通过批判与更新重组而持续增进理解的功能或价值；就实践而言，其循环理念显示行动研究持续发展的开放性。第三，它们所遵循的系统地探究问题的科学精神与一般实证研究并无多大差异。第四，循环与循环之间所形成的螺旋表明了行动研究的持续性与发展性，其目的是要深入问题与情境的核心，并不断采取各种最佳的行动策略。第五，行动计划在以后的执行中并非固定不变，它需要随时检讨，不断修正、调整以符合研究的需要。

---

① 杨小微. 教育研究的原理与方法[M]. 上海：华东师范大学出版社，2010：249-258.

思考题

通过以上六种行动研究的模式分析,试探讨化学教育行动研究对中学化学教师的角色和教师教学有哪些方面的新要求。

二、行动研究的一般步骤

虽然化学教育行动研究强调研究具体的实际问题,没有统一的、明确的模式或步骤。但是归纳起来,仍可以找到一个大致的研究程序。结合前人的研究,我们认为化学教育行动研究是一个螺旋式加深的发展过程,每一个螺旋发展圈又包括计划、行动、观察、反思等四个相互联系、相互依赖的基本环节。一般而言,行动研究是按照下述七个步骤展开的。

(一)发现问题

化学教育行动研究的问题,不是来自上级部门的规划,而是来自于化学教育实践,是化学教育工作实践者在实践中遇到的"迫切需要解决的问题"。

(二)分析问题

分析问题包括对问题的界定、诊断问题产生的原因、确定问题的范围、对问题进行精确的界定、获得问题范围内的证据,在研究之初就要对问题的本质有清晰的认识,并为下一步研究做好准备。

(三)拟定计划

拟定计划时要以大量的事实发现和调查研究为前提,从解决问题的需要出发,设想各种有关的知识、理论、方法、技术、人员、条件等如何组合,使化学教育行动研究者掌握解决问题的策略。例如,要弄清楚:现状如何?为什么会这样?存在哪些问题?关键问题是什么?它的解决受哪些因素制约?这些制约因素中哪些虽然重要,但一时却改变不了?哪些虽然可以改变,却不重要?哪些是重要的,而且可以创造条件改变?创造什么条件?采取什么方法才能有所改进?什么样的设想是最切实可行的?计划包括研究的总体计划和每一个具体的行动步骤。

(四)收集资料

在对背景和行动本身深思熟虑的基础上有目的、负责任、有控制、按计划地采取实际步骤,用直接观察法、问卷调查法、访谈法、测试及收集文本的方式,系统地收集和研究有关资料。例如,在观察过程中要对行动的过程、结果、背景等客观公正地观察,以全面而深刻地把握行动的全过程。主要应观察行动的结果,包括预期的与非预期的、积极的和消极的。由于教育教学受到实际环境中多种因素的影响和制约,而且许多因素又不可能事先确定和预测,更不可能全部控制,因此行动研究过程中,要注重调查、访谈、检测、记录等手段的运用及资料的搜集、存档,以提高研究的效率。

（五）反思与修正

凭借收集到的资料来修正原来计划的错误。对化学教育行动过程及行动结果的思考既是一个螺旋圈的结束，又是过渡到下一个螺旋圈的中介。对化学教育行动的过程和结果做出判断、评价，对有关现象和原因做出分析解释，找出计划与结果的不一致性，从而形成基本设想、总体计划、下一步行动计划是否需要修正及须做哪些修正的判断和设想。

（六）试行预检验

研究在上述基础上可以开展了，但是试行之后，仍然要不断地收集新的资料和证据，进一步验证假设，改进现状，直到能够解决问题，消除困难。

（七）提交研究报告

根据研究结果撰写研究报告，需要注意化学教育行动研究本身的特殊性，要避免把研究结果简单地类推到其他情境中去[①]。

思考题

1. 试比较六种行动研究模式在化学教育研究中运用时各自的优缺点。
2. 化学教育行动研究的步骤与调查研究有何异同？

第三节　几种教育研究的关系

一、行动研究与实验研究的比较

化学教育行动研究与化学教育实验研究虽然有相通之处，但是也有很大的区别。具体的分析参照表8-1。

表8-1　化学教育行动研究与化学教育实验研究的区别[②]

范围	化学教育实验研究	化学教育行动研究
简要的训练	在实验研究之前需要进行测量、统计学和研究方法的培训	通常不需要严格的设计和分析，对统计学和研究方法的要求不高
目的	获取理论或知识，能普遍适用；可发展或者验证理论	获取的知识能直接用于当前的情境；为参与研究的教师提供在职训练的机会
研究问题的来源	借助各种途径提出研究问题	在教育情境中发现问题，足以引起研究工作者的困扰或干扰教学效率的现象
假设	假设须经深思熟虑，可运用操作性定义来界定，且能被检验	理想而言，行动研究的假设必须接近于真实研究所要求的严谨性
文献查阅	直接进行资料查阅，并充分了解该研究领域现有的知识状况	往往使用间接材料，对研究领域有一般性了解即可，不对直接材料进行完整的探讨

① 杨小微. 教育研究的原理与方法[M]. 上海：华东师范大学出版社，2010：235.

② 王文科. 教育研究法——教育研究的理论与实际[M]. 台北：五南图书出版社，1986：31-33.

续表

范围	化学教育实验研究	化学教育行动研究
抽样	从总体中获得随机样本，但通常无法圆满完成	班级教师或做该研究的教师，通常以该班可用的学生作被试
实验设计	进行详细的、有计划的设计，要提供对比条件，控制无关变量，减少误差	在研究开始之前，按一般的方式设计程序；研究期间可施以变化，并了解这些变化是否可改进教学情境。不大关注对于实验条件的控制和误差的减少。通常会出现偏见
测量	选取有效的测量工具，并对测量工具进行评价，在使用之前对测量工具进行测验	不要求对测量工具进行严格的检验，参与者缺乏使用与评价教育测量工具的训练时，可通过专业人员的协助进行
案例分析	经常要求复杂的分析，包括量化分析，通常强调统计上的显著性	简单的分析就够了，强调教育实用性；教师的主观意见被赋予较重的分量
结果应用	结果具有普遍性，但有些无法应用于教育实际。教师和研究者之间存在严重的沟通问题	研究发现可立即应用于班级，并产生持久性的改良

从表 8-1 可以看出，这两类研究之间存在联系，但是区别还是很明显的。在具体的研究过程中，它们使用同样的研究方法，但是存在"度"的区分。

二、行动研究与其他研究之间的关系

化学教育行动研究方法是对其他研究方法的开放和吸纳。它虽然不如"文献研究法"那样强调从浩瀚文献资料的分析出发，但也不排斥资料检索和理论学习。只是行动研究不像"文献研究法"那样，从文献检索开始，并通过文献分析得到研究结论。

化学教育行动研究有历史研究法的特征，每一个研究问题都是历史的产物，对这一问题进行行动研究的过程，也是一个历史过程。历史研究法是将一个一个行动研究不断地循环推进下去。

化学教育行动研究过程虽然没有像化学教育观察法那样采取"观察者"的身份，但是它十分重视研究者的观察，特别是对"变化"的观察，并通过行动研究促进"积极的变化"，采取的是一种"局内人"的姿态。

此外，诸如调查法、测量法等都在化学教育行动研究中的某一个环节使用到了，正是化学教育行动研究对其他很多教育研究方法采取"开放"的态度，所以有人指出，行动研究更像是一种"研究方式"，而非独立的"研究方法"[①]。

拓展性阅读

国外学者的行动研究已达成一个基本的共识，即让教师参与课堂教学研究是改进教与学的途径，是教师发展的有效工具[②]。

第一，为教师提高教育理论素养提供了现实途径。在行动研究过程中，教师既是研究主体又是实践主体。这种统一，一方面可以促使教师学习和掌握教育科

① 杨小微. 教育研究的原理与方法[M]. 北京：北京师范大学出版社，2008：214-217.

② 李炳煌. 行动研究：教师专业成长的路径[J]. 中国教育学刊，2006(02)：70-72.

学的基础知识和基本理论，不断提高理论素养；另一方面可以使他们把所学知识和理论运用于处于发展变化情境中的教育教学实践。在实践中进行研究，不断"追问"理论，理解、辨识和应用理论；在研究中进行实践，不断"追问"实践，质疑实践，更加敏锐地洞察教育教学情境，形成改进教育教学实践的方案和措施，促进现实的教育教学工作更加合理、科学和有效。

第二，为教师实践智慧的发展提供了平台。在行动研究中反思，是教师通过系统的、客观的、科学的分析和研究，对教学实践进行细致观察并发现问题，对教学实践重新审视、采取新的策略并付诸实践。这种反思是持续而没有终点的，以追求教学实践合理性为旨归。在具体的教学实践活动中，新的问题和新的情况会随时出现，面对着生成的、发展的教学现实，教师不但要认识其发展的合理性和必然性，而且要认识它在促进学生不断发展方面存在的不完善性和不合理性。通过反思和批判其存在的不合理性，促进教学智慧的生成，因为教学智慧是关于教学践行的知识，它不是僵死的、现成的，而是融于现实的、不断反思的教学实践活动之中的。

第三，有利于教师合作精神和责任意识的提升。在行动研究中，教师与理论工作者之间的"合作"以"解放"为目的，要使教师从传统、习惯及对权威的迷信中解放出来，教师不再是只从理论工作者那里获得必要的研究技能，或接受其研究方法的辅导和指导，而是主动地成为研究共同体中平等的一员，具有与理论工作者同等的权利和责任，从自己的视角来观察、理解和反思教育教学问题，把持续的"自我反思"和"自我批判"作为自己的基本生存方式。

第四节 案 例 分 析

元素化合物教学设计的行动研究
—— "氮气和氮的固定"的教学设计探索[①]

摘要 以行动研究的理论作指导，以"氮气和氮的固定"为例，进行了教学设计—教学实践—教学反思—教学再设计—教学再实践—教学再反思。旨在探索元素化合物教学中如何实现"以学生发展为本"的教育理念，落实"提高学生科学素养"的教育宗旨。

关键词 行动研究 固氮 学生活动 学生发展

元素化合物知识是化学学科中的重要内容，元素化合物教学是中学化学教学中的重要组成部分，也是中学化学教师研究的重点，过去已有很多优秀的教学设计。但这类内容的教学是否只能遵循结构—性质—用途的单一模式？在新的课程观念的倡导下，如何在元素化合物教学中体现"以学生发展为本"的教育理念，落实"提高学生科学素养"的教育宗旨，渗透STS教育，最终促使学生的自我发展，仍是值得我们探讨的。

案例分析

摘要

关键词
遇到的问题

---

① 乔敏，张毅强. 元素化合物教学设计的行动研究—"氮气和氮的固定"的教学设计探索[J]. 化学教育，2006(1)：30-33.

2005 年 8 月在天津举行"华北地区高中化学优质课观摩评比暨教学探讨会"，我们选择了现行高中化学教材第二册第一章第一节"氮和磷"的第一课时作为教学内容。在整个准备的过程中应用行动研究的理论作为指导，分别从学科中心、社会中心、活动中心进行了教学设计、教学实践和教学反思。

1　教材分析

教材分析

教材在章引言中介绍了氮族元素的相似性和递变规律。在这之前高一已介绍过原子结构、元素周期律的知识，氧族元素、碳族元素等元素化合物的知识，学生对于运用理论指导元素化合物知识学习的方法已经有了一定的了解。所以本章没有将这部分内容单独编节，而是作为章引言介绍。而第一节的主要内容包括两部分。一是氮气，包括氮气的物理性质、氮分子的结构、氮气的化学性质、氮氧化物的污染、氮气用途；二是磷，包括磷的化学性质，磷的同素异形体白磷、红磷的区别与转化。通常第一课时包括氮族元素和氮气两部分内容。

2　教学设计思路的探索

2.1　第一次教学设计——以学科知识为核心

2.1.1　教学设计方案

第一次设计

开始时，我们进行了常规的、以体现知识间内在联系为核心的教学设计：

2.1.2　教学实践反思

收获：以学科知识为核心展开教学，注重知识的系统性、逻辑性，教师容易控制课堂。

第一次反思的收获、问题

问题：以知识传授为目的的教学不能很好地引起学生兴趣，除了知识外学生还能有什么收获？

反思改进

这一节中除了学科知识外，还有什么是值得学生关注的？这就促使我们进一步思考，化学除了具有其本体学科知识的功能外，还能发挥什么作用？教育是以促进学生的全面发展为根本目的的，化学教学应以提高学生的科学素养为宗旨。从 STS 教育理念出发，我们应为学生提供丰富的科学学习背景，所选择的教学内容应能贴近学生、贴近社会、贴近生活，要从学科中心回归到学生的生活经验，从社会实际问题出发组织学习。带着这样的想法，我们深入地研究教材、查阅参考资料，如高中新课程标准、新课程化学 1（必修）教材、《牛津图解中学化学》等。我们惊喜地发现本章教材中渗透着"氮元素的循环"的内容，而氮循环对于地球上的生命具有重要意义。自从地壳形成、地球上出现了大气和水圈，以及生命出现和土壤形成以来，氮循环就启动了。正是地球上存在氮和其他生命必需元素的循环，才使地球上生命生生不息，成为太阳系中一个生机勃勃的星球。因此，我们决定以"氮的循环"为载体和线索来设计本章的教学。

　　在第一节中主要涉及了"氮元素固定"的基本原理：$N_2 \rightarrow NO \rightarrow NO_2 \rightarrow HNO_3$、$N_2 \rightarrow NH_3$。氮元素的固定对于人类的生存有着重要意义："地球上的粮食危机已达到迫切的地步，粮食中最重要的营养之一是蛋白质，蛋白质是由许多氨基酸连接而成，而氨基酸中最重要的元素就是氮，氮是植物生长不可缺少的营养元素。我们要彻底解决蛋白质的供应，就要找出最有效的办法来摄取大自然中的氮元素，使之变成有用的氮的化合物。"让学生在掌握基本的化学知识的同时了解氮气、氮元素固定对人类生产生活的重要意义，可以提高学生对化学的兴趣，建立可持续发展的观念，体会化学对人类、社会发展所起的重要作用。

　　因此我们选择"氮元素的固定"作为载体和线索进行教学设计。为此对教材内容进行了重新的整合，将氮及其化合物的知识整合为"氮气和氮的固定"，将章引言与磷的有关知识整合为下一节课时内容，将氮氧化物污染的相关内容安排到硝酸一节处理。

　　2.2　第二次教学设计——以"固氮"为载体和线索，凸显化学的社会功能

第二次设计

　　2.2.1　教学设计方案

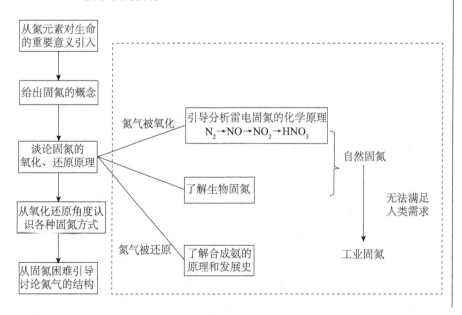

2.2.2 教学实践反思

收获：①通过"氮的固定"这一主题将本节的内容进行有机的结合，凸显化学学科的社会功能；②教学内容生动、丰富，紧密联系实际，学生学习的兴趣明显提高。

第二次反思的收获、问题

问题：①教学模式仍以讲授为主，学生的自主参与性并没有显著改善；②信息量大、内容繁多，一节课时间不够用。

问题使我们思考：有了生动的、贴近社会、贴近学生、贴近生活的教学内容后，要想成为一节受学生欢迎、使学生主动参与的课，还需要什么？科学素养的形成需要有效的学习方式和教学方法。单一的课堂教师讲授、学生死记硬背、课后大量练习的教学方法难以全面实现教学目标。知识技能可以通过学习来获得，但是过程与方法、情感态度与价值观却难以靠知识灌输来形成，它们必须靠在具体的活动过程中不断体验、内化而形成。因此我们决定以"固氮"为问题线索，设计以学生探究为中心的活动，将课堂还给学生。

得到的启示

2.3 第三次教学设计——以"固氮"为载体和线索，以学生活动为中心

第三次设计

2.3.1 教学设计方案

2.3.2 教学实践反思

收获：①充分地激发了学生学习的热情，学生能够主动思考，课堂气氛活

第三次反思的收获、问题

跃；②内容设计更加连贯、紧凑和系统；③"学生活动记录表"的增加，实现了指导学生讨论，让每个学生都动起来，也有利于教师更好地进行教学评价。

问题：①学生活动过多造成课堂效率降低、教学时间不够；②社会功能的过分凸显造成了化学学科的特征不明显、知识内容被弱化。

我们再一次思考，教育是以学生的全面发展为最终目的，学生应该是教学设计的出发点和归宿。那么在以"固氮"为核心的教学内容中学生学习的心理是怎样的？学生面对问题时的本源性认识是什么？哪些活动是学生真正需要的？哪些内容是真正促进学生发展的？为此，在之前设计的基础上我们以学生的发展为核心，把知识内容、固氮主题和学生探究活动再一次进行了整合。

2.4　第四次教学设计——以学生发展为核心，协调组织知识内容、固氮主题和探究活动　　　　　　　　　　　　　　　第四次设计

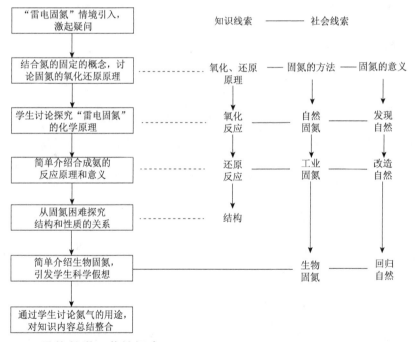

3　具体教学环节的探索

3.1　"雷雨固氮"化学原理探究活动的设计探索

"雷雨固氮"化学原理的探究是本节课的重点和难点。　　　　　具体环节探索

首先通过录像"一场雷雨一场肥"引导学生讨论："雷雨所产生肥料的成分可能是什么？它又是如何生成的呢？"学生通过小组讨论，达成了一些共识：雷雨使空气中的氮气转化成了硝酸盐，也就是产生了氮肥。但是同学们对 N_2 是如何转变成硝酸有不同意见，问题的焦点主要集中在：转化中间有无产生氮氧化物？如果有，是哪种氮氧化物？对于这个问题，我们通过一次次的讨论、实践，进行了多次设计。

3.1.1 第一次设计

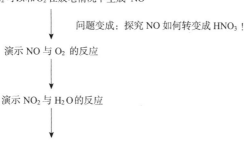

告知 N_2 可以和 O_2 在放电情况下生成 NO

问题变成：探究 NO 如何转变成 HNO_3！

演示 NO 与 O_2 的反应

演示 NO_2 与 H_2O 的反应

实践反思：实践中学生比较容易获得结论，
但是由于学生思维活动的空间很小，他们
探究活动的兴趣降低

3.1.2 第二次设计

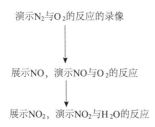

演示 N_2 与 O_2 的反应的录像

展示NO，演示NO与 O_2 的反应

展示 NO_2 ，演示 NO_2 与 H_2O 的反应

实践反思：通过录像增加了学生对该反应的可信度；整体上学生思维空间增大了，
探究的兴趣也提高了，但难度也增大了，学生并不能通过录像判断是否有NO、NO_2
生成，后2个实验好像是强加给学生的

3.1.3 第三次设计

既然学生问题的焦点是：有无氮氧化物，若有，是 NO 还是 NO_2？因此先引导学生认识 NO、NO_2。

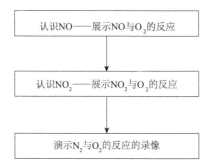

认识NO——展示NO与 O_2 的反应

认识 NO_2 ——展示 NO_2 与 O_2 的反应

演示 N_2 与 O_2 的反应的录像

实践反思：这样设计思路比较顺畅了，学生通过讨论基本能获得结论；
但是也有个别学生提出，从录像分析只能获知 N_2 在雷电情况下被氧气氧
化，最终颜色变成红棕色，说明有 NO_2 生成，而不能判断过程中是否有
NO生成。无疑这些学生的分析是正确的，但是试讲中绝大多数学生没有
看出这点，在天津实际授课中也没有出现学生质疑的情况

我们处理的方法是：如果有学生提出质疑，就引导学生进行讨论；如

果没有则教师也不提出，但是要在总结时说明"进一步的实验证明 N_2 先被氧气氧化成 NO 接着又被氧化成 NO_2"。

3.1.4　新想法

在最近的北京师范大学教育硕士班课堂上，在王磊教授的指导下，学员们对这节课的教学设计再一次进行了讨论。对于这一环节的处理，我们又有了一些新的认识和想法。

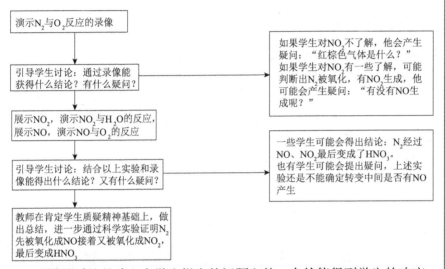

这样的讨论是建立在学生提出的问题上的，自然能得到学生的响应，充分体现了对学生的尊重，以学生的发展为出发点。

3.2　活动记录表的设计

小组讨论是一种非常有效的教学策略，但在日常教学中我们发现小组讨论时经常发生这样的情况：学习好的同学发言踊跃，收获很多；普通同学也能参与，但一般是听得多、说得少；程度较差的同学一般会失去参与机会，完全成了"看客"。结果是好的越来越好，差的越来越差。

如何才能避免这种情况，使每个同学都能参与到讨论中，都能有所收获，充分发挥讨论的功能呢？为此我们设计了活动记录表。在活动记录表中，通常包含 3 部分：我的观点、小组其他同学的观点、小组讨论后的共识。通过活动记录表的使用，我们认为至少有如下收获：①讨论中每个学生都有了明确的任务，能保证讨论的效率；②每一次讨论有了详细的记录，便于学生课后复习；③教师可以通过活动记录表，更好地掌握学生的情况，对学生做出更适当的评价。

后　　记

这节公开课在"华北地区高中化学优质课观摩评比暨教学探讨会"上获得了一等奖。但在获得荣誉的同时，我们觉得这样一次关于教学设计行动研究的探索才是最大的收获。这样的探索使我们真正感受到了教学研究的魅力所在，真正体会到了教学研究的永无止境，也更加坚定了我们以无比的热情投身于中学化学教育事业的决心。

参 考 文 献

[1] 人民教育出版社化学室. 全日制普通高级中学教科书（试验修订本·必修加选修）化学第二册[M]. 北京: 人民教育出版社, 2000.

[2] 王磊. 普通高中课程标准实验教科书化学 1（必修）[M]. 济南: 山东科学技术出版社, 2004.

[3] 中华人民共和国教育部. 普通高中化学课程标准（实验）[Z]. 北京: 人民教育出版社, 2003.

[4] 化学课程标准研制组. 普通高中化学课程标准（实验）解读[M]. 武汉: 湖北教育出版社, 2004.

[5] 毕华林, 亓英丽. 化学教育新视角[M]. 济南: 山东教育出版社, 2004.

[6] Micbael L. 牛津图解中学化学[M]. 文杰, 麟伟, 一毅译. 上海: 上海教育出版社, 2001.

[7] 赵昌木. 教师在行动研究中发展[J]. 山东师范大学学报（人文社会科学版）, 2005（04）: 126-129.

研究分析

目的: 作者在文章的摘要部分明确说明了本研究的目的是探索元素化合物教学中如何实现"以学生发展为本"的教育理念，落实"提高学生科学素养"的教育目标。符合新时期教育改革的新理念，也为高中教师对元素及化合物的教学提供样例。

定义: 行动研究理论是本文的理论基础，为了方便读者在阅读这篇文章时理解行动研究的意义，文章如果能够对行动研究的概念做具体界定则更好。

前行研究: 本文中对于已有的文献研究做了简要概括，但并未深入说明过去已有的类似主题的优秀教学设计的特征。

研究工具: 作者通过行动研究，不断改进元素化合物知识内容的教学设计，在每次设计之后都会有教学反思，都会发现新的问题，并针对问题设计出合理的解决方案，紧紧围绕"以学生为主体"的理念，从学生的视角去思考教学设计中的重难点、活动的安排、问题的突破，这样的方式对于提高教师的教学效果与学生的学习效率具有重要意义。

内部效度: 文章中的教学设计共 4 次，在每次制定完成之后会及时进行教学反思，并且每次的教学设计的修正都是根据新课改"以学生为本"的视角来进行的，满足了课堂的实际需要。本文的教学设计获得了北京师范大学王磊教授等教育专家的指导，2005年 8 月在天津举行的"华北地区高中化学优质课观摩评比暨教学探讨会"中获得一等奖。

研究的过程与结果: "氮气和氮的固定"这一课时的第一次教学设计是以"学科知识为核心"的，注重知识的系统性、逻辑性，教师容易控制课堂，但是这种方式的教学并不能够很好地引起学生的学习兴趣，在进一步的思考之后，决定从 STS 教育理念进行修改。在第二次教学设计中决定以"固氮"为载体和线索，凸显化学的社会功能，在本次设计修正之后，发现这种教学方式可以凸显化学的社会功能，并且内容紧密联系实际，提高了学生的兴趣，但是这种教学模式总的来看还是以"讲授"为主，学生的课堂主动参与性并没有提高，还需要进一步的修改。在第三次教学设计中确定了以"固氮"为载体和线索，以学生的活动为中心，发现这种教学模式充分激发了学生的学习热情和兴趣，内容的设计也更加连贯和完整，但是学生活动过多，教学时间难以保证，且社会功能的过分凸显也造成了化学学科特征和内容的弱化，因此继续修改，最终决定以"学生发展"为核心，协调组织知识内容、固氮主题和探究活动，最终取得了很好的教学效果，为一线教师提供了良好的教学思路。

讨论

1. 怎样理解化学教育行动研究中的"行动"与"研究"？
2. 谈谈教育行动研究的优缺点。
3. 谈谈六种教育行动研究模式的优缺点。
4. 请谈一谈开展化学教育行动研究对于教师专业发展的意义。
5. 以两篇最新化学教育研究文献为例，简述教育行动研究与实验研究的异同。

研究练习

1. 结合自己的教学经历，选择一个困扰你的化学教育问题进行行动研究。
2. 搜集最新化学教育研究领域的行动研究的文献，做一个简要的综述。

小结

1. 化学教育行动研究是为解决化学教育问题，将研究者和实践者结合起来，鼓励研究者在实际工作情境中对实践活动所遭遇到的实际问题进行研究，拟定解决问题的途径、策略、方法，并付诸实施，进而加以评鉴、反省、回馈、修正，以解决实际问题。行动研究的思想，对于我国教师研究工作本身、对于我国教育实践和教育理论发展都有很大的价值。

2. 化学教育行动研究的特点包括：①目的性。以解决实际问题、改进实际工作为首要目标。它关注的不是发展教育理论，而是教育工作者日常遇到并亟须解决的实际问题。②合作性。强调理论研究者与实际工作者的合作。实际工作者完全应该而且有可能身兼行动者和研究者两种角色。③情境性。强调自然情境下的现场研究。它是一种对具体情况采取相应措施，在动态的自然环境中进行的。④反思性。基于行动进行反思，能在较短时间内显示出其作用和效能。

3. 按照研究侧重点的不同，行动研究划分为行动者为解决自己的问题进行的研究、行动者对自己的实践进行批判性反思的研究。根据参与者对自己的行动所做的反思，行动研究可划分为内隐式"行动中认识""行动中反思""对行动进行反思"。根据行动研究的主体与主体之间的关系，行动研究可以分为合作模式研究、支持模式研究、独立模式研究。

4. 化学教育行动研究的模式主要包括勒温-科利模式、凯米斯模式、埃利奥特模式、埃巴特模式、卡尔霍恩模式、米尔斯模式。研究的主要步骤是一个螺旋式加深的发展过程，每一个螺旋发展圈又包括计划、行动、观察、反思等四个相互联系、相互依赖的基本环节，一般按照发现问题、分析问题、拟定计划、收集资料、反思与修正、试行预检验、提交研究报告七个步骤进行。

5. 化学教育行动研究方法是对其他研究方法的开放和吸纳。化学教育行动研究与化学教育实验研究在具体的研究过程中，使用同样的研究方法，但是存在"度"的区分；它不排斥资料检索和理论学习，只是不是从文献检索开始，并通过文献分析，得到研究结论；化学教育行动研究的每一个研究问题都是历史的产物，也是一个历史过程，而历史研究法是将一个一个行动研究不断地循环推进下去；没有像化学教育观察法那样采取"观察者"的身份，但十分重视观察；此外，诸如调查法、测量法等都在化学教育行动研究中的某一个环节得到应用。

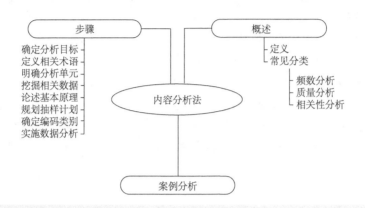

第九章PPT

学习目标

◇ 能够解释什么是内容分析法。

◇ 能够区别内容分析法与其他研究方法。

◇ 能结合具体研究案例，说明如何实施内容分析法的具体步骤。

◇ 尝试用内容分析法去研究化学教育教学中的一些课题。

内容分析法是一种对研究对象的内容进行深入分析，透过现象看本质的科学方法[①]。内容分析法是按照客观而系统的方法，确定信息的特定特征，从而得出推论的一种技巧，是客观系统并量化地描述显性的传播内容的一种研究方法[②]。

第一节　内容分析法概述

在内容分析法中，研究者主要使用书面文献[③]，对已记录归档的文本进行分析，其目的是弄清或测验文献中本质性的事实和趋势，揭示事物所含有的隐性情报内容，对事物发展做情报预测。实际上它是一种半定量研究方法，其基本做法是把媒介上的文字、非量化的有交流价值的信息转化为定量的数据，建立有意义的类目分解交流内容，并以此来分析信息的某些特征。所研究的对象是先于研究而存在的文本。此处的文本含义宽泛，几乎无所不包，可以是书籍、杂志、报纸、报告、会议纪要、信件、日记、网页和其他互联网上的内容，也可以是谈话或采访记录、电影、电视或广播节目、音乐、图片、艺术作品，还可以是法律条文和宪章。内容既可以是个人的信息，也可以是人际间或群体间互动的信息，

---

① 邱均平，邹菲. 关于内容分析法的研究[J]. 中国图书馆学报，2004(02)：14-19.

② 里弗尔，莱西，菲科. 内容分析法：媒介信息量化研究技巧[M]. 2版. 北京：清华大学出版社，2010：24.

③ 艾尔·巴比. 社会研究方法[M]. 李银河，译. 成都：四川人民出版社，1987：223.

更常见的是媒体发布的信息。只要其形式固定，足以容许研究者细读详查就可运用内容分析法来研究[①]。

一、内容分析法的分类

（一）常见的内容分析法分类[②]

1. 频数分析

在这种方法中，作者要定义计数的单元和计数的类别。然后对各种信息中所发现的单元符合各种类型的次数进行仔细记录。

2. 质量分析

这种方法类似于频数分析，但是质量分析不再是对符合各种类型的单元进行频率计数，而是试图确定某种类型的单元是否出现在信息中，如研究高中化学教科书中科学本质观的呈现。

3. 相关性分析

这种方法的目的不是为了简单找到符合各种类型的单元的数目，而是要找出同一信息媒介中出现的两种或者两种以上的类型组合的单元出现的次数。例如，一名研究者可能很想知道化学教育类论文在教师专业发展类研究中选用问卷调查法的次数。

（二）根据内容分析法的类型演变分类

1. 解读式内容分析

解读式内容分析是一种通过精读、理解并阐释文本内容来传达作者意图的方法。"解读"不只停留在对事实进行简单解说的层面上，而是从整体和更高的层次上把握文本内容的复杂背景和思想结构，从而发掘文本内容的真正意义。这种高层次的理解不是线性的，而是具有循环结构，即单项内容只有在整体的背景环境下才能被理解，而对整体内容的理解反过来则是对各个单项内容理解的综合结果。

这种方法强调真实、客观、全面地反映文本内容的本来意义，具有一定的深度，适用于以描述事实为目的的个案研究。但因解读过程中不可避免的主观性和研究对象的单一性，其分析结果往往被认为是随机的、难以证实的，因而缺乏普遍性。

2. 实验式内容分析

实验式内容分析主要指定量内容分析和定性内容分析相结合的方法。该方法具有三个基本要素，即客观、系统、定量。用来作为计数单元的文本内容可以是单词、符号、主题、句子、段落或其他语法单元，也可以是一个笼统的"项目"或"时空"的概念。这些计数单元在文本中客观存在，其出现频率也是明显可查的，但这并不能保证分析结果的有效性和可靠性。一方面，统计变量的制定和对内容的评价分类仍然由分析人员主观判定，难以

---

① 周翔. 传播学内容分析研究与应用[M]. 重庆：重庆大学出版社，2014：8.

② 杰克·R. 弗林克尔，诺曼·E. 瓦伦. 美国教育研究的设计与评估[M]. 4 版. 蔡永红，等译. 北京：华夏出版社，2004：431-436.

制定标准，操作难度较大；另一方面，计数对象也仅限于文本中明显的内容特征，而不能对潜在含义、写作动机、背景环境、对读者的影响等方面展开推导，这无疑限制了该方法的应用。

3. 定性内容分析

定性内容分析主要是对文本中各概念要素之间的联系及组织结构进行描述性和推理性分析。举例来说，有一种常用于文本分析的"完形填空式"方法，即将同样的文本提供给不同的读者，或不同的文本提供给同一个读者，文本中删掉了某些词，由受测者进行完形填空。通过这种方法来衡量文本的可读性和读者的理解情况，由于考虑到了各种可能性，其分析结果可以提供一些关于读者理解层次和能力的有用信息。与定量方法直观的数据不同的是，定性方法强调通过全面深刻的理解和严密的逻辑推理，来传达文本内容。

一般认为，任何一种科研方法都包含一定的定性步骤。例如，研究开始阶段要确定主题和调查对象，明确相关概念，制定研究计划；最后阶段还要针对研究的问题，解释实验结果。但是单纯的定性方法缺乏必要的客观依据，存在一定主观性和不确定性，说服力有限。因此，很多学者倡导将定性方法和定量方法结合起来，取长补短，相得益彰。定性定量相结合的内容分析法应具备以下几个要点：①对问题有必要的认识基础和理论推导；②客观地选择样本并进行复核；③在整理资料过程中发展一个可靠而有效的分类体系；④定量地分析实验数据，并做出正确的理解。

思考题

你认为内容分析法属于定性研究还是定量研究？

计算机技术的应用极大地推进了内容分析法的发展。计算机技术将各种定性定量研究方法有效地结合起来，博采众长，使内容分析法取得了迅速推广和飞跃发展[①]。互联网上也已出现了众多内容分析法的专门研究网站，还提供了不少可免费下载的内容分析软件，如 NVivo、ATLAS.ti 等。

资料卡片

NVivo 软件在内容分析法中的应用

NVivo 是最具知名度的质性分析软件，由澳大利亚 QSR（Qualitative Solutions & Research）公司开发，近年来逐渐在教育学、经济学、管理学、医学、社会学中得到广泛应用。它能够批量对文字、图片、视频资料进行分析，帮助研究者从繁杂的手工作业的劳累中解脱出来，探究数据中隐藏的联系，建立理论模型，并最终获得研究问题的结论。

① 邱均平，邹菲. 关于内容分析法的研究[J]. 中国图书馆学报，2004，2：14-19.

> NVivo 的优势：①丰富的数据处理对象。NVivo 几乎可处理所有数据，包括文字、PDF、音频、视频、图片及 Web 数据等，帮助轻松应对大数据时代下的海量分析资料。②高效的数据分析能力。NVivo 能够系统地对数据进行分类和整理，并进行高效检索和查询，快速精准分析，浮现数据中的规律，形成论述依据。
>
> NVivo 的学习基础：具备一定的质性研究经验，了解扎根理论及编码过程。
>
> NVivo 应用于教育学研究的案例推荐：孙立新，赵如钦. 基于 NVivo 的我国弱势群体教育救助问题的政策分析[J]. 现代远距离教育，2017（02）：3-9.

二、内容分析法的优缺点

（一）优点

内容分析法的主要优点在于它是非介入性的。一名研究者可以在"观察"别人的同时不被别人所观察，因此所分析的内容不会受到研究者出现的影响，通过直接观察或用其他方式很难（或者不可能）获得的信息可以通过对书籍或其他信息媒介进行非介入式分析而得到，而那些书本或者其他形式的信息的作者和出版商并不知道有人在对他们的书籍进行考查。

内容分析法的另外一个优点是研究者可以对一些记录或者文档进行钻研，以了解以前的社会生活、研究而不受时空的限制。

内容分析法的第三个优点是：与其他形式的研究相比，它在时间和资源的消耗方面相对简单和经济，尤其是在所需要的信息很容易获得的情况下（可从报纸、报告、图书、期刊等方面获得信息），这种优点就更加明显。另外，内容分析所需的数据可以供其他研究者进行重复性研究，也可以在以后的时间内对其进行重复分析。

（二）缺点

内容分析法的缺点主要体现在：通常局限于记录的信息，且效度的建立比较复杂[①]。

第二节 内容分析的步骤

虽然不同教育研究者因各自的知识背景和研究目的开展了多种多样的内容分析研究，探索出多种分析路径和具体方法，各种方法也开始逐渐融合、互为补充，但内容分析的基本要素和步骤基本上还是一致的，下面对内容分析的具体步骤做详细说明。

一、确定分析目标

首先要确定想达到的具体目标。研究者做内容分析可能有很多理由：获得有关某个问题的描述性信息；检验假设；获得有用的信息来处理教育问题；检验其他研究结果；等。

---

① 杰克·R. 弗林克尔，诺曼·E. 瓦伦. 美国教育研究的设计与评估[M]. 4 版. 蔡永红，等译. 北京：华夏出版社，2004：439-440.

例如在化学教育教学中，常用来对化学课程标准、化学教科书、教师、学生或者化学教育研究的趋势进行研究，如从国际比较的视角来看高中化学课程标准的稳定性和趋势、高中化学教科书中类比图像的功能及应用策略研究、高中化学新课标实验教科书科学探究内容的分析、职前化学教师教学反思能力及影响因素研究、高中生化学学习自我诊断能力研究、近20年国际化学教育研究的趋势和走向研究等，都反映了内容分析法在化学教育研究中的应用。

二、定义相关术语

在内容分析中，需要对诸如"抽样计划""编码类别"等重要的术语进行清晰的定义，否则研究者会碰到相当多的麻烦。

案例分析

高中生化学学习自我诊断能力的定义与评分编码

在高中生化学学习自我诊断能力研究中，需要对化学学习自我诊断能力进行定义。化学学习自我诊断能力指学生在化学学习过程中，以自身学习情况为诊断客体，运用一定方法，判断学习现状，分析学习困难的原因，并探求解决办法的一种心理品质[①]。

根据王后雄的研究，学生解题时出现的失误主要可以划分为审题性失误、知识性失误、思维性失误和心理性失误4类。其中知识性失误主要包括学生基础知识不扎实，对知识的认知层次较浅，对知识的理解缺乏系统性，前后知识之间联系不上等；思维性失误主要包括概念不能灵活应用，思考问题角度单一，错误类比，思维定式等；心理性失误主要包括粗心，因紧张而造成笔误等。导致失误的原因可能是多方面的，但也并非每次失误都会囊括全部4种类型的失误成因。学生在进行诊断时需要全面地分析产生失误的成因，并针对该原因提出系统的改进方法。因此从对诊断失误的全面性（发现及分析问题是否全面），以及在此基础上诊断结果的完善性（提出改进方法是否系统可行）2个相互交联的维度分别进行编码赋分（表9-1、表9-2）。对学生每一题的自我诊断都在2个维度上分别进行编码赋分，求得平均分作为该生此次诊断全面性和完善性的得分，二者相加后得到此次诊断的整体得分。

表9-1　化学学习诊断失误的全面性编码

水平层次	赋分	说明
水平1	0	无法给出正确答案
水平2	1	更正了答案，但未对失误进行分析
水平3	2	能对失误进行分析，但并不全面
水平4	3	能对失误进行较为全面的分析

---

① 丁弘正，李佳，王后雄. 高中生化学学习自我诊断能力的调查研究[J]. 化学教育，2014(15): 49-54.

表 9-2　化学学习诊断失误的完善性编码

水平层次	赋分	说明
水平 1	0	无法提出改进的方法
水平 2	1	能够大致提出改进方法
水平 3	2	能较为系统地提出改进方法

三、明确分析单元

在确定了分析目标后，要具体说明分析单元，说明打算分析研究目标的哪个方面，例如：如果研究教科书，那么你是研究教科书的字词？句子？段落？图表？还是栏目设计呢？这里字词、句子、段落、图表或栏目设计等就是你所要研究的单元，你需要在研究之前把它确定下来，并具体说明。下面的案例分析是对化学教科书中科学探究内容进行研究，它的分析单元是一层层地细化的，目的是方便得到研究数据，使得研究更好地进行。

案例分析

高中化学新课标实验教科书中科学探究内容的分析[①]

如果是对化学教科书的科学探究内容进行分析，那么分析单元可以如下（表 9-3～表 9-6）。

表 9-3　科学探究的内容分析主类目

主类目	说明
科学探究的内容对象	用于分析每个分析单元中内容对象设计的知识类型，根据化学学科本身的特点，化学知识包括事实性知识、理论性知识、技能性知识等
科学探究的任务类型	从完成科学探究所需要的具体活动来看，科学探究可以包括基于变量的任务、逻辑理论任务、测量性任务、建造性/工程性任务和探索性任务五种任务类型，该类目用于研究每个分析单元涉及的学科探究任务类型
科学探究的活动方式	科学探究包括实验、观察、调查、资料收集、阅读、讨论、辩论等活动方式，该类目用于研究每个分析单元中涉及的活动方式
科学探究的开放水平	该类目用于分析每个分析单元中涉及的科学探究的开放水平，依据科学探究的各环节的开放性，将科学探究分为 4 级开放水平
科学探究的文本呈现形式	该类目用于分析每个分析单元中教学信息用哪些符号进行呈现，根据对教科书的初步分析，主要从文字篇幅、实物图片、示意图和图表等 4 个方面进行统计

---

① 杨钊. 高中化学新课标实验教科书中科学探究内容的分析[D]. 北京：北京师范大学，2008：20-23.

表 9-4　科学探究的内容对象类目表

次级类目	操作性定义	举例
事实性知识	反映物质的性质、存在、制法和用途等方面内容的元素化合物知识及化学与社会、生产和生活实际联系的知识	碳酸钠和碳酸氢钠的性质（人教版化学 1　P65"科学探究"）
理论性知识	反映物质及变化的本质属性和内在规律的化学基本概念和基本原理	元素周期律（人教版化学 2　P14"科学探究"）
技能性知识	与化学概念、原理及元素化合物知识相关的化学用语、化学实验、化学计算等技能形成和发展的知识内容	设计一套原电池装置（人教版化学 2　P41"科学探究"）

操作规则：统计时将最适合的类目记为 1，其余类目记为 0

表 9-5　科学探究的任务类型类目表

次级类目	操作性定义	举例
基于变量的任务	涉及一个或一个以上分类性自变量，或者涉及一个或一个以上连续自变量的任务	气体摩尔体积（人教版《化学 1》P13"科学探究"）
逻辑推理任务	需要开展一系列的活动（往往是定性分析），这些活动所得到的资料可以进一步引发、组织下一步活动，直到找到解决问题的办法	胶体的性质（人教版《化学 1》P26"科学探究"）
测量性任务	利用一件以上的仪器来准确测量变量的值	"尿不湿"吸水率（人教版《有机化学基础》P114"科学探究"）
建造性/工程性任务	目的是找到解决问题的方法而后再检验其有效性，而不是考查背后的因素关系	设计一套原电池装置（人教版《化学 2》P41"科学探究"）
探索性任务	作为最开放的任务形式，需要学生先提出问题、明确问题，然后去寻找解决问题的方法，具体解决方法可能是通过以上各个途径来实现，而且可能利用其他相关资源	比较醋酸与碳酸酸性的强弱（人教版《化学 2》P75"科学探究"）

操作规则：统计时将最适合的类目记为 1，其余类目记为 0

表 9-6　科学探究的文本呈现形式类目表

次级类目	操作性定义
文本篇幅	每一个分析单元所占的页面篇幅
实物图片	包括以图片形式呈现的物质形态、反应现象、生活场景、仪器设备外观等照片
示意图	包括实验装置图、微观粒子模型、反应原理示意图、流程图、转化关系示意图等
图表	包括物质分类归纳图/表、统计图（折线图、柱状图、拼图等）、实验现象记录表、测量数据记录表、调研信息记录表、讨论结果记录表、探究结论记录表等

操作规则：统计是以文本篇幅的 0.5 页为单位，根据临近原则进行舍入；其他类目包括记为 1，不包括记为 0

四、挖掘相关数据

研究者一旦明确了研究目的和分析单元，那么，他就应该开始寻找用来分析与目标有关的数据（如课程标准、教材、期刊、教学计划、学生作业等并进行描述性统计）。要分析的内容和研究目的之间的关系应该是很明确的，为了保证做到这一点，最好事先在脑海里想出一个具体的研究问题（最好是研究假设），然后选择调查过这些问题的相关材料，获取数据。

五、论述基本原理

研究者需要一种概念上的联系来解释数据是如何与研究目的相关的。通常情况下，问题和内容之间的关系是显而易见的。但是，有的时候这种联系并不是很明显，因而需要进行一些解释。例如，一名研究者如果想了解多年来教育工作者们对某套化学教材（如人教版高中化学教材）的态度变化，那么，他可能会假设，对这些教材的知识体系的增删和修改反映了人们对教材的态度变化，从而决定在不同时期内出版的不同版本教材里面找出对这些教材的知识体系的增删和修改。绝大多数内容分析用的是已有资料，但有时候研究者也需要生成新的数据。例如，为了确定高中生对最新设置的走班选修化学课程的看法，研究者对一群高中生进行开放式问卷调查或开放式访谈，然后对采集的资料再编码和分析。

六、规划抽样计划

完成上述工作后，研究者就可以做抽样计划了。例如，可以在不同的水平对小说进行抽样，如词语、短语、句子、段落、章节、书本或者作者等。电视节目的抽样可以根据不同的类型、频道、赞助商、制造商及播出事件等。任何一种类型的信息媒介都可以在任何一种合适的概念的水平上进行抽样。例如，对高中生化学学习自我诊断能力进行研究时就采用了分层抽样的方式来进行。

七、确定编码类别

当研究者精确地定义了要调查什么方面的内容以后，就需要确定与调查有关的编码类别。编码的类别要十分明确，这样其他的研究者也可以用它们来调查相同的资料，并且能够得到基本相同的结论，即能够得到每个类别的相同频率。在"高中生化学学习自我诊断能力的定义与评分编码"案例中，表9-1、表9-2分别从对诊断失误的全面性（发现及分析问题是否全面），以及在此基础上诊断结果的完善性（提出改进方法是否系统可行）2个相互交联的维度进行编码赋分。

八、实施数据分析

计数是内容分析的一个很重要的特征。每当发现一个相关类别的单元，研究者就将它记录下来，这就是"计数"。因此，记录过程的结果一定是数字。很明显，要对词语、短语、符号、图画或者其他显性内容计数，需要用到数字。不仅如此，对隐性内容的编码也要求研究者用数字来表示符合每个类别的数目。在计数中，对基点（或者参考点）的记录也是非常重要的。

案例分析

高中生化学学习自我诊断能力调查研究的数据分析

在对高中生化学学习自我诊断能力的调查研究的课题中，如表9-7所示，第1次诊断，教师先对期中考试试卷进行讲评，在讲评过程中会引导学生注意并分析其中的易错点，之后由学生结合教师讲评对自己试卷中的失误进行诊断。第2次诊断，教师给出期中考试试题参考答案，但不进行讲评。由学生结合参考答案对自己试卷中的失误进行诊断。第3次诊断，通过化学诊断性测验来诊断学生学习化学的效果和水平，并且以量化分数的形式定量地反映学生的学习状况。本次诊断采用自编的诊断题，给出错误的解题思路，该思路中融合了学生解题时的常见失误，由学生找出错误，并进行诊断。然后研究者对失误的全面性进行编码并赋分，0分代表无法给出正确答案，1分代表更正了答案，并未对失误进行分析，2分代表能对失误进行分析，但并不全面，3分代表能对失误进行较为全面的分析（具体参见表 9-1）。综合分析失误的全面性得分分布如表9-7所示。

表9-7　高中生化学学习诊断失误全面性得分分布（N=146）[①]

	第1次诊断	第2次诊断	第3次诊断	有参考答案下的诊断	3次诊断平均
3分	9	6	0	1	0
比例/%	6.16	4.11	0.00	0.68	0.0
2~3分	101	59	3	73	10
比例/%	69.18	40.41	2.06	50.00	6.85
1~2分	36	81	61	72	127
比例/%	24.66	55.48	41.78	49.32	86.99
0~1分	0	0	82	0	9
比例/%	0.00	0.00	56.16	0.00	6.16

注：有参考答案条件下的诊断取前两次诊断的平均分，下同。

最后，对整理好的数据进行分析。最常用的解释内容分析数据的方式是使用某个时间发生的频率（如在数据中发现的某件事情发生的次数），以及某个事件占总体事件的百分比（或者比率）来进行描述。

① 丁弘正，李佳，王后雄. 高中生化学学习自我诊断能力的调查研究[J]. 化学教育，2014(15)：49-54.

资料卡片

内容分析研究的评价标准

评价一项内容分析研究至少需要依据六个方面的标准[①]：

研究假设：是否有明确的问题和假设？如果有推论，推论是否合乎逻辑？

抽样样本：样本是否有很好的代表性？样本的推论对于结论是否合理？

分析单位：分析单位是否明确？是否与分析内容相吻合？分析单位是否与结论推导在分析层面上一致？

内容类目的建构：分类标准是否由理论导出？分类标准是否统一？所划分的种类之间是否满足穷尽性和互斥性原则？分类是否详尽或有遗漏？

信度：研究报告是否有信度检验？不同的评分者能否得出同样的结论？

效度：研究者建立的分析单位和类目是否能测出所要测量的内容？

第三节　案例分析

案例一

职前化学教师教学反思能力及影响因素研究[②]

冯志均　李　佳　王后雄

华中师范大学化学教育研究所　湖北武汉　430079

案例分析

摘要：以已学习教师教育类系列课程的化学教育专业大三师范生为研究对象，分析其教学反思视频与教学反思日志，研究职前化学教师教学反思能力的广度和深度，并结合访谈探讨影响职前化学教师教学反思能力的主要因素。研究发现，职前化学教师的教学反思能力广度在2～8之间，其中反思到4个维度的最多，总体呈正偏态分布，69.1%的职前化学教师的反思不超过4个维度。职前化学教师的教学反思能力水平较低，47.1%处于技术合理性水平，仅8.7%处于批判反思水平。职前化学教师教学反思能力受到其自身教学反思知识、教师指导、反思环境等多重因素的影响，依据以上研究结果，对职前教师、教师教育机构提出了建议。

关键词：职前化学教师教学反思能力　教学效能感　教师专业发展职业意识

① 周翔. 传播学内容分析研究与应用[M]. 重庆：重庆大学出版社，2014：30.
② 冯志均，李佳，王后雄. 职前化学教师教学反思能力及影响因素研究[J]. 化学教育，2013(06)：57-60，63.

教学反思能力是指教师在职业活动中，把自我作为意识的对象，以及在教学过程中，将教学活动本身作为意识的对象，不断地对自我及教学进行积极、主动地计划、检查、评价、反馈、控制和调节的能力[1]。教育部最新颁布的《中学教师专业标准（试行）》，也充分强调教师要注重反思与发展，要主动收集分析相关信息，不断进行反思，改进教育教学工作，并阐明教学反思是促进教师专业发展的重要途径，教学反思是当前教师教育的热点[2-5]，但已有研究多关注在职化学教师，且经验总结多，实证研究尚欠深入。职前化学教师的教学反思能力如何，存在哪些问题，值得深入研究。因此，本研究旨在分析职前化学教师的教学反思意识、广度、深度以及存在的问题等。

确定目标是研究的第一步
此处必须对研究相关的概念和专业术语进行解释，否则会给读者阅读和理解带来不便

关于教学反思能力的含义和结构，D. A. Schon、Grimmet 和 Erickson[6]、申继亮和辛涛[1]等有不同的理解，本研究采用申继亮和辛涛对教学反思能力结构的定义，即个人效能感、职业意识、专业发展、计划与准备、课堂组织与管理、教材的呈现、言语和非言语的沟通、评估学生的进步、反省与评价，作为理论依据评估职前化学教师教学反思能力的广度。Sparks-Langer, Hatton 和 Smith, Van Manen 等对教学反思能力的水平也做了深入研究，本研究拟采用 Van Manen 等对教学反思能力水平的划分，即技术合理性水平、实践行为水平、批判反思水平作为理论依据评估职前化学教师的教学反思能力的深度，以期通过研究数据总结职前化学教师教学反思能力的现状，并分析其影响因素，为职前教师教学反思能力的培养提供参考。

1　研究方法

1.1　研究工具

本研究在文献的基础上，制定了职前教师教学反思能力维度-水平坐标（图 1）。该坐标横轴代表教学反思能力的 9 个维度，纵轴代表教学反思能力的 3 个水平。以此作为视频和文本分析的编码工具。

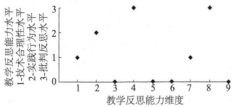

1-个人效能感，2-职业意识，3-专业发展，
4-计划与准备，5-课堂组织与管理，6-教材的呈现，
7-言语和非言语的沟通，8-评估学生的进步，9-反省与评价

图 1　教学反思能力维度-水平坐标

9 个维度的含义：个人效能感指教师对自我教学效果的认识、评价进而产生的对自我的价值感；职业意识指教师对教育在学生发展中的作用及

其职业生涯和工作环境未来发展的期望；专业发展指教师对专业建设以及自身专业发展的设计；计划与准备指在课堂教学之前，明确所教课程的内容、学生的兴趣和需要、学生的发展水平、教学目标、教学任务以及教学方法与手段，并预测教学中可能出现的问题与可能的教学效果；课堂组织与管理指在课堂上密切注意学生的反应，努力调动学生的学习积极性，随时准备有效地应付课堂上的偶发事件；教材的呈现指教学活动的开展，学生活动的促进；言语和非言语的沟通指教师的课堂语言（口头语言、肢体语言）、面部表情、精神状态等；评估学生的进步指教师对学生的提问、回答、作业等进行评价；反省与评价指在一堂课或一个阶段的课上完后，教师对已上过的课的情况进行思考与评价。

3 个水平的特征如下：技术合理性水平：是依据个人的经验对事件进行反思或进行非系统的非理性的观察，对客观问题进行描述。实践行为水平：教师不仅能够对客观结果进行描述，还能够根据教育目标对结果进行分析或者提出问题的解决策略。批判反思水平：教师以开放的意识，将道德和伦理标准整合到关于实践行为的论述中，能够认识教学中存在的问题，也能进行原因的辩证分析，还能够提出相应的解决策略。

1.2 研究对象

本研究对象为 M 大学 96 名在校 2009 级化学教育专业师范生，他们已经完成了化学教学论、教学技能训练、中学化学实验与教学研究等教师教育类课程的学习，均在教师的要求下写过教学反思日志，其中 7 名研究对象同时做过教学技能训练及中学化学实验与教学研究 2 门课程的教学反思，21 名研究对象在进行教学反思之前受到了教学论老师较为专业的教学反思指导。

> 具体说明分析单元，交代清楚研究对象的具体情况

1.3 研究资料收集

本研究首先采用文本分析法利用教学反思能力维度-水平坐标对职前化学教师教学反思的视频和文本进行编码，得出其教学反思现状，然后运用访谈法分析该现状产生的原因。

1.3.1 文本分析与统计

运用教学反思能力维度-水平坐标进行编码，以研究对象 S1 的编码为例进行说明，编码时以 (x, y) 形式进行记录，其中 x 代表教学反思能力的维度，y 表示教学反思能力的水平，例如（1，1）表示研究对象 S1 对个人效能感的反思水平为技术合理性水平；若研究对象未提及某项教学反思的内容则将该项反思内容的反思水平记为零，例如（3，0）表示研究对象未进行专业发展方面的反思。

> 讲清楚进行研究的数据是通过怎样的形式或者方式得到的

通过教学反思能力维度-水平坐标可以反映研究对象的教学反思所涉及的广度以及教学反思能力的最高水平，在分别对 96 名研究对象的教学反思视频和文稿进行编码后，初步统计、分析职前化学教师教学反思能力的深、广度现状。

> 讲清楚得到的是哪种数据资料，按何种公式或理论进行编码，才能进行数据处理

1.3.2 访谈

依据文本分析得出的结果，选取反思水平较高者 4 名、中等者 3 名、较低者 3 名作为访谈对象，根据自编教学反思访谈提纲对每位访谈对象进行 8～10 分钟的访谈，且访谈对象中 3 名同时做过 2 门课程的教学反思，4 名受过教学论老师教学反思方面的指导。研究者做好访谈记录，并进行整理。

1.4 研究的信度

2 名主试同时对 10 名研究对象的教学反思日志进行编码，并将编码结果进行一致性分析，皮尔逊系数为 0.791，证明本研究具有良好的信度。

2 研究结果

2.1 职前化学教师教学反思能力的广度

职前化学教师教学反思能力的广度分布如图 2 所示，研究对象的教学反思广度基本呈正偏态分布，69.1%的职前化学教师教学反思所涉及的广度不超过 4。其中反思涉及 4 个维度的所占比例最高，为 31.7%，只有 1.0%的研究对象反思到 8 个维度，无研究对象对 9 个维度进行全面反思。

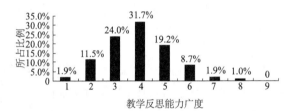

图 2　职前化学教师教学反思能力的广度统计图

职前化学教师对每个维度反思的百分比如表 1 所示：9 个维度中，个人效能感（84.9%）、计划与准备（78.3%）和言语和非言语的沟通（57.5%），3 项被反思得最多；而专业发展（17.9%）、反省与评价（15.1%）2 项被反思得最少。

表 1　职前化学教师教学反思能力分维度统计表

反思维度	个人效能感	职业意识	专业发展	计划与准备	课堂组织与管理	教材的呈现	言语和非言语的沟通	评估学生的进步	反省与评价
人次	90	56	19	83	38	32	61	33	16
比例/%	84.9	52.8	17.9	78.3	35.8	30.2	57.5	31.1	15.1

2.2 职前化学教师教学反思能力水平

职前化学教师教学反思能力水平分布如表 2 所示，可以看出职前教师教学反思能力水平整体较低，处于技术合理性水平的比例为 47.1%，实践行为水平的比例为 44.2%，只有 8.7%的研究对象处于批判反思水平。

表2　职前化学教师教学反思能力水平统计表

反思水平	技术合理性水平	实践行为水平	批判反思水平
比例/%	47.1	44.2	8.7

根据表3的数据分析，在反思水平方面，言语和非言语的沟通（技术合理性水平：43.4%，实践行为水平：9.4%，批判反思水平：1.0%）和计划与准备（技术合理性水平：57.3%，实践行为水平：21.9%，批判反思水平：6.3%）2项最高，反省与评价反思水平较低（技术合理性水平：11.5%，实践行为水平：3.1%，批判反思水平1.0%）。

表3　职前化学教师教学反思能力水平分维度统计表

反思维度 ＼ 反思水平	技术合理性水平		实践行为水平		批判反思水平	
	人次	比例/%	人次	比例/%	人次	比例/%
个人效能感	75	78.1	14	14.6	0	0.0
职业意识	37	38.5	17	17.7	2	2.1
专业发展	12	12.5	4	4.2	6	6.3
计划与准备	55	57.3	21	21.9	6	6.3
课堂组织与管理	31	32.3	5	5.2	1	1.0
教材的呈现	21	21.8	9	9.4	1	1.0
言语和非言语的沟通	42	43.4	9	9.4	1	1.0
评估学生的进步	42	43.4	14	14.6	4	4.2
反省与评价	11	11.5	3	3.1	1	1.0

3　研究发现与讨论

3.1　职前化学教师教学反思现状

研究发现，大部分职前化学教师能够从多个维度进行教学反思，特别是个人效能感、计划与准备、言语和非言语的沟通3个维度，但是对专业发展、反省与评价反思得较少，这说明职前教师在教学反思时较重视教学设计、教学语言（包括肢体语言）以及教学胜任力等显性维度，但对更为长远的专业发展，以及促进专业发展的反省与评价等更深层次的隐性维度关注不足，这不仅说明职前化学教师反思维度的偏狭，也反映出职前化学教师反思能力的不足。

大部分职前化学教师能够发现教学中的问题，但是很少客观地分析产生问题的原因并提出合理的改进措施。仅有少部分职前化学教师既能发现教学过程中出现的问题又能分析原因并提出对策，教学反思水平相对较高。但他们的较高水平反思维度也仅局限在教学设计与教学语言等显性、表层维度。

针对研究问题，结合数据分析得出研究结论，并对产生该结论的原因加以讨论

总结反思的广度

总结反思的深度

根据访谈结果分析，大多数职前化学教师有反思的意识，但还不够强烈，只有少部分职前教师能够做到较高频率的反思，且反思形式比较单一，绝大多数采用个人思考的方式，除教师专门组织外，职前教师个体很少会考虑进行集体反思。

S5：每次都会进行反思，多数为自己的反思，偶尔会写成 QQ 日记，以便发现自己教学中的问题，在以后教学中多注意改正。

S1：每次进行模拟授课之后都会反思，由于指导老师要求我们将模拟授课视频中的语言逐字记录分析，所以我平时做的最多的是教学语言方面的反思。

另外，职前化学教师对教学反思的理解存在误区，一些学生认为教学反思只是发现教学中的问题以改正自我，提升教学，从而忽视了教学反思的另一功能——"扬长"，即肯定和鼓励自我在教学中的优势，因而一部分职前教师认为若模拟授课效果好就不需要反思，或者只是简单反思。

S3：偶尔进行反思。特别是自己模拟授课效果较差的时候会比较深入地反思，以便自己在下次课有进步，但是要是模拟授课比较好就不怎么反思。

3.2　影响职前化学教师教学反思能力的因素

职前化学教师教学反思能力的深、广度受到多重因素的影响，可分为职前化学教师自身的内部因素和职前化学教师之外的外部因素。

3.2.1　内部因素

职前化学教师自身的反思意识、知识储备、反思态度等，都会影响职前化学教师的教学反思能力。职前化学教师若具有较强的反思意识，其进行教学反思的深、广度一般处于较高水平；职前化学教师自身教学理论知识较丰富、扎实，其教学反思的能力水平一般较高；职前化学教师对待教学（模拟授课）的态度端正，其反思能力水平较高，维度较广；职前化学教师自身所具备的个性特点影响教学反思效果，部分职前教师会因反思时的心情不同而表现出不同的反思水平。

S5：我觉得自己进行反思的心情会影响我教学反思的维度和水平，因为我心情不好的时候会什么都不想做，所以那个时候做教学反思的话会比较表面。（个性特点）

S6：要是之前进行过的而教学反思对自己的教学没多大的改进的话，我就会认为教学反思是一种可有可无的工作，就不会有意识地去做反思。（反思意识）

S8：内在的影响包括自身反思的能力（理论知识是否扎实）、反思的态度（认真不认真是有很大的差别的）。（知识储备、反思态度）

S10：我想这个的话，一个就是刚才提到的有视频录像，这样就有资料可以供自己或他人反复看，从而可以采取一些量性的评价手段，比如说可以得到整堂课教师和学生语言行为分别占多少，提问的时候简单的回答、

（右侧批注）
结合访谈讨论反思广度不够、深度不足的原因

探讨影响教学反思能力的因素

结合访谈数据分析内部影响因素

发展性的问答占到多少等。当然这里涉及自己是否知道或掌握这些量性评价的具体方法。（知识储备）

3.2.2 外部因素

教学内容、教师指导、教学环境是影响职前化学教师反思能力的外部因素，教学内容的不同会导致职前化学教师教学反思的广度和深度有所不同。由于不同的教学内容具有不同的特色，因而开展教学反思的侧重点会有所不同。例如，理论教学和实验教学的教学反思因其教学内容各具特色，实验课教学反思更侧重于学生实验活动的推进。教师的指导同样也会影响职前化学教师的教学反思深、广度。研究发现，若教师在课堂上对职前教师进行反思的方向或者标准做出一定的要求，职前教师大多会根据教师给出的方向和标准进行反思，其反思的深、广度更佳。教学时间的充裕与否也会影响到教师教学反思的深、广度。

S5：我觉得老师的指导很重要，因为我们起初都不知道如何进行反思，如果老师提示一下教学反思的范围和方向的话，最后反思的效果会比较好。

S8：外在的影响包括老师的指导、教学的内容不同。

S10：像微格和实验的时候都会有相互评价的环节，这时候就可以结合他人对自己的评价进行比较深入的反思，毕竟有了方向也更好下手。

S6：我觉得可能时间问题影响教学反思的效果。若时间比较紧凑，没时间进行反思，进而反思的深度和广度会不同。

图 3 和图 4 分别表示教师的指导作用对职前化学教师教学反思能力的广度和水平的影响。在教师的指导下，职前化学教师教学反思的广度（广度：3～8）相比未得到指导的职前化学教师（广度：1～7）有很大提高，教学反思的水平处于实践行为水平和批判反思水平的比例也明显提高。

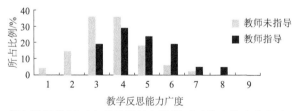

图 3　教师指导作用对职前化学教师教学反思能力的广度影响比较图

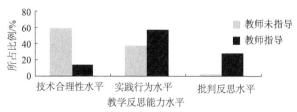

图 4　教师指导作用对职前化学教师教学反思能力的水平影响比较图

结合访谈和量化比较两种方法，讨论影响教学反思能力的外部因素

3.3　提高职前化学教师教学反思能力的建议

3.3.1　职前化学教师

职前化学教师肩负着国家未来化学教育的重任，教学反思能力关系到职前教师自身发展以及未来化学教育教学质量。因此，职前化学教师应从教学反思知识、反思意识、反思手段等方面入手，提升自身的教学反思能力。

（1）以自学、同伴互助、专家引领等方式补充教学反思知识，充分认识教学反思的维度与水平，针对性地加强理论知识向实践知识的转化，在重视教学设计、教学语言等方面反思的同时，有意识地加强在专业发展、反省与评价等维度的反思，提高问题意识，及时发现教学中的问题和优势，客观分析原因及解决措施，提升教学反思水平。

（2）增强自我反思意识，丰富反思形式。在进行模拟授课的过程中，时刻提醒自己进行教学反思，增强自身教学反思的主动性，无论模拟授课效果的好坏，都有意识地进行反思以做到"扬长避短"，提升教学能力。

（3）充分利用模拟授课视频，详细记录模拟授课后教师和同学的反馈与点评进行教学反思。模拟授课视频很好地记录了授课者的教学过程，职前教师可以利用授课视频，反复观看，从教学反思的各个维度开展反思，找出自身存在的不足以及优势，从而改进不足，发扬优势，对于模拟授课结束后教师的点评和学生的建议，职前教师应该详细记录，广泛听取他人的意见和建议，从多角度审视教学效果，提升专业能力。

3.3.2　教师教育机构

师范院校可以在教师教育课程中开设教学反思专题，增强职前教师教学反思的意识。如在初次模拟授课时，教师在课堂上有意识地提醒职前教师进行教学反思，并且对教学反思提供相关的指导，引导师范生进行规范的教学反思，使他们把握反思内容及方向，并能正确诊断自身的教学能力，为职前教师提供实践机会，促进教学反思实践知识的增长。教师利用课堂，要求职前教师在每次模拟授课后进行教学反思或对他人授课进行评价，培养职前教师进行教学反思的习惯，提升教学反思的能力。

> 针对职前化学教师教学反思能力的不足，结合影响因素，从职前化学教师自身和教师教育机构两方面提出改进建议

参 考 文 献

[1]申继亮, 辛涛. 论教师教学的监控能力[J]. 北京师范大学学报（社会科学版），1995
　　（01）：67-75.

[2]王波儿. 中学教师教学反思现状[J]. 教师新概念, 2010（02）：56-57.

[3]郭艳玲. 中学化学教师教学反思情况的调查研究[D]. 济南：山东师范大学学位论文,
　　2008.

[4]姜建文, 盛寿日, 刘晓玲, 等. 基于国培项目的农村初中化学骨干教师教学反思的调
　　查与思考[J]. 化学教育, 2011（09）：49-52.

[5]邓小林. 新课程化学教学反思存在的问题及改进策略[J]. 化学教育, 2012（11）：31-33.

[6]刘加霞, 申继亮. 国内外教学反思内涵研究述评[J].比较教育研究, 2003（10）：30-34.

研究分析

目的：文章题目明确了研究目标，且文章第一段根据教育部最新颁布的《中学教师专业标准（试行）》文件充分强调教师要注重反思与发展，要主动收集分析相关信息，不断进行反思，改进教育教学工作，教学反思是促进教师专业发展的重要途径等来阐明研究的重要性。文章也指出已有相关研究多集中于在职化学教师，实证研究尚欠深入，因此，作者提出对职前化学教师的教学反思能力做实证研究，具体分析职前化学教师的教学反思意识、广度、深度及存在的问题等。

定义：文章第一段明确给出教学反思能力的定义，并且文章第二段梳理了不同研究者对教学反思能力的定义与结构界定，采用了比较权威的研究者对教学反思能力结构的定义与教学反思能力水平的划分来支撑研究。

前行研究：限于篇幅，文章概括性描述了前行研究的主要特征与不足，重点分析了本研究的理论基础，即教学反思的含义、结构与水平，为本研究的内容分析编码提供理论依据。

抽样：文章具体说明了分析单元，选取 M 大学 96 名 2009 级在校化学教育专业师范生，清楚地交代了研究对象的具体情况。

手段：本研究的研究程序、研究方法、研究结果等紧密联系研究问题，借鉴已有研究中教学反思能力的结构：个人效能感、职业意识、专业发展、计划与准备、课堂组织与管理、教材的呈现、言语和非言语的沟通、评估学生的进步、反省与评价作为理论依据评估职前化学教师教学反思能力的广度；采用已有研究对教学反思能力水平的划分：技术合理性水平、实践行为水平、批判反思水平作为理论依据评估职前化学教师教学反思能力的深度。先采用内容分析法利用教学反思维度-水平坐标对职前化学教师教学反思的视频和文本进行编码，得出其教学反思现状，然后运用访谈分析该现状产生的原因。整个过程描述比较充分，清楚地说明数据是通过怎样的形式或方式得到的，并且清楚地交代数据资料的类型。

评分者信度：文章也给出了研究的信度，将编码结果进行一致性分析，皮尔逊系数为 0.791，证明本研究具有良好的评分者信度。

数据分析：本研究数据分析采用图表形式展示，对职前化学教师教学反思能力的广度的各维度占比作图，并以表的形式统计职前化学教师教学反思能力的广度与水平。作者对数据的处理与总结科学合理，统计结果的解释正确、恰当，图表处理美观。

结果：本研究结果呈现科学合理。对于教学反思现状研究发现，大部分职前化学教师能够从多个维度进行教学反思，特别是个人效能感、计划与准备、言语和非言语的沟通 3个维度，但是对专业发展、反省与评价反思得较少等。本研究对影响职前化学教师教学反思能力的因素从内外两方面总结，并以相应的证据进行了较为充分的论证。

解释/讨论：作者对研究的数据进行了讨论与分析，对本研究进行了比较系统的描述，并且依据研究结论对提高职前化学教师教学反思能力提出相应的建议。但是作者没有指出本研究的局限性和继续研究发展的前景。

案例二

现行课程标准中核心素养指标的确定与内容分析[①]

一、研究思路

1999 年 6 月，《中共中央国务院关于深化教育改革全面推进素质教育的决定》颁布，把推进素质教育确立为党的教育方针，明确提出要建立基础教育课程新体系。2001 年，在党中央、国务院的领导下，教育部颁布了《基础教育课程改革纲要（试行）》等一系列文件。由此，我国正式启动了新一轮基础教育改革。2001 年 7 月，教育部印发了义务教育 20 个学科的课程标准（实验稿），初步建构了符合时代要求，具有中国特色的基础教育课程体系。十年的课改实践，极大地推动了教师教育观念的转变，促进了教师对教育本质的深刻理解，调动了广大中小学生和教师参与改革的积极性，教师们带着实践中的困惑和改革的热情，踊跃投入到课改之中。课程标准在教育实践中取得了显著成效，同时，在课程改革标准执行过程中，也反映出还有一些内容与要求有待进一步调整和完善。

在全面梳理课程改革的成功经验和存在问题的基础上，为贯彻落实《国家中长期教育改革和发展规划纲要（2010—2020 年）》，适应新时期全面实施素质教育的要求，国家对义务教育各学科课程标准进行了修订完善。2011 年正式颁布义务教育各学科课程标准，并于 2012 年秋季开始执行。修订后的义务教育课程标准坚持"以人为本"的科学发展观的改革方向，与时俱进，着眼于学生能力素养的提升，对学生的能力素养提出了新的要求。这些新的要求，是课程标准在注重更新观念、借鉴国外课程理论，总结我国教育经验的基础上提出来的，极大地增强了课程标准的现代意识，有利于培养适应 21 世纪需要的人才。修订后的课程标准还兼顾了不同学科间的知识衔接，突出各门课程跨学科能力的培养，同时，更加注意增强课程标准的指导性、规范性，进一步精练课程标准的语言叙述方式，尤其突出了"内容标准"中的可评价性与可操作性。

修订与完善课程标准是一个渐进而长期的过程。针对现行基础教育阶段学科课程标准是否真正体现了培养未来人才应具备的素养，本章对义务教育阶段和高中教育阶段的 34 门现行课标进行深入分析，旨在提取现行课标中涉及的各项"核心素养"，以及这些"核心素养"的分布与结构，根据这些"核心素养"在课标中的提及频率及分布比重，来考察现行课标和核心素养的关系，以期为未来学生核心素养的培养和课程目标的设置提供参考和依据。

二、研究过程与方法

（一）确定课程标准

选取我国 34 门现行的课标进行研究，其中义务教育的 19 门为 2011 年版，高中教育阶段的 15 门为 2003 年版。

1. 义务教育阶段的课标包括：

语文、数学、英语、日语、俄语、生物、化学、物理、初中科学、历史、地理、历史

---

① 林崇德. 21 世纪学生发展核心素养研究[M]. 北京：北京师范大学出版社，2016：184-188.

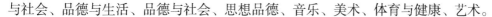

与社会、品德与生活、品德与社会、思想品德、音乐、美术、体育与健康、艺术。

2. 高中教育阶段的课标包括：

语文、数学、英语、日语、俄语、生物、化学、物理、历史、思想政治、音乐、美术、体育与健康、技术、艺术。

（二）确定核心素养指标

在综合核心素养国际比较研究结果，以及前期座谈和问卷调查研究的基础上，我们整理并界定出来 35 种核心素养（见表 1），由于我们的课标采用的是自下而上的方式，试图归纳出不同课标中所包含的各种核心素养，因此我们事先无法预知课标究竟包含多少核心素养，为了防止遗漏课标中可能存在的其他核心素养，我们对各学科先进行了初步分析，分析时并不仅限于以下 35 种核心素养，如果还体现了其他新的核心素养，我们将具体分析并命名。在这一原则下，通过对各学科课标的初步分析，我们发现人生观、价值观和世界观很难用以下 35 种核心素养概括，因此我们又增加了"价值观"这一指标，最终本次课标分析一共设计 36 种核心素养。

表 1　核心素养指标及其内容表述

	核心素养	内容表述
1	沟通与交流能力	与他人建立良好的关系，以书面或口语的形式交流，学会共处，交流能力，交流沟通，交际能力，交流表达，沟通能力，社交能力，交流信息，沟通表达，交流者
2	团队合作	在团队中与人合作，合作能力，与他人合作，在团队中合作与工作的能力，与他人合作及在团队中工作的能力
3	信息技术素养	互动地使用信息、技术，数字化素养，收集和使用信息，信息素养，信息与技术，使用技术的基本知识和能力，掌握资讯与通信的常规技术，培养创造科技的能力，尤其是信息和通信的技术，运用符号的能力，使用科技信息
4	语言素养	有效运用口语和书面语言，交流，阅读和写作能力，口语表达、书面表达，陈述解释的能力，掌握语法，运用语言、文字符号的能力，阅读理解，外语交流，使用外语，世界语言，运用一门外语，外语能力
5	学习素养	学会学习，学会求知，学习能力，学习技能，个人学习能力，独立进行学习的能力，学会如何学习，求知
6	独立自主	独立行动，独立，自我导向，独立的公民，独立的调查者，独立自主，自主，自立
7	数学素养	数学能力，数学素养，掌握数学知识，使用数字，掌握数学基本知识，通过数字表达和理解知识信息，数的概念和应用
8	计划、组织与实施	在复杂的大环境中执行，形成并执行个人计划，基于目标的计划与管理能力，执行任务的能力，计划与组织，组织、计划活动，制订个人计划并严格执行，规划、组织与执行，组织与规划能力
9	自我管理	认识自己的能力，自我管理，对自我能力的元认知评价，管理自我，了解自我，为自己发声
10	创新与创造力	创造意识，创新进取，创造力和创新技能，创造性的思考，创造力与批判精神，创造能力、创新思考，敢于冒险
11	问题解决能力	问题解决能力，问题解决技能，问题解决，思考者（解决复杂问题）
12	主动探究	主动意识、主动性，进取心，主动进取精神，主动参与的积极性，主动参与研究，探究者

续表

	核心素养	内容表述
13	社会参与和贡献	富有责任心，铭记社会的总体利益，积极参与的公民，社区参与，理解欣赏本国政治体制及时政，参与和贡献，社会参与和责任
14	公民意识	公民素养，生产力和社会义务，行使公民权利的能力，公民意识，道德判断和社会正义伦理的观念，保护、维护权利和利益，展现人类的整体价值并建构文明的能力
15	尊重与包容	尊重，重视多样性和尊重他人，尊重自己和他人，尊重与关怀，尊重有同情心的人，包容
16	科学素养	科学素养，科学精神，掌握科学知识的能力，具备科学文化
17	多元文化	跨文化技能，文化认同，认同和文化的多样性，文化学习、多元包容，胸襟开阔的人
18	健康素养	健康素养，身心健康，全面发展健康，健康的生活方式，健康的生活模式
19	国际意识	全球化思维，国际化，全球化，国际意识
20	生活管理能力	生活管理的技能，处理金钱相关事物的能力，生活态度，与生活相关的逻辑能力
21	自信心	学习的动机和自信心，自信乐观的生活态度，自信心，信心
22	生涯发展与规划	职业技能，各种创业方法，生涯规划
23	冲突解决能力	管理与解决冲突，解决冲突，处理冲突
24	可持续发展意识	可持续发展的责任，可持续发展观，节约精神
25	反思能力	反思性，回顾与评价，反思能力，反思者
26	适应能力	适应改变，适应性与灵活性
27	情绪管理能力	情绪智力，情感能力
28	环境意识	环境意识，理解并关心自然环境的管理、生态维持与发展
29	审美能力	欣赏与表达，审美能力（欣赏、美感、表达）
30	法律与规则意识	保护及维护权利、利益、限制和需求，有原则的人
31	安全意识与行为	安全与交通
32	国家认同	认知自己的中国公民的身份，对国家有强烈的认同感和归属感，具有民族自尊心、自信心和自豪感，将个人与国家命运相联系，以振兴中华、建设中国特色社会主义为己任
33	实践素养	结合已有的知识技能、利用已有资源，解决实际问题，理论联系实际
34	伦理道德	宽仁友爱的品质，尊重生命，心怀感恩，宽以待人，诚实守信的品质，对人守信，对事负责，言行一致，坚持公平正义，明辨是非，待人对事公正，富有正义感
35	人文素养	人文科学知识与方法，关注人、尊重人，具有人文精神
36	价值观	人生观、世界观、价值观

1. 内容分析的编码原则

本章分别对义务教育和高中教育阶段的 34 门课标进行分析，分析方法借鉴了内容分析法。内容分析法是一种主要以各种文献为研究对象的研究方法。早期的内容分析法源于社会科学借用自然科学研究的方法，进行历史文献内容的量化分析。内容分析具有系统性、客观性、量化性三大优点。它能将非定量的文献材料转化为定量的数据，并根据这些数据对文献内容做出定量分析和做出关于事实的判断和推论，而且它对组成文献的因素与结构的分析更为细致和程序化。本章以句子为单元进行内容分析，分析编码的基本原则如下：

（1）首先明确国际比较研究和我们所整合出的 36 种核心素养的内涵界定。在各学科课标内容编码分析中，如果课标内容出现的核心素养包含在 36 种核心素养中，则统一使用与其内涵相应的核心素养来命名。

（2）内容分析以句为单位进行编码。在每一句中，若确实存在一个以上核心素养内容，分别编码，以义务教育物理课标为例，如"此阶段的物理课程不仅应注重科学知识的传授和技能的训练，而且应注重对学生学习兴趣和创新意识的培养"，"科学知识"和"科学技能"是属于科学素养的两个方面的内容，就记为"科学素养"两次，而"学习兴趣""创新意识"则分别记为"学习素养"和"创新与创造力"各一次。一句话中如果相同的词或词组多次重复，则记为一次。

（3）注意课标中内容的指向，只对直接指向学生培养的句子进行编码，阐述学科特点或指向教师培养的内容不编码。

（4）编码的核心素养需要标记它在课标中所处的位置。具体来说就是标记出该核心素养处于前言、课程目标、课程内容和实施建议这四部分中的哪个部分。

2. 研究步骤

（1）所确定分析的学科标准：确定 34 门学科课程标准为分析目标，包括义务教育阶段的 19 门 2011 年版课程标准和高中教育阶段 15 门 2003 年版课标。

（2）界定核心素养并确定核心素养指标：整合国际组织、主要国家和地区所列出的核心素养以及我们前期通过座谈和问卷调查研究得出的核心素养，在此基础上初读课标搜寻可能遗漏的核心素养，最后确定了 36 种核心素养指标。

（3）采用内容分析并确定分析编码的基本原则：运用具有系统性、客观性和定量性等优点的内容分析对课标进行分析，并且确定了内容分析编码的基本原则。

（4）以句子为单位进行编码：将每个学科的课标以句子为单位进行划分，然后依次对每个句子中所涉及的核心素养进行编码。

（5）对编码结果进行统计与分析：按不同核心素养以及不同学科对编码结果进行统计分析并制作图表。

（6）对统计分析的结果进行解读：对统计分析的结果进行解读和阐释，最后针对分析结果提出总的结论。

讨论

1. 结合化学教育研究实例，说明内容分析法的优点和缺点分别是什么。

2. 阅读本章案例—《职前化学教师教学反思能力及影响因素研究》，试分析该研究在使用内容分析法时是否存在不足。

3. 什么情况下适合使用内容分析法？什么情况下不适合？请举例说明。

研究练习

1. 从你所看过的文献中，找出一篇用内容分析法研究的文章，并说清楚它的每个操作步骤是如何做的。

2. 尝试用内容分析法对人教版高中化学教科书中科学本质观教学资源进行分析。

小结

1. 内容分析法是一种对研究对象的内容进行深入分析，透过现象看本质的科学方法，在发展的历程中广泛地运用到了新闻、图书情报等行业，因为内容分析法能被应用于研究任何文献或者有记录的交流和实践，因此它的应用领域广泛。所以在化学教育研究当中，内容分析法也占有很重要的位置。

2. 选择内容分析的理由：获得某一种或其他种类的属性信息，对假设进行检验，检验其他的研究结果或者获得有关处理一些教育问题的有用信息。

3. 常见的内容分析包括：频数分析、质量分析、相关性分析三种类型。根据内容分析法的演变又可分为解读式、实验式、定性式三类。

4. 内容分析通常包括：确定分析目标、定义相关术语、明确分析单元、挖掘相关数据、论述基本原理、规划抽样计划、确定编码类别和实施数据分析八个步骤。

第十章 资料分析与统计

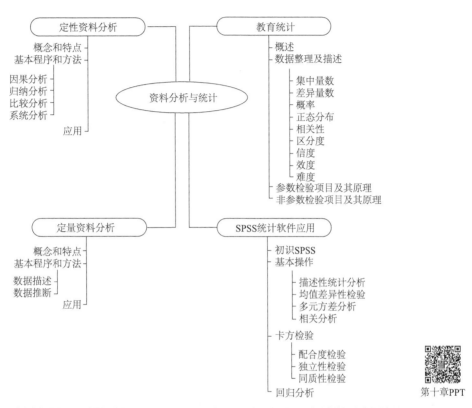

第十章PPT

学习目标

◇ 能够描述定性资料分析和定量资料分析。

◇ 了解定性分析与定量分析在化学教育研究中的应用。

◇ 掌握描述统计分析的基本方法，能编制统计图表，计算集中量数、差异量数和相关系数。

◇ 学会使用推断统计分析的基本方法，包括总体参数的估计和假设检验。

◇ 掌握使用 SPSS 进行数据处理与分析的操作。

　　教育研究的任务是从表面杂乱无章的现象中，通过偶然的、零乱的事件去看清事物的面貌，发掘和研究被掩盖了的规律，认识和掌握事物的本质。为了完成这一任务，就需要对经过整理的丰富事实资料进行分析。当前教育科研的一个重要特点，就是强调定性分析和定量分析的结合，数量和非数量资料的结合。

第一节　定性资料分析

　　在化学教育研究中的定量分析提供以"量"为基础的可靠性分析，它往往比举一些典型的事例有说服力，但是它并不排斥定性分析。定量分析在定性分析的配合下，使"量"在"事实"的映衬下，更有感染力和说服力。在化学教育研究中应用定性分析，通过枚举事实材料证明论点。对资料定性分析，从而对教育因果关系做出判断，为进一步研究建立假说，进而设立新的研究课题。

一、定性分析的概念和特点

　　化学教育研究资料的定性分析（qualitative analysis）是指运用科学的思维方法对搜集的经过整理的非数量资料，去伪存真，由表及里，形成对化学教育现象或事物理性认识的过程[①]。
　　定性分析具有四个方面的特点。
　　（1）定性分析是对已有经验的理性加工。定性分析的材料一般是研究人员在长期的教育实践中，在自然状态下积累获得的。研究人员在教育理论指导下，对这些材料进行分析、综合、比较、抽象、概括等逻辑思维加工，找出其中的规律。但是，个体的经验研究往往表现出差异性，这是因为同样的教育实践，不同的教师有不同的经验，不同的教师对经验加工的理性结果也会有很大差异；另外，有时定性分析结果精确性、科学性受到限制。
　　（2）定性研究关心的是过程，而不只是关心最终的研究结果和产品。定性研究表现出对研究过程的敏感性、真实性的记录。
　　（3）定性研究是描述性的。定性研究搜集资料的方法主要有参与观察、深度访谈、实物分析等，资料的表达通常采用文字或图片的方式，研究中描述的主要依据是交谈记录的副本、现场笔记、照片、录像带等。
　　（4）定性分析对教育具有直接作用。这是因为，教师通过对已有的经验进行理性加工，可以加深对相关问题的认识，直接指导教学。另外，对于定性分析的内容和方法等，教师比较熟悉，容易借鉴和推广。

资料卡片

定性资料分析的注意事项

　　1. 资料的真实性。定性分析的资料是大量的非数量资料，这些资料应是真实的、典型的、实质性的材料。应当知道这些资料的获取和描述可能有片面性或主观性，应当持批判态度去分析这些材料的真实性和可靠性。
　　2. 分析的合理性。思维的方法主要有分析、综合、抽象、概括和推理。正确的思维不仅要遵循一定的科学法则，而且对得到的结论进行反复推敲和验证。
　　研究人员应该尽可能全面地搜集资料，并科学地分析这些资料，摒弃其中非本质、非主要的因素，探求教育现象或事物的本质。

　　① 朱铁成. 物理教育研究[M]. 杭州：浙江大学出版社，2002：13-16.

二、定性分析的基本程序和主要方法

（一）定性分析的基本程序

（1）按照研究课题的性质确定定性分析的目标及分析材料的范围。

（2）对资料进行初步的检验分析。

（3）选择适当的定性分析的方法，确定定性分析的维度。

（4）对资料进行初步的归类分析。通过归类，排列类别层次，区分不同情况下材料的差异，分析不同分类是否具有不同的意义及事情发生是否有先后次序，进而鉴定各因素之间是否有相关或因果关系，寻求研究对象的特质规范。

（5）对定性分析结果的信度、效度和客观度进行评价。

（二）定性分析的主要方法

1. 因果分析

因果分析是确定事物之间存在的原因和结果关系的分析，它主要回答为什么事物是这样的。其实施的基础是辩证决定论的普遍联系观，即任何事物或现象都不是偶然的，其产生、发展和变化都有必然的内在和外在原因。因果分析的具体方法有很多种，在定性分析中主要有求同法、求异法、求同求异并用法、共变法、剩余法等。

2. 归纳分析

归纳分析就是从具体的、个别的现象出发，概括出一般性或普遍性结论的思维方法。归纳分析法的具体方式包括：完全归纳法、简单枚举法。

完全归纳法是研究者在观察、研究发现了某一类事物中的每一个体都有某一属性后，推断出该类全体都有某一属性的归纳方法。

简单枚举法又称不完全归纳法，是指不对研究对象的所有具体事实或所有要素加以考察，而只考察其中一部分事实或要素而得出一般性结论的方法。

3. 比较分析

比较分析是把两个或两类现象，根据一定的标准进行比较，从而确定它们的共同点和不同点的逻辑思维方法，各种教育现象或事物是相互联系又相互区别的，总是既有共同点又有不同点。这种存在于事物中的异同点，是进行比较分析的客观基础。具体来说，比较分析主要有同类比较与异类比较、纵向比较与横向比较、宏观比较与微观比较等几种形式。

在运用比较分析的方法分析教育科研资料时，应注意以下几点。

第一，保证事物间的可比性。可比性指比较对象之间具有一定的内在联系，并能用同一个标准去衡量和评价。保证可比性要做到：比较的标准要统一，比较的范围、项目要一致，比较的客观条件要相同。

第二，比较要有一定的标准。没有标准，或标准不合理、不稳定，都不能进行比较。

第三，用于比较的资料必须准确可靠，具有客观性；能反映普遍情况，具有代表性；能反映研究对象的本质，具有典型性。

4. 系统分析

系统分析是将被研究者的教育活动及其相关因素看作一个系统,其中不同层次的活动或因素又可以成为不同层次的系统。对于与某一系统有关的研究资料,研究者从系统论的视角,把对象及相关因素放在系统的形式中加以研究,考察研究对象整体与部分、部分与部分、整体与外部环境之间的相互制约关系,从而获得一些可信的研究结论。还可以将这一系统的动态变化过程看作一个系统的演化过程,考察其中的变化机制和相关教育教学活动的逻辑结构。

进行系统分析,要注意从对象(系统)的要素、结构、功能、发展过程多方面进行分析。因此系统分析包括层次分析、结构分析、功能分析、要素分析和历史分析等。

三、定性分析在化学教育研究中的应用

(1)推断问题的性质。通过定性分析可以推断研究问题的性质。

(2)枚举事实,证明论点。通过枚举事实材料,证明论点。

(3)定性分析与定量分析相结合证明论点。教育研究中的定量分析提供以"量"为基础的可靠性分析,它往往比举一些典型的事例有说服力,但是它并不排斥定性分析。定量分析在定性分析的配合下,使"量"在"事实"的映衬下,更有感染力和说服力。

(4)分析归因,提出假说。对资料定性分析,从而对教育因果关系做出判断,为进一步研究建立假说。当然,对于这个因果判断,研究人员要验证这个假说的正确性。同时研究人员要进一步思考,如何调整和改进教学来激发学生学习的兴趣,帮助学生提高学习成绩,进而设立新的研究课题。

思考题

1. 试举出定性分析的主要特点。
2. 请简述定性分析的基本流程。
3. 说出至少 3 种定性分析的方法。

第二节　定量资料分析

定性分析虽然在化学教育研究中被广泛使用,但容易受到研究人员主观因素的影响,从而影响分析的客观性。在很多情况下,定量分析以"数据服人",受到越来越多的研究人员的重视。

一、定量分析的概念和特点

定量分析(quantitative analysis)是指把研究搜集的资料量化,并采用数学的方法进行分析研究,对研究的问题做出理性认识的过程[1]。定量分析具有三个方面的特点。

---

[1] 朱铁成. 物理教育研究[M]. 杭州:浙江大学出版社,2002:13-16.

（1）定量分析往往要控制实验条件。一般的实验研究属于定量研究，它要对研究的对象加以干预和控制，多采用系统观察和测量、随机抽样调查或全面调查的方法，有时还要借助科学仪器测量以获得客观的数据。另外，定量研究者在实验条件下研究，可以把研究目标以外的种种影响排斥在研究之外。

（2）定量研究只关注事前与事后的测量。定量研究带有很强的精确性和确定性，而且它有一个标准化的程序，使用数学方法对事前、事后作出一个量的刻画，用数学语言表示事物的状态、关系和过程。

（3）定量分析主要应用数学统计分析的方法。定量研究收集资料的主要工具是"非人的手段"（如量表、问卷或实验）。定量分析的对象是具有数量关系的资料，包括数字、文字等，这些资料是可测量、可统计的。定量分析主要采用数学方法对获得的资料和研究结果进行统计、分析和处理。研究得出的结论是概括性的、普适性的、不受背景约束的。

资料卡片

正确运用定量分析的注意事项

1. 数量资料具有较高的效度与信度

定量分析的资料是数量资料，是通过教育研究的各种方法和手段搜集和处理的，进行定量分析时应保证这些材料本身有较高的效度与信度。

2. 统计方法的针对性和效用性

化学教育研究的定量分析主要用到数学统计方法。而每一种统计方法都有一定的使用条件和特定的用途。要有效地运用定量分析的方法，需要明确这些定量分析方法的应用范围和条件，并能正确熟练运用这些数学方法。

3. 定量分析与定性分析结果相结合

运用定量分析对教育数量资料进行处理，可以获取有价值的教育信息。但定量分析不是万能的，它往往是通过数学工具，对数学资料做出一种概率判断，而不是绝对化的断定。它应当与定性分析相结合。如果教育研究者置身于一大堆数据之中，而缺少生动的深层次的事实，则不能充分说明研究的真实性。因此，研究者应当注重定量分析和定性分析相结合。

二、定量分析的基本程序和主要方法

（一）定量分析的基本程序

定量分析的程序包括：①确定定量分析的具体目的、任务、要求。②按照研究课题的性质、数据的类型、数据的分布选定适当的定量分析方法。③做好统计分析前有关资料的整理准备工作。④计算机统计数值与统计推论。

（二）定量分析的主要方法

定量分析方法主要借助教育统计方法，常用的有数据描述和数据推断两种。数据描述主要用于特征分析，通过一些概括性量数来反映数据的全貌和特征，分为集中量数、差异量数和相关系数。数据描述只是对样本观察的总结。数据推断是用抽样的方式对样本进行研究，并根据样本统计量对事物的总体做出推论和估计。数据推断超越特定的数据描述而对样本所代表的总体特性进行推论，分为参数估计和统计检验，其中参数估计又可以分为点估计和区间估计。

三、定量分析在化学教育研究中的应用

借助教育统计，定量分析在化学教育研究中的应用主要体现在两方面。

1. 为化学教育研究提供一种清晰的形式化描述

例如，某化学竞赛中 A 学生的成绩为 85 分，那么如何判断 A 考生在班中处于什么位置？我们可以借助定量分析。首先，要计算出全班化学平均成绩（75）和标准差（5），然后算出该生的分数：$Z=(85-75)/5=2$，即他的成绩高于全班平均分 2 个标准差，那么查表可知他的成绩高于全班 86.4% 的学生，若全班为 50 人，则他处于第 7 名。可见，统计分析可以使问题分析清晰而准确。

2. 定量分析是进行解释和科学预测的主要方法与工具

教育研究的两个重要目的就是正确解释有关教育活动的现象和准确预测教育活动的各种变化和发展。统计分析对数据进行整理、描述、分析，寻找变量之间的关系或规律，确定变量之间关系的类型，如相关关系或因果关系，这就是对教育现象的解释。研究者根据数据，统计资料，运用逻辑思维方式，可以对教育现象今后的发展趋势作出估计和判断，发现仅凭直觉和感官难以悟察的规律，这就是科学的预测。

由此可见，描述、解释、预测和控制化学教育现象的研究目的，只有借助定量的教育统计才能达到。

第三节　教育统计基础

教育现象和其他现象一样，不仅存在质的方面，同时也存在量的方面。如果人们要对教育中的问题进行研究，必须在进行传统的质量分析的同时，注意数量分析。

教育统计学作为一门应用性学科，把数理统计的原理和方法应用于教育问题研究，在教育现象的质和量的统一中专门研究其数量方面的问题。它有助于从一大堆资料中得到数据，从而精确地表达被描述事件的性质。对于教育教学研究人员和学校管理人员，教育统计提供了一种进行教育教学评价的手段和探索教育教学规律的科学方法；对于教育行政部门，则将一目了然的数字统计结果作为其制定教育方针的科学、可靠的依据。

教育统计资料的来源是广泛的，但教育研究的目的不在于认识个别、具体研究对象的特点，而在于揭示教育现象的内在本质联系，把握教育的一般规律。限于种种原因，研究常常是对少量对象进行调查、观察或实验，用所得结果去揭示上述一般规律，这就有了一个如何收集教育统计资料（即选择研究对象）的问题。

一、教育统计概述

（一）教育统计的基本内容

按照不同的分类标准，可以将教育统计的研究内容分为不同类别，但目前普遍认可的是按照教育统计方法的功能进行分类，即将教育统计分为描述统计、推断统计两部分。

1. 描述统计

描述统计的功能主要是对资料进行整理、分类和简化，描述数据的全貌以表明研究对象的某些性质。描述统计的具体内容包括数据整理、集中趋势、离散趋势及相关关系等方面，其目的在于使纷杂的数据清晰直观地显示研究对象的特征，以利于进一步的分析。

2. 推断统计

推断统计的功能主要是通过局部（样本）数据来推断全局（总体）的情况。推断统计包括总体参数特征值的估计方法和假设检验的方法两大类。

思考题

请思考描述统计与推断统计功能上的异同。

（二）统计分析方法的选择

对于化学教育研究的数据统计分析来说，最重要的是统计分析方法的选择。这是因为不同的统计分析方法有不同的适用条件。如果不顾方法使用条件的限制，而任意选用某种统计分析方法进行数据分析，那么接下来的工作将变得毫无意义。

要正确选择有效的统计分析方法，必须了解两方面的内容：其一是各种统计分析方法和公式的适用条件；其二是对研究问题的性质、数据类型的判定。综合这两个条件，就可以比较正确而顺利地选择合适的统计分析方法。这里主要从三个方面讨论影响统计分析方法选择的因素，即研究课题的性质、数据的类型、数据的分布等。

1. 课题的性质

化学教育研究课题的性质一般分为描述性和解释性两类。从研究结果的统计分析来看，则可以分为描述性课题和推断性课题两大类。

在描述性课题中，研究者只想了解对象的特征等情况。在这类研究中，可以采用平均数、中位数、众数等集中量数，或者标准差、方差等离散量数，以及相关系数等统计指标表示。

在推断性课题中，研究者是想从局部抽样所获取样本的性质推测总体的性质，或是比较总体间有无差异。这类研究一般采取的统计分析方法有参数估计、假设检验和复杂的多元统计等。

2. 数据的类型

化学教育研究的数据根据测量工具的不同，分为计数数据（称名变量）、顺序变量（等级变量）、等距变量和等比变量（比率变量）四种数据类型。研究中所运用的测量量表分别为称名量表、顺序量表、等距量表和等比量表四种，由这四种测量量表所测的数据或变量分别称为计数数据、顺序变量、等距变量和等比变量（比率变量）。四种数据类型的测量水平是不同的，计数数据最低，等比变量最高。

计数数据（称名变量）是指计算个数的数据（或变量），一般取整数。这种数据只表明研究对象的性质，无等级顺序之分。例如，性别即为称名变量，分别表示男、女性别的数字"1""2"就是计数数据，对这类数据的统计分析只能用技术数据的统计方法，如百分比、列联相关、百分数检验方法和 χ^2 检验方法等。

顺序变量（等级变量）只表示研究对象在某一属性上的顺序等级，无相等单位，也无绝对零点，不能指出其间差距的大小。例如，用"优、良、中、差"表示教学能力，即为顺序变量。对顺序变量的统计分析常用中数、百分位数、等级相关、χ^2 检验、等级变异数分析、秩次检验等方法。

等距变量既能说明研究对象的异同，也能说明差别的大小，有相等单位，但无绝对零点。对于等距变量可以用平均数、标准差、积差相关、t 检验、Z 检验、F 检验、方差分析等统计方法进行分析。

等比变量（比率变量）既有相等单位又有绝对零点，如体重、身高、年龄等。等比变量适用的统计方法最多，除上述三种变量可用的统计方法之外，还可用几何平均数及差异量数进行分析。

由此可见，数据的测量水平即数据的类型是决定采用何种统计分析方法的重要因素之一。因此，在对数据进行统计分析之前，应先判断数据的测量水平。

3. 数据的分布

由一种变量的全部分数或观察值、测量值组成的一组或一批数据称为一个分布。在选择统计分析方法时，数据的分布形态也是应该考虑的因素之一。因为数据的分布形态不同，所适用的统计方法也是不同的，例如，同样是对数据集中趋势的量度，正态分布数据宜选择算术平均值，而偏态分布数据最好选择众数。

数据分布的形态很多，在化学教育研究数据的分析中应用最多的是正态分布。正态分布的曲线是一条左右对称的钟形曲线。

数据分布与测量水平有关。由称名量表和顺序量表（等级量表）获得的数据不是正态分布。在称名量表中，测量分类并不具有数量意义。对于顺序量表来说，因为无法知道分数之间的差距大小，因而也无法确定分数的真实分布。只有等距量表和等比量表的得分才可能是正态的，但这也是必要而不是充分条件，因为即使是由这两种量表获得的数据，其分布形态也可能出现非正态分布。

参数检验对总体分数分布的要求十分严格。参数是指描述一个总体情况的统计指标，如总体平均数或期望值（描述样本情况的统计指标称为统计量）。t 检验和方差分析就是参数检验的方法。大部分参数统计方法的使用，都必须满足两个前提条件：①总体分数呈正态分布；②组间变异相等。

但在实际的化学教育研究中，常常遇到总体分布不明确或者总体参数检验的前提条件不成立，以致不能用参数检验方法的情况。这时，就需要采用非参数的统计分析方法。例如，对于计数数据可用 χ^2 检验，但不能用 t 检验。由于非参数统计分析方法既不依赖总体分布的条件，也无须对总体参数限定条件，且使用方便，因而它在化学教育研究的数据统计中的应用日益广泛。前面所述的四种测量水平的变量都可用非参数统计方法，也就是说，对于计数数据和顺序变量，通常只能用非参数统计方法；对于等距变量和等比变量，当参数统计的条件不满足时，就可采用非参数统计方法。

思考题

请自行寻找一组需要进行教育统计分析的数据，分别从研究课题的性质、数据的类型、数据的分布三方面选择合适的统计分析方法。

在教育研究中，当我们借助一定的工具对某一研究对象进行观测，得到有关这一研究对象某一方面属性的数量化表述——变量时，利用数据的初步中立方法，对这些变量进行列表和图示可以对其分布特征有一直观而形象的概要了解。但是，如果要对这批变量所蕴含的规律性做更进一步的推论和更精确的了解，仅借助统计图表显然不够。为此，需要计算出一些有代表性的数据，对变量所蕴含的规律性做出更简洁明了的数量化描述，对其频数分布的特征做出更精确的定量描述。一组变量的频数分布，一般至少有以下两方面的基本特征。

（1）集中趋势，用以描述数据分布中大量数据向某方向集中的程度，而用于描述数据集中程度的统计量称为集中量数。

（2）离散趋势，用以描述数据分布的分散程度，而用于描述数据离散程度的统计量称为差异量数。

对任何一个已知的频数分布，均可以计算出反映上述统计特征的描述性统计量。这些统计量是所有统计程序的基础，但它们也有局限性，即它们无法描述两个或更多个变量之间的关系。科学研究的一个目的是找出事物之间的系统关系，相关分析将为我们提供这方面的帮助，它能让我们描述出两列变量之间的系统变化关系。

二、统计数据的整理

原始数据的整理就是依据研究任务的要求，对收集来的大量观测数据进行初步加工整理，使之系统化，成为能够表明事物总体构成的全面资料，从而可以提供大量规律性知识和有用信息。整理的程序通常是分组、汇总、制定统计表（或图）等。

（一）分组

分组是根据研究任务，将所研究的现象按照一定标志区分为不同类型或不同性质的组。通过分组，可以对各种类型的数字资料进行分析研究。标志是统计总体中的个体所具有的属性或特征，分组标志可分为品质标志和数量标志，它的选择是进行统计分组的关键，必须根据研究的具体目的选择能够反映所研究现象本质的标志。若按一个标志分组称为简单分组，如按性别研究学生的学习情况，如果再按年龄、家长职业等标

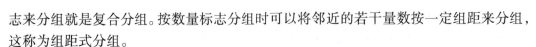

志来分组就是复合分组。按数量标志分组时可以将邻近的若干量数按一定组距来分组，这称为组距式分组。

（二）汇总

资料汇总就是把总体中各个体的指标数值归纳到各组中去，并计算出总体和各组的个体数（次数）及指标数值的总计数。计算机的使用保证了大量统计资料汇总的准确性和及时性，少量的统计资料可用统计学中计数符号进行标记。

（三）制定统计表（图）

统计表把所研究的现象和过程的数字指标用表格形式呈现，避免了冗长的文字叙述，便于各项目之间相互关系的比较，易看出规律性的内容，也便于进一步计算和检查。统计表的基本形式是频率分布（frequency distribution），即总体中所有个体在各组中的分布情况的一系列数字。统计表可分为：简单频率分布表、相对频率分布表、累积频率分布表、累积次数的百分比分布表等。统计表一般包括标题、标目、线条、数据和表注等部分。

可按如下步骤编制频率分布表：①找出全距；②确定组数和组距（组数以 10 组为宜，组距则以 3、5、7 等单数为宜）；③列出组限；④将数据归组（划记）。根据某市一所中学高二年级 144 名学生某次化学考试成绩制成的频率分布和累积频率分布表见表 10-1。表中的上累是指数据从下向上逐步累积，下累则是数据从上向下逐步累积。依据此表可以很方便地找出学生成绩在若干分以上的人数、百分比及若干分以下的人数、百分比。例如，90 分以上的有 9 人，占总数的 6.25%；60 分以下的有 22 人，占总数的 15.28%。当然此表的用途尚不止于此。

表 10-1　144 名学生化学成绩的频率分布和累积频率分布

组别	组中点	次数	相对次数	上累		下累	
				次数	百分比/%	次数	百分比/%
90~100 分	95	9	0.0625	144	100.00	9	6.25
80~90 分	85	28	0.1944	135	93.75	37	25.69
70~80 分	75	40	0.2778	107	74.31	77	53.47
60~70 分	65	45	0.3125	67	46.53	122	84.72
50~60 分	55	12	0.0833	22	15.28	134	93.06
40~50 分	45	5	0.0347	10	6.94	139	96.53
30~40 分	35	4	0.0278	5	3.47	143	99.31
20~30 分	25	1	0.0069	1	0.69	144	100.00
总计		144	1.000				

频率分布除用表表示外，还可以用图示表示。图示可以使统计人员一目了然地综合全盘事实。一般图示多用直方图和多角图两种。简单频率分布、相对频率分布的直方图和多角图绘制时，纵坐标表明各组的次数（或相对次数），且要从零开始，横坐标是组限的数值，交点则是根据组中点和相应组的次数（或相对次数）而找出的。累积频率分布、累积频率百分比分布的多角图绘制时，横坐标所标出的是组限数值，纵坐标表明累积次数（或累积次数百分比），交点则根据某组的上限（下累时则用下限）和该组相应的累积次数（或累积次数百分比）找出。累积次数百分比分布的多角图被称为 S 形曲线。

根据表 10-1 的数据作出的次数（相对次数）多角图见图 10-1。

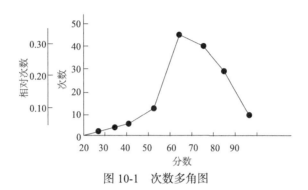

图 10-1　次数多角图

资料卡片

统计图表的编制

1. 统计表

统计表是用来表述统计指标与被说明事物之间数量关系的表格。它可以将大量数据的分类结果，清晰、概括地表达出来，明确地反映出事物的全貌及其蕴含的特性，便于分析、比较、计算和记忆。统计表种类很多，其基本结构包含表号、名称、标目、数字、表注等几个基本项目，具体的编制要求如下。

（1）表号即表的序号，用以说明文章（图书）中各个表出现的先后顺序，一般位于表的左上方。

（2）表的名称就是表的标题，用来简明扼要地说明该表的内容，一般位于表的上方，跟随于表号之后，表的名称和表号之间一般间隔一个汉字的空格。表的名称应该简练，字数不宜过多。

（3）表的标目就是对数据进行分类的项目，一般可以放在表的上面一行和（或）左列。当标目较多时，需要注意各个标目之间的逻辑关系，让读者一目了然，以免混淆。

（4）数字就是统计表的主要内容，书写数字时要整齐，如有小数，则应以小数点为准上下对齐。需要注意的是，数字后面不可写单位、百分号等，单位、百分号等都应罗列在标目后面的小括号内。

（5）表注的目的是对统计表自身或者统计表内需要解释的某些内容进行补充说明，表注一般放在表的下方。

2. 统计图

统计图是用来表达统计指标与被说明的事物之间数量关系的图形，是整理数据的一种方法。它以直观形象的形式表达出事物的全貌及分布特征，使人一目了然，便于理解，印象深刻，容易记忆。在运用统计图时，一般附有统计表。统计图一般由图号、图题、标目、图形、图注等项构成。各项绘制的要求如下。

（1）图号是图的序号。文章中若有几幅图，则需要按其出现的先后次序编上序号，写在图题的前方。

（2）图题是图的标题，应简明扼要，切合图的内容，必要时可注明时间、地点。图题的字号在图中为最大，自左向右写在图的下方。

（3）标目。对于有纵横轴的统计图，应在纵横轴上分别标明统计事项及其尺度。横轴是基线，一般表示被观察的对象，尺度要等距，自左向右，由小到大，写在横轴的下方。纵轴是尺度线，尺度一般从 0 开始（为了可视化效果，以及数据分析的需要，也可以不从 0 开始），自下而上，从小到大，写在纵轴的左侧。两个轴都要注明单位。

（4）图形是以几何线条和符号等反映统计事物各类特征和变化规律的表达形式。图形线在图中最粗，而且要清晰。为了美观起见，图形的高与宽之比以 3：5 为宜。在一幅图中若有几个图形线相比较，可以用不同的图形线加以区别，各种图形线的含义可用图例在适当位置加以说明。

（5）图注是在图形中需要借助文字或数字加以补充说明的注释。图注不是图的必要组成部分。图注的文字要简明扼要，字体要小，写在图题的下方。

统计图通常有次数直方图（条形图）（图 10-2）、线形图（图 10-3）、散点图（图 10-4）、雷达图（图 10-5）和饼状图等。

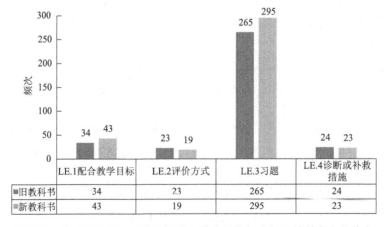

图 10-2　直方图示例：“学习评价”维度的指标在新旧教科书中的分布

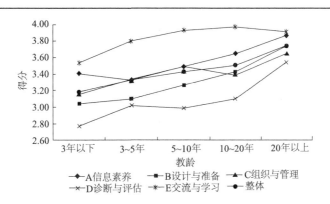

图 10-3　线形图示例：不同教龄高中化学教师 ICT 应用能力平均得分趋势图

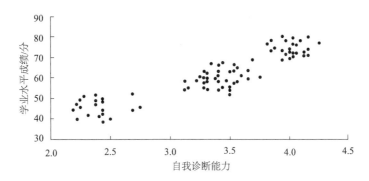

图 10-4　散点图示例：高三年级学生学习自我诊断能力与学业水平成绩散点图

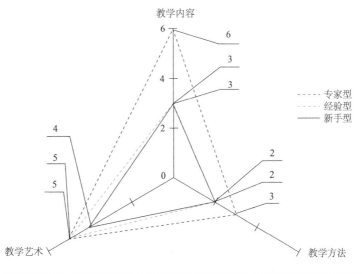

图 10-5　雷达图示例：不同类型高中化学教师在课堂教学中诊断自身教学的频数统计图

三、统计数据的描述

大量数据资料的进一步整理依赖于数字概括——运用简洁形式的算式和量数去描述大量的原始数据资料。

（一）集中量数（measure of central tendency）

原始的数据资料，如人们常用的数量化学业成绩——考试分数，经过整理汇总之后，可以看出有集中的趋势，也就是说在频率分布中所有的考分数据都环绕着某一中心位置。集中量数可以说是一组数据资料的代表值——代表了这些数据的典型水平，反映了这些数据资料频率分布的集中趋势。

反映集中趋势的量数有多种，这里介绍其中常用的两种。

1. 平均数

算术平均数简称均数（常用 M 代表样本均数，μ 代表总体均数），表示一组已知性质相同的数据的集中趋势，用它来说明的是共性——样本或总体内被平均标志的一般水平。通过计算平均数，人们可以比较不同组数据之间的差异。

算术平均数在整体数据分布为正态时使用为佳。

计算公式如下。

对未分组的数据资料：

$$M=\sum X/N \tag{10-1}$$

对简单频率分布资料：

$$M=\sum f(X)/N \tag{10-2}$$

加权算术平均数常用符号 M_W 表示：

$$M_W=\sum X_W/\sum W \tag{10-3}$$

式中，$N=\sum f$；W 称为"权"，相当于式（10-2）中的 f。W 反映了一个数列中各项数目的不同比重，"权"越大，其相应数值所起的作用也越大；反之，作用就越小。M_W 实质上是算术平均数的另一种形式。例如，平时计算学生的学期成绩时，往往规定平时成绩占总成绩的 10%，期中成绩占 30%，期末成绩占 60%，这实际上就是在确定"权"的大小。

M_W 可以用于已知两个以上不同集体的平均成绩，求它们的总平均成绩。

案例分析

某校高三两个班测验化学，理科班 46 人，均分 87.2 分；文科班 58 人，均分 70.4 分。求两个班的总平均分。

解：$M_W=\dfrac{46\times87.2+58\times70.4}{46+58}\approx77.8$

显然不能不考虑两个班的学生人数，简单地把两个班的平均分相加除以 2。

若那样，总平均分就变为 78.8 分。

M_W 还可以用来较为合理地比较学生的平均成绩。

2. 中位数

中位数常用符号 M_d 表示，也是反映集中趋势的指标之一。如把一组数据按数值大小顺序排列，处于中间位置的数值恰好把所有的数据一分为二，这个处于中间位置的数值即可认为是中位数 M_d——这时大于 M_d 和小于 M_d 的数据个数相等。M_d 可能是原始数据中的某一个，也可能根本就不是原来有的数。①当一组数据个数为奇数时，居中的一数即为中位数。例如，96，94，86，80，70，60，55 这七个数，80 居中，所以 80 为中位数。②当一组数据个数为偶数时，居中两个数的平均数即为中位数。

除以上所介绍的集中量数外，还有众数 M_o、几何平均数 M_g、调和平均数 M_h 等。

（二）差异量数（measure of difference）

大量原始数据资料（如考分）有环绕某中心位置的集中趋势，也有着环绕该中心位置的分布范围。用来概括、规定这一分布范围的统计量数被称为差异量数，显然差异量数表明了众多数据的离散程度。如果以均数作为一组数据的典型水平，它就会把各数据之间的差异掩盖起来，所以要真实地反映一组数据资料的全貌，就必须把集中量数和差异量数结合起来使用。这就好比均数是量尺上的一个中心点，差异量数则是量尺上与中心点的距离，这个距离的大小直接反映了中心点的代表性和可靠程度。就某个整体而言，集中量数（均数）反映该集体的典型水平，差异量数则反映该整体中个体的整齐程度。

差异量数可分为相对差异量数和绝对差异量数两类。绝对差异量数有全距（两极差）R、四分差 QD、平均差 AD、标准差 S；相对差异量数则有差异系数 CV 和偏态系数 SK。

常用 S 表示样本标准差，σ 表示总体标准差。标准差是常用的描述数据离散趋势的统计量之一，它是以均数为依据而求得的差异量数。标准差的数值越大，该样本中数据的离散趋势就越大，均数 M 的代表性就越小；标准差的数值越小，该样本中数据的离散程度就越小，均数 M 的代表性就越大。

计算公式如下：

$$S = \sqrt{\frac{\sum(X-M)^2}{N}} \qquad (10\text{-}4)$$

标准差 S 是比较科学、完善的差异量数，能反映全部数值的差异情况，适合于代数方法运算，受抽样变动的影响较小。标准差多和均数结合起来使用，其缺点是计算较难，特别是在样本规模很大的时候。另外结果也容易受到两端极值的影响。

（三）概率

1. 事件与概率

在相同的条件下存在多种可能的结果，而无法事先确定究竟出现哪一种结果的现象称为随机现象。例如，抛向空中的一枚硬币落地，可能是正面朝上，也可能反面朝上；对于一道客观选择题，单靠猜测，则有可能猜对，也有可能猜错；这些都属随机现象。其中出现的各种可能的结果称为随机事件，简称事件。

就个别试验和观察而言，时而出现这种结果，时而出现那种结果，完全呈现偶然性，难以体现出其中的规律性。但如果进行多次试验和观察，事件的出现情况就能体现出一定的规律性。例如向上抛掷硬币的试验，若硬币质地均匀，那么出现正面和出现反面的可能性都是 50%。历史上很多人做过这个试验，结果表明，抛掷次数越多，出现正面的可能性越来越近于一个稳定值（50%），这说明随机事件发生的可能性大小是随机事件本身固有的，不随人的意志而改变。人们把随机事件 A 发生可能性的大小称为随机事件 A 发生的概率（probability），记做 $P(A)$。

概率分先验概率和经验概率。

（1）先验概率（prior probability）又称古典概率。对于先验概率来说，概率是一种比率，比率的分子代表事件成功或失败的次数，分母代表事件可能发生的总次数。在这里，人们在事前就已经知道可能影响事件出现的种种事实，能事先确定事件的概率，并且可利用研究对象的物理或几何性质具有的对称性，事先确定事件发生的概率。如抛硬币，出现正面的先验概率为 1/2。

（2）经验概率（empirical probability）又称后验概率或统计概率。当事件的成功或失败事前无从知道，因而无从推算成功的概率时，只有借助于试验或调查来估计事件发生的概率，此即经验概率。实际上它以经验为根据。例如，事件 A 在 N 次试验中发生（成功）n 次，比值 n/N 就称为事件 A 发生的相对次数。若事件 A 发生的总次数 N 无限增大，此时相对次数 n/N 的极限（即稳定值）就被称为在单一的试验中事件 A 发生（成功）的概率。

$$P(A) = \lim_{N \to \infty} n / N \tag{10-5}$$

任何随机事件 A 发生的概率总是大于或等于零，且小于或等于 1，即 $0 \leqslant P(A) \leqslant 1$。概率等于零时，该事件为不可能事件，概率等于 1 时，事件为必然事件。

2. 概率的基本定理

概率的两个基本定理如下。

（1）加法定理：

$$P(A_1 + A_2 + \cdots + A_n) = P(A_1) + P(A_2) + \cdots + P(A_n) \tag{10-6}$$

几个互不相容的事件中至少有一个发生的概率等于这几个互不相容的事件概率之和。

（2）乘法定理：

$$P(A_1 A_2 \cdots A_n) = P(A_1) \times P(A_2) \times \cdots \times P(A_n) \tag{10-7}$$

几个相互独立的事件同时发生的概率等于它们各自发生的概率的乘积。

案例分析

一份化学试卷由 10 道四选一的单项选择题组成，考生全凭随机猜测，得满分的概率有多大？

若 A_i 表示该生猜对第 i 题这一事件（$i=1$，2，…，10），显然事件 A_i（$i=1$，2，…，10）相互独立，若就某一题而论，猜对的概率 $P(A_i)=1/4$。故根据乘法定理，A_i（$i=1$，2，…，10）同时发生的概率为

$$P(A_1A_2\cdots A_{10})=P(A_1)\times P(A_2)\times\cdots\times P(A_{10})=(1/4)^{10}=0.000000954$$

可见对于一份只有 10 道四选一的单项选择题的试卷，要想凭猜测完全答对，几乎是不可能的。实际上，全凭猜测答对 6 题或 6 题以上的可能性只有 0.0193，不到 2%。因而，随着试题数量的增加，考生凭猜测得高分几乎是不可能的。

（四）正态分布

进行某种试验，可能会有各种不同的结果，如调查每天到图书馆看书的人数 X。显然，如果进行一次观察，变量 X 究竟取什么数值完全是偶然的。像 X 这种以偶然方式（随机方式）取值的变量称为随机变量。有的随机变量的可能值是离散的，可以一个个数出来，称为离散型随机变量；而另外一些随机变量的可能值是连续的，可以充满某一区间，如气温，从最低气温到最高气温中间的每一个数值均可能取到，这样的随机变量称为连续型随机变量。

研究发现，连续型随机变量在随机因素的影响下能取不同的数值，虽然人们不能确切地预言变量取什么值，但变量的值落在任一区间的可能性的大小（概率）是确定的，其分布可用正态分布（normal distribution，意为"正常状态下的分布"）曲线函数加以描述：

$$Y=f(X)=\frac{1}{\sigma\sqrt{2\pi}}\exp\left[\frac{-(X-\mu)^2}{2\sigma^2}\right] \tag{10-8}$$

式中，X 为连续型随机变量，X 的可能值为 $-\infty<X<+\infty$；Y 为相应的函数值（此时 Y 轴尺度为相对次数，又称频率，频率总和为 1），也就是曲线在 X 点的高度。$X=\mu$，$Y_{max}=f(\mu)=1/(\sigma\sqrt{2\pi})$；$X\to\infty$，$Y=f(X)\to 0$。$\mu$ 为连续型随机变量 X 的均值，称为正态曲线的位置参数，μ 值越大，曲线越往右移。σ^2 为 X 的方差（$\sigma>0$），σ 为正态曲线的形状参数，σ 越大，曲线越扁平；σ 越小，曲线越陡峭。因此，正态分布是一簇分布。曲线下 c、d 间的面积（图 10-6 阴影部分）在数值上就等于随机变量 X 出现在 c、d 间的概率（图 10-6）。整个曲线左右关于 $X=\mu$ 对称，两头小、中间大，形态端正，有些像平放的钟。这时说连续型随机变量 X 服从参数为 μ、σ^2 的正态分布（所以 X 又称正态变量），简记为 $X\sim N(\mu,\sigma^2)$。

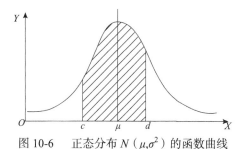

图 10-6　正态分布 $N(\mu,\sigma^2)$ 的函数曲线

大量实践证明，人的能力呈正态分布。根据研究，考试或测验的分数分布从整体上看符合正态分布，其概率分布曲线也呈正态，即 $X \sim N(\mu, \sigma^2)$。其中 X 表示考试分数，μ 表示均分，σ^2 表示方差。

若 $\mu=0$，$\sigma=1$，式（10-8）变为 $Y=(1/\sqrt{2\pi})\exp(-X^2/2)$，此时称随机变量 X 服从标准正态分布，该分布图形对称于 Y 轴，称为标准正态分布曲线。

正态分布表是根据正态分布的有关性质制成的。它通常包括以下几列数据。

（1）用 Z 值表示的横坐标位置。对正态分布 $N \sim (\mu, \sigma^2)$ 而言，$Z=(X-\mu)/\sigma$。

（2）曲线的高度，即纵高 Y。对于某 Z 值，纵高 Y 可由表达式计算。如在均值 $X=\mu$ 这一点上，$Z=0$，$Y=f(0)=1/\sqrt{2\pi}=0.3989$。

（3）图中阴影部分的面积表示概率 $P(0<Z<Z_0)$。

标准正态分布曲线下各部分的面积、相应的 Z 值均可通过查表得到，常用的见表10-2。

表 10-2　正态分布表

随机变量 X 出现的范围	相应的 Z 值范围	此范围内 X 出现的概率（曲线下面积）	累积概率（累积面积）
$\mu \sim \mu+0.5\sigma$	$0 \sim 0.5$	0.19146	0.19146
$\mu+0.5\sigma \sim \mu+1\sigma$	$0.5 \sim 1.0$	0.14988	0.34134
$\mu+1\sigma \sim \mu+1.5\sigma$	$1.0 \sim 1.5$	0.09185	0.43319
$\mu+1.5\sigma \sim \mu+2\sigma$	$1.5 \sim 2.0$	0.04406	0.47725
$\mu+2\sigma \sim \mu+2.5\sigma$	$2.0 \sim 2.5$	0.01654	0.49379
$\mu+2.5\sigma \sim \mu+3\sigma$	$2.5 \sim 3.0$	0.00486	0.49865
$\mu+3\sigma \sim \mu+4\sigma$	$3.0 \sim 4.0$	0.00132	0.49997
$\mu+4\sigma \sim \mu+5\sigma$	$4.0 \sim 5.0$	0.0000297	0.4999997
$\mu+5\sigma \sim +\infty$	$5.0 \sim +\infty$	0.0000003	0.5000000

使用正态分布表，可以进行如下几个方面的计算。

（1）根据 Z 求概率（面积）P。这其中有如下三种情况：求某 Z 值与均数（$Z=0$）之间的概率，求某 Z 值以上或以下的概率，求两个 Z 值之间的概率。

（2）根据概率 P 求 Z 值，可分为三种情况：已知从均数（$Z=0$）开始的概率值，求 Z 值；求两端概率的 Z 值，即已知位于正态分布两端的概率值求概率分界点的 Z 值；已知正态曲线下中央对称部分的概率，求 Z 值。

（3）根据概率 P 或 Z 值求正态曲线的高（纵高）Y。

在使用正态分布表的过程中要用到正态曲线以均值 μ 对称及横坐标与曲线所围成的面积为1的性质，如图10-7所示。

（1）正态分布的偏度（skewness）。数值在-1 到+1 之间，此值为正数，曲线峰值左偏，分布有一个长的右尾；此值为负数，曲线峰值右偏，分布有一个长的左尾。

（2）正态分布的峰度（kurtosis）。数值在-1 到+1 之间，正值表示与正常曲线比较峰偏尖，负值表示与正常曲线比较峰偏平。

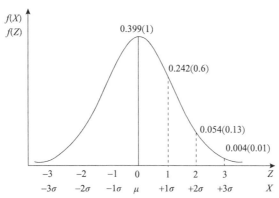

图 10-7　正态面积分布及纵线高度示意（括号内数字为相对高度）

（五）相关性

两个或两个以上变量，它们的若干对（组）观测数据之间可能存在数学上所描述的某种函数关系（这时它们相互之间呈现一种完全确定的关系），也可能存在一种不确定的关系——彼此之间在某种程度上的相互联系，显然，这种相互联系是通过总体中的大多数表现出来的一种统计关系，这种相互联系称为"相关"。例如，我们在日常的化学教学活动中体会到诸如语文、数学、物理等学科知识的掌握程度会影响化学知识的掌握程度，要探讨这些学科学习之间关系的密切程度，就要用到相关知识。再如，我们如果评价一次化学测验，要计算信度等质量指标，其中也涉及相关知识的应用。

各种现象之间的关系有简单的，也有复杂的。如两个变量之间的关系，其中一个变量增加（减少），另一个变量也随之增加（减少），则这两个变量的关系称简相关（simple correlation）。但如果一个变量同时与两个以上的变量发生关系，这种相关则称为复相关（multiple correlation）。

若从变量变动的方向来分，则有正相关、负相关和零相关。

正相关（positive correlation）：正相关指两相关的变量中，若其中一个变量增加，另一个变量也随之增加；或其中一个变量减少，另一个变量也随之减少。在相关散点图中，分布方向是从左下方向右上方伸展[图 10-8（a）]。

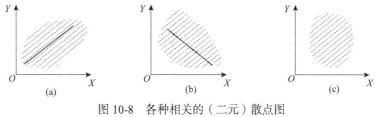

图 10-8　各种相关的（二元）散点图

（a）正相关；（b）负相关；（c）零相关

负相关（negative correlation）：负相关指两相关的变量中，若其中一个变量增加，另一个变量反而减少；若其中一个变量减少，另一个变量反而增加。在相关散点图中，分布方向是从左上方向右下方伸展[图 10-8（b）]。

　　零相关（zero correlation）：零相关指两变量中，当其中一个变量增减时，另一个变量不发生变化，即其中某一个变量增减对另一个变量的影响很小。从散点图看，分布方向与横坐标平行[图 10-8（c）]。

　　相关散点图（scatter diagram）就是根据两个变量成对的数据在平面上描点所做的图，其主要功用是作为相关分析的初步工具。若散布范围广阔，则表示相关程度小；若散布范围狭窄，则表示相关程度大。若散布点分布形状为一椭圆形，中心密集，两端细长分散，则这种相关表现为直线趋势，且椭圆形越窄，相关程度越高。若散布点分布呈现出弯月状，则这种相关表现为曲线趋势。

　　正相关、负相关和零相关可以用图形表示出来，也可通过相关系数表示出来。根据数据资料的性质和分布情况，相关系数有多种：积差相关系数 r（总体用 ρ 表示）、等级相关系数 r_R、点二列相关系数 r_{pbi} 等。这些都是简相关的，另外还有复相关中的偏相关系数，如 $r_{12.3}$，$r_{12.34}$ 等。这里介绍几种常用的相关系数。

1. 积差相关系数

　　积差相关（product-moment correlation）系数适用于来自正态总体的两连续变量。计算公式为

$$r = \frac{\sum xy}{NS_xS_y} = \frac{\sum[(X-M_x)(Y-M_y)]}{NS_xS_y} \qquad (10\text{-}9)$$

　　式中，x 为 X 数列的各数据与平均数之差，$x=X-M_x$；y 为 Y 数列的各数据与平均数之差，$y=Y-M_y$；S_x 为 X 数列的标准差；S_y 为 Y 数列的标准差；N 为数据对数（样本容量）。

　　由于 x 和 y 都是离差，因此 xy 称为积差，$\dfrac{\sum xy}{N}$ 则称为协方差（covariance，Cov）。

　　若已知均数和标准差，则可使用下面经过变形的公式：

$$r = \frac{\left(\sum XY\right)/N - M_xM_y}{S_xS_y} \qquad (10\text{-}10)$$

$$\left\{ 因为 \quad \sum[(X-M_x)(Y-M_y)] = \sum XY - \frac{\sum X \cdot \sum Y}{N} \right\}$$

　　另外，若对公式 $r = \dfrac{\sum xy}{NS_xS_y}$ 进行转换，可得

$$r = \frac{\sum xy}{NS_xS_y} = \frac{1}{N}\sum\left[\frac{(X-M_n)}{S_x} \cdot \frac{(Y-M_y)}{S_y}\right] = \frac{1}{N}\sum Z_xZ_y \qquad (10\text{-}11)$$

　　式中，$Z=(X-M)/S$，是"标准分"中的一种。

注意：相关系数的符号"+"表示两变量变化方向一致，即正相关；"−"表示变化方向相反，即负相关。相关系数的绝对值表示两变量之间关系的密切程度。相关系数的值介于−1 和+1 之间。

r =0.0～0.3　　　　相关程度低

r =0.3～0.5　　　　相关程度普通

r =0.5～0.7　　　　相关程度显著

r =0.7～0.9　　　　相关程度高

r =0.9～1.0　　　　相关程度极高

r =1.0　　　　　　完全正相关

r =−1.0　　　　　完全负相关

r =0.0　　　　　　完全无关

r 的计算公式在样本容量较小（$N \leqslant 30$）时可靠程度不高，这是因为相关描述的关系是一种统计关系（所以相关又称统计相关），而统计关系只有在样本容量足够大时才能显示出来。即使从总体相关系数 $\rho=0$ 的总体中随机抽取样本，由于抽样的偶然性所造成的抽样误差，计算出的样本相关系数 r 的数值也有可能不等于零。所以不能直接根据样本相关系数 r 数值的大小对变量 X 和 Y 之间关系的密切程度作出判断。因此在计算出样本的 r 值以后，一般还要做假设检验。实际检验计算比较麻烦，可以直接使用相关系数检验表。

积差相关系数是一个很有用的教育统计量。用它可以测量某个学生集体任意两门课程学习成绩间的相关情况，如化学课成绩与物理课成绩的关系（表 10-3），但要注意排除共变因素的影响。也可用它来研究某个集体中学生成绩的变化情况。另外在选取适当的"效标"以后，可用它来研究课程考试的信度乃至效度；以整份试卷为背景，计算试题的区分度，以作为筛选试题的依据，等等。

案例分析

表 10-3　15 个学生物理与化学成绩的相关系数计算表

编号	物理成绩 X	化学成绩 Y	X^2	Y^2	XY
1	31	32	961	1024	992
2	23	8	529	64	184
3	40	69	1600	4761	2760
4	19	21	361	441	399
5	60	66	3600	4356	3960
6	15	41	225	1681	615
7	46	57	2116	3249	2622
8	26	7	676	49	182
9	32	57	1024	3249	1824
10	30	37	900	1369	1110
11	58	68	3364	4624	3944
12	28	27	784	729	756

续表

编号	物理成绩 X	化学成绩 Y	X^2	Y^2	XY
13	22	41	484	1681	902
14	23	20	529	400	460
15	33	30	1089	900	990
合计	486	581	18242	28577	21700

注：此次成绩满分为 70 分

$$r = \frac{21700 - 486 \times 581/15}{\sqrt{18242 - 486^2/15} \times \sqrt{28577 - 581^2/15}} = 0.739$$

检验：此例中 $N=15$，$r=0.739$；查表 $\alpha=0.05$ 时，$\rho_{0.05}(13)=0.514$；$\alpha=0.01$ 时，$\rho_{0.01}(13)=0.641$（括号中的 13 为自由度 df，df=N–2）。

$\rho_{0.05}(13)=0.514$ 是指当自由度 df 为 13 时，零相关总体的相关系数 $|\rho|<0.514$ 的可能性为 95%。此时根据样本数据计算而得的 r 数值若小于查表得到的 ρ_α（N–2）的值，则说明求得的 r 可靠程度不高，该样本有可能来自零相关总体，所以此数值则可能是误差因素引起的。

案例中 $r=0.739>0.514=\rho_{0.05}(13)$，说明样本所来自的总体在 95% 的可靠程度上和零相关总体有显著差异，所以可以用该样本的 r 值解释。

相关系数只描述了两变量之间的变化方向及密切程度，但并未揭示两者之间的内在本质联系。因此，两变量相关并不意味着它们相互之间存在因果关系，只意味着两个变量变化一致性的程度。

2. 等级相关系数

当两列数据是等级次序时，两变量的总体分布不一定是正态分布，这时用等级相关（rank correlation）系数 r_R 表示这两个变量的相互关联程度。这里介绍斯皮尔曼二列等级相关。

计算公式为

$$r_R = 1 - \frac{6\sum D^2}{N(N^2-1)} \tag{10-12}$$

式中，N 为成对数据的个数；D 为对应的两个等级数据的秩次（即带序数的等级）之差，$D=R_1-R_2$。

计算等级相关系数时，只考虑数据所在位置。如果所给的是定性等级，则需要将其转换成定量等级。转换的方法是：先按定性等级的顺序排序数（最大的序数等于数据的个数），然后对它们赋秩次。在赋秩次时，对相同的等级要赋予它们序数的平均值作为它们的共同秩次。

案例分析

某省的一次高中化学竞赛中，两位教师独立地对 10 名参加决赛考生的化学实验操作进行五级评等，结果见表10-4。

表 10-4 等级相关系数计算表

考生号	教师甲		教师乙		D	D^2
	等第	秩次	等第	秩次		
1	优	2	良	3.5	−1.5	2.25
2	中	7.5	中	5.5	2.0	4.00
3	及格	9	差	9.5	−0.5	0.25
4	良	5	良	3.5	1.5	2.25
5	优	2	中	5.5	−3.5	12.25
6	差	10	差	9.5	0.5	0.25
7	良	5	优	1.5	3.5	12.25
8	优	2	优	1.5	0.5	0.25
9	中	7.5	及格	7.5	0.0	0.00
10	良	5	及格	7.5	−2.5	6.25
合计					0.0	40.00

对于这 10 位考生，教师甲给了三个"优"，这三个"优"应该排的序数是 1、2、3，所以以这些序数的平均值（1+2+3）/3=2 作为"优"级的共同秩次；"良"出现了三次，所以"良"级的秩次为 5；2 个"中"，对应的秩次为 7.5；一个"及格"，秩次为 9；而"差"的秩次则为 10。对教师乙给的定性等级也作同样的"排序赋秩"工作。这样就完成了定性等级向定量等级的转化。

所以 $r_R = 1 - \dfrac{6\sum D^2}{N(N^2-1)} = 1 - \dfrac{6 \times 40}{10(100-1)} = 0.76$

注意以下几点。

（1）在两列数据中，当一列为定性数据，另一列为定量数据时，均将数据按上述方法全部转换成秩次，然后用上面的公式计算。

（2）若 $N < 50$，可根据 N 直接查"等级相关系数显著性临界值表"，对 r_R 的显著性（即关联的密切程度）作统计检验。

如果 $N > 50$，可对 r_R 作 Z 检验。此时，

$$Z = r_R / \sqrt{1/(N-1)} \tag{10-13}$$

当 $Z \geqslant 1.96$ 时，r_R 有明显（0.05）相关；当 $Z \geqslant 2.58$ 时，r_R 有极明显（0.01）相关；否则 r_R 无明显相关。

经检验后，若 r_R 有显著意义，则说明两列等级数据间没有明显的不同，否则可认

为有明显的差异。对于上面的计算示例，可以认为教师甲和乙的评等结果没有很明显的不同。

（3）相同等级的存在使得用式（10-12）计算的等级相关不够准确（结果偏大），所以等级相关只在测量数据较少（10～30 个数据）的情况下才使用。凡符合计算积差相关的资料，不要用等级相关计算。等级相关也属于积差相关体系，实际上是直线相关的一种。

3. 点二列相关系数

点二列相关（point biserial correlation）系数 r_{pbi} 适用于 X、Y 两个变量中，一个为来自正态总体的连续变量，另一个为真正的二分名义变量（如对与错、合格与不合格、男与女等）。

计算公式为

$$r_{pbi} = \frac{M_p - M_q}{S_t}\sqrt{pq} = \frac{M_p - M_q}{S_t}\sqrt{\frac{n_p}{n_q}} \qquad (10\text{-}14)$$

式中，M_p 为 p 部分的 X 数列的均数；M_q 为 q 部分的 X 数列的均数；S_t 为连续变量 X 数列的标准差；p 为二分变量 Y 中某一值的比例；q 为二分变量 Y 中另一值的比例（$q=1-p$）。

案例分析

10 名学生某次化学考试的总分及其性别见表 10-5，求该次化学成绩和性别是否相关。

表 10-5 10 名学生某次化学考试的总分及其性别

考生号	1	2	3	4	5	6	7	8	9	10
性别	M	F	F	F	M	F	F	M	F	M
分数	70	70	60	30	55	40	60	75	90	100

根据表中数据：

男生比例：p=4/10=0.4

女生比例：q=1-0.4=0.6

男生平均分：$M_p = \dfrac{70+55+75+100}{4} = 75$

女生平均分：$M_q = \dfrac{70+60+30+40+60+90}{6} = 58.3$

考分标准差：S_t=21.1

所以 $r_{pbi} = \dfrac{75-58.3}{21.1}\sqrt{0.4 \times 0.6} = 0.39$

r_{pbi} 是积差相关系数的一种简便形式，$-1 \leqslant r_{pbi} \leqslant 1$。其显著性检验也可用"积差相关系数显著性临界值表"。

对于上例，查"积差相关系数显著性临界值表"可得 $\rho_{0.05}(8)$=0.632、$\rho_{0.01}(8)$=0.765，均大于计算得到的 r_{pbi} 的值，所以可认为该次化学成绩和性别没有明显的相关。

二列相关（biserial correlation）系数 r_b 适用 X、Y 两变量均为正态分布的连续变量，但其中一个被人为地二分了，如重点中学和非重点中学、主观题按得分的多少分为答对和答错等。其计算公式为

$$r_b = \frac{M_p - M_q}{S_t} \cdot \frac{pq}{y} = \frac{M_p - M_t}{S_t} \cdot \frac{p}{y} \qquad （10\text{-}15）$$

式中，y 为正态分布中与 p 相对应的纵高，S_t 为总标准差；p 为超过某分数段的比例；其余符号的意义和点二列公式相同，$-1 \leqslant r_b \leqslant +1$。

（六）区分度

区分度是衡量试题质量的一个重要指标，常用 D 表示，数值范围在 $-1 \sim +1$，其数值的大小可衡量试题对不同水平的考生具有的鉴别其优劣或水平高低的能力。

1. 计算方法

方法一：相关法，即以个体每个项目的得分与总分的相关系数作为区分度的指标。

方法二：极端分组法，区分度 $D=2(X_H - X_L)/100$，X_H 为高分组平均得分，X_L 为低分组平均得分。高分组指分数从高往低排序后的前 50%；低分组指分数从高往低排序后的后 50%。

2. 衡量标准

（1）对于是非问题等二值性项目，区分度要求是：$D>0.40$，说明该项目优良；$D=0.2\sim 0.39$，说明该项目须改进；$D<0.19$，说明该项目必须淘汰。

（2）对于主观问题等非二值性项目，区分度要求：$D>0.3$，说明该项目优良；$D=0.2\sim 0.29$，说明该项目良好；$D=0.10\sim 0.19$，说明该项目可以；$D<0.1$，说明该项目必须淘汰。

（七）信度

信度（reliability）是同一个测试（或相等的两个或多个测试）对同一批被试施测两次或多次，所得结果的一致性程度，即测试结果的可靠性。影响内部一致性信度的主要因素有两方面：一是偶然因素，如被试的情绪、身体状况、适应状况等。偶然因素越少，得分越接近真实水平；二是测试问卷本身因素，如测试问卷的长度、难度，评分的客观性等。信度通常运用两次测试结果的相关系数表示。

1. 信度的种类

重测信度又称稳定系数，用不同时间两次测验的皮尔逊积差相关系数表示。

复本信度又称等值性系数，表示几份等值平行的测试项目组成的测试结果的相关性。

折半信度，将测试问卷分成等值的两半，求两半测试结果的皮尔逊相关系数，表示其内在一致性。

评分者信度，表示两个或两个以上评分者之间对同一组测验结果评定的一致性程度。

2. 内部一致性信度计算方法

1）分半信度的计算

第一步，将试题按奇偶数分成内容、形式、难度都是等值的两半。

第二步，计算两半分数的方差是否相等或接近。

第三步，若方差相等或接近，则计算皮尔逊积差相关系数 r_h，然后用斯皮尔曼-布朗（Spearman-Brown）公式校正，得 $r_{\text{S-B}} = \dfrac{2r_h}{1+r_h}$（否则会偏高）。若方差不相近，则有两种方法计算分半信度。

方法一：用卢伦（Rulon）公式：$r_R = 1 - \dfrac{S_d^2}{S_t^2}$，其中 S_d^2 表示每个学生两半测验分数之差（$d = x_1 - x_2$）的方差（标准差的平方）；$S_t^2 = \dfrac{1}{n-1}\sum_{i=1}^{n}(x_i - \bar{x})^2$ 表示每个学生总分的方差。

方法二：弗朗那根（Flanagan）公式：$r = 2\left(1 - \dfrac{S_a^2 + S_b^2}{S_t^2}\right)$，其中 S_a^2，S_b^2 分别表示两半测验分数的方差，S_t^2 表示总分的方差。但在实际工作中，通常当两个半测验的等效性无法保证时，可采用另一种方法计算。

2）库-米（Kuder-Richardson）法

本方法无须分半，只适合全部为是非题的试卷。公式如下。

$$r_{\text{K-R}} = \frac{k}{k-1}\left(1 - \frac{\sum p_i q_i}{S_t^2}\right) \quad \text{或} \quad r'_{\text{K-R}} = \frac{k}{k-1}\left[1 - \frac{M_t(k-M_t)}{kS_t^2}\right] \tag{10-16}$$

式中，k 为考试题数；p_i 为第 i 题通过率，$q_i = 1 - p_i$；M_t 为总分的平均值；S_t^2 为总分的方差。

3）α 系数法

α 系数法是 1951 年克龙巴赫（Cronbach）为非是非题设计的（如选择题、填空题、问答题等）方法。

$$\text{Gronbach's } \alpha = \frac{k}{k-1}\left(1 - \frac{\sum S_i^2}{S_t^2}\right) \tag{10-17}$$

S_i 为第 i 题得分的题内方差，S_x 为全部题项总得分的方差。

该方法适合于既有二值性试题，又有非二值性试题的测试问卷。一般来说，此法估计的信度是测试信度的下限。对于一个合格的测量问卷，其信度的要求一般是：选择题 $r_{\text{K-R}} > 0.9$，主观题 $r_\alpha > 0.7$，整个问卷 $r_a > 0.8$；此外，对于自编材料一般要求 $r > 0.55$。

3. 评分者信度

评分者信度指用不同评分者所评分数之间的相关系数来表示不同评分者评判一批测验的可靠性，评分者信度主要用于论文式测验、情感领域及动作技能的评分等。若评分者以分数来表示测试成绩，则用 α 系数法估算 r_a；若评分者以等级来表示测试成绩，则用肯德尔（Kendall）一致性系数（相关系数）估算。

（八）效度

效度指一个测验或量表实际能测出其所要测的心理特质的程度。效度可以从内容到结构等多方面来进行考察。

1. 内容效度

内容效度是指一个测验实际测量的内容与所要测量的内容之间的吻合程度。例如，要求学生在学期结束时掌握 1500 个英语单词，为了检验学生的学习情况，可以编制一个包括 150 个单词的词汇测试。显然，只有当 150 个单词能代表所要求掌握的 1500 个单词时，测验结果才会有比较高的内容效度。

内容效度的确定有三种方法。

1）逻辑分析法

工作思路是请有关专家对测验题目与原定内容范围的吻合程度作出判断。具体步骤是：第一步，明确预测内容的范围，包括知识范围和能力要求两个方面。这种范围的确定必须具体、详细，并要根据一定目的规定好各纲目的比例。第二步，确定每个题目所测的内容，并与测验编制者所列的双向细目表对照，逐题比较自己的分类和制卷者的分类，并做记录。第三步，制定评定表，考察题目对所定义的内容范围的覆盖率，判断题目难度与能力要求之间的差异，还要考察各种题目数量和分数的比例及题目形式对内容的适当性等，最终对整个测验的有效性作出总的评价。

2）克伦巴赫（Cronbach）提出的统计分析方法

具体方法是：从同一个内容总体中抽取两套独立的平行测验，用这两个测验来测同一批被试，求其相关。若相关低，则两个测验中至少有一个缺乏内容效度；若相关高，则测验可能有较高的内容效度。

3）再测法

操作过程是：在被试学习某种知识之前做一次测验（如学习电学之前考电学知识），在学过该知识后再做同样的测验。这时，若后测成绩显著地优于前测成绩，则说明所测内容正是被试新近所学内容，进而证明该测验对这部分内容而言具有较高的内容效度。

2. 结构效度

结构效度是指一个测验实际测到所要测量的理论结构和特质的程度，或者说它是指测验分数能够说明心理学理论的某种结构或特质的程度。例如，吉尔福特认为创造力是发散性思维的外部表现，是人对一定刺激产生大量的、变化的、独创性的反应能力。根据这一理论，他认为创造力测验应重点测量人的思维的流畅性、灵活性和创造性。测验编好后，若有足够的证据来证明它确实可以测到这些特性，则认为它是个结构效度较高的创造力测验。

结构效度的确立一般包括三个步骤：第一步，提出理论假设，并把这一假设分解成一些细小的纲目，以解释被试在测验上的表现。第二步，依据理论框架，推演出有关测验成绩的假设。第三步，用逻辑的和实证的方法来验证假设。

结构效度的估计主要有四种方法。

1）测验内部寻找证据法

首先，考察该测验的内部效度，因为有些测验对所测内容或行为范围的定义或解释类似于理论构想的解释，所以内容效度高实际上说明结构效度高。然后，分析被试的答题过程，若有证据表明某一题目的作答除了反映所要测的特质之外，还反映其他因素的影响，则说明该题没有较好地体现理论构想，该题的存在会降低结构效度。最后，通过计算测验的同质性信度的方法来检测结构效度。若有证据表明该测验不同质，则可以断定该测验结构效度不高。

2）测验之间寻找证据法

途径一，相容效度法。考察新编测验与某个已知的能有效测量相同特质的旧测验之间的相关。若两者相关较高，则说明新测验有较高的效度。

途径二，区分效度法。考察新编测验与某个已知的能有效测量不同特质的旧测验间的相关。若两个相关较高，则说明新测验效度不高，因为它也测到了其他的心理品质。

途径三，因素分析法。通过对一组测验进行因素分析，找出影响测验的共同因素。每个测验在共同因素上的负荷量就是该测验的因素效度，测验分数总变异中来自有关因素的比例就是该测验结构效度的指标。

3）考察测验的实证效度法

工作思路为：如果一个测验有实证效度，则可以拿该测验所预测的效标的性质与种类作为该测验的结构效度指标，至少可以从效标的性质与种类来推论测量的结构效度。

主要有以下两种做法。一种是根据效标把人分为两类，考察其得分差异。例如，一组被公认为是性格外向的人在测验中得分较高，另一组被公认为是性格内向的人在测验中得分较低，则说明该测验能区分人的内向与外向特征，进而说明该测验在测量人的性格内外向方面有较高的结构效度。另一种是根据测验得分把人分成高分组和低分组，考察两组人在所测特质方面是否确有差异。若两组人在所测特质方面差异显著，则说明该测验有效，具有较高的结构效度。

4）多种特质——多种方法矩阵法

该方法的实质是相容效度法和区分效度法的综合运用，其原理是运用多种不同的方法测量同一种特质相关很高（用极为相似的方法测量不同特质相关很低），则说明测量效度较高。

3. 实证效度

实证效度又称效标关联效度，是指一个测验对处于特定情境中的个体的行为进行估计的有效性。例如，当用机械能力倾向测验测查了一大批机械工人之后，若有证据表明测验高分组的实际工作成绩确实优于低分组的实际工作成绩，则可以认为该测验具有较高的实证效度。又如，在军队选拔汽车驾驶兵时，若由测验选出来的兵在学习驾驶技术及日后驾驶过程中的表现都大大好于以前未经过测验随意指派的汽车驾驶兵，则表明该测验也具有较高的实证效度。

被估计的行为是检验测验效度的标准，简称效标。根据效标资料搜集的时间差异，实证效度可以分为同时效度和预测效度两种。如上述例子中的机械能力倾向测验，其效标资料是与测验分数同时搜集的，所以它是同时效度；上述例子中的汽车驾驶兵选拔测验，其效标资料是在测验之后根据实际工作成绩来确定的，所以它是预测效度。

实证效度的确定方法大体上可以分为以下几个步骤：第一步，明确效标；第二步，确定效标测量；第三步，考察测验分数与效标测量的关系。

具体方法主要如下。

1）相关法

工作思路为计算测验分数与效标测量的相关系数（积差相关法、等级相关法、点二列相关法、四分相关法）。

2）区分法

工作思路为，被试接受测验后，让他们工作一段时间，再根据工作成绩（效标测量）的好坏分成两组，分析这两组被试原先接受测验的分数差异，若两组的测验分数差异显著，则说明该测验有较高的效度。

3）命中率法

当用测验做取舍决策时，决策的正命中率和总命中率是测验有效性的较好方法。其中，总命中率是指根据测验选出的人当中工作合格的人数，以及根据测验淘汰的人当中工作不合格人数之和与总人数之比。若总命中率高，则说明测验效度高。此外，有些测验只关心被选者合格的有多少，而不关心被淘汰者中是否有合格者，这时测验的效度应该用测验的命中率来评价。

（九）难度

难度是测试试题的难易程度，是衡量试题对学生知识能力水平的适应性指标，与考试目的、性质、内容等质的分析和考试的平均分、标准差、信度、区分度等量数的分析一起构成了试题的项目分析。

1. 难度的估计

1）通常使用"得分率"作为难度指标

相关公式为：$P=\dfrac{M}{W}$（M 为平均分，W 为满分）或 $P=\dfrac{R}{N}$（R 为答对人数，N 为总人数），其中难度系数 P 值越大，说明试题难度越小；P 值越小，说明试题难度越大。这样计算的难度，实为易度，它表明了试题的难易顺序，但无法表明各个难度之间的差异大小。

2）标准难度

美国教育考试服务中心（Educational Testing Service，ETS）在学术能力评估测试（Scholastic Assessment Test，SAT）中使用计算公式 $\varDelta=4Z+13$，其中 $\varDelta$ 为标准难度，$\varDelta$ 值越大，试题越难；平均难度为 13，难度标准差为 4；Z 为标准分数。

2. 难度的选择

P 的理论值为 0.5 最合适；高考等常模参照性测试时，$P=0.3\sim0.8$ 时则认为合适。试题过难或过易，被试的分数分布范围小，信度降低，尤其是过难时，被试凭猜作答或根本没有时间作答，必然降低信度。

3. 多重选择问题的难度校正

计算公式为：$P_{c}=\dfrac{KP-1}{K-1}$（P 和 P_{c} 分别为校正前、后的难度；K 为试题选择答案数目）。本公式适合于选项数目不同的试题的难度比较。

四、参数检验项目及其原理

参数检验是指在总体分布形式已知的情况下，对总体分布的参数进行推断的方法，也就是说，根据样本数据的性质推断总体性质的统计方法。常用的有 t 检验和方差分析[①]。

（一）t 检验

如果要检验两个对象之间的平均值是否存在差异，通常采用 t 检验，并通过两个对象的样本均值差异检验，考察两个对象的总体是否存在差异。例如，研究者采用对比班和实验班的方式考察教学方法不同时教学效果的差异，那么，只须将两个样本的数据进行 t 检验，即可推断两种教学方法的差异显著性水平。

（二）方差分析

如果要检验三个或三个以上对象之间的平均值是否存在差异，通常采用方差分析。

1. 单因素方差分析

单因素方差分析又称一元方差分析，常用于一个自变量的多个水平之间均值差异性的比较，如果差异显著，只能说明其最大均值与最小均值之间存在差异，如果要知道哪些水平差异显著，哪些不显著，还要进行均值的多重检验。

2. 多因素方差分析

多因素方差分析又称多元方差分析，常用于多个自变量共同影响一个因变量时，每个自变量的多个水平之间均值差异性的比较，以及不同自变量之间交互影响因变量时，各种处理均值差异性比较。

例如，探索思维策略训练对高中生化学问题解决能力的影响，自变量 A 为训练方式（其中水平 A_1 为有意识训练，水平 A_2 为无意识训练），自变量 B 为训练材料（其中水平 B_1 为自编的课堂训练教程，水平 B_2 为自主设计制作的网络课程），经过多因素方差分析，既可考察不同的训练方式之间训练效果的差异性，也可考察采用不同材料时训练效果的差异等主效应，如果自变量 A 与 B 之间的交互作用显著，还可通过简单效应考察有意识训练 A_1 时，水平 B_1 与水平 B_2 训练效果的差异等。

由此可见，多因素方差分析比单因素方差分析更加深入具体，也更符合客观实际。值得注意的是，无论是 t 检验还是方差分析都要结合描述性统计进行，或者说在研究结果的表述中还需要描述性统计作基础。

五、非参数检验项目及其原理

在总体方差未知或知道甚少的情况下，利用样本数据对总体分布形态等进行推断统计，常用非参数检验，如卡方检验、回归分析等[②]。

---

① 吴鑫德. 化学教育心理学[M]. 北京：化学工业出版社，2011：196.
② 吴鑫德. 化学教育心理学[M]. 北京：化学工业出版社，2011：197-202.

（一）卡方（χ^2）检验

1. χ^2分布

1）χ^2的基本定义

χ^2读作卡方，是表示实际频数与理论频数（期望次数）之间差异程度的指标，是检验实测次数与期望次数是否一致的统计方法。若用A表示实际频数，T表示理论频数，则有$\chi^2 = (A-T)^2/T$，可能的取值范围为（$0,+\infty$）。

2）χ^2的分布曲线

设x_1，x_2，…，x_n是来自标准正态总体$N(0,1)$的一个样本，且相互独立，统计量$\chi^2 = x_1^2 + x_2^2 + \cdots + x_n^2$的分布服从自由度为$n$的$\chi^2$分布。$\chi^2$是一种连续型随机变量的概率分布，其分布曲线的形状依赖于自由度n的大小，自由度不同，则曲线分布不同。不同自由度分布的概率密度曲线见图10-9。

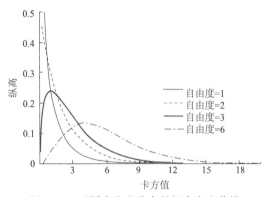

图10-9 不同自由度分布的概率密度曲线

3）χ^2分布的特点

（1）当自由度$n \leqslant 2$时，χ^2分布曲线呈L形。

（2）当自由度$n > 2$时，χ^2分布呈右偏态，随着自由度n的增加，曲线逐渐趋于对称。

（3）当自由度n趋于∞时，χ^2分布趋向正态分布。χ^2分布曲线的总体均数等于其自由度。

4）χ^2分布的可加性

χ^2分布的可加性是其基本性质之一。可加性：若U和V为两个独立的χ^2分布随机变量，$U \sim \chi^2(n_1)$，$V \sim \chi^2(n_2)$，则$U+V$这一随机变量服从自由度为$n_1 + n_2$的χ^2分布。

2. χ^2检验的基本思想

χ^2检验方法是处理一个因素两项或多项分类的实际观察频数与理论频数分布是否一致问题，或说有无显著差异问题的方法。它用来检验数据的总体分布和计数数据的显著性检验，被视为非参数检验方法的一种。

1）χ^2检验的假设

（1）分类相互排斥，互不包容。χ^2检验中的分类必须相互排斥，这样每一个观测值就会被划分到一个类别或另一个类别中。

（2）观测值相互独立。如一个被试对某一品牌的选择对另一个被试的选择没有影响。

（3）期望次数的大小。为了努力使 χ^2 分布成为 χ^2 值合理准确的近似估计，每一单元格中的期望次数应该至少 5 个。

2）χ^2 检验的类别

χ^2 检验因研究的问题不同，可以细分为多种类型，如配合度检验、独立性检验、同质性检验等。

配合度检验主要用来检验一个因素多项分类的实际观察数与某理论次数是否接近，这种 χ^2 检验方法有时也称为无差假说检验。当对连续数据的正态性进行检验时，这种检验又可称为正态吻合性检验。

独立性检验用来检验两个或两个以上因素各种分类之间是否有关联或是否具有独立性的问题。

同质性检验的主要目的在于检定不同人群母总体在某一个变量的反应是否具有显著差异。当用同质性检验检测双样本在单一变量的分布情形，如果两样本没有显著差异，就可以说两个母总体是同质的。

3）χ^2 检验的基本公式

简单地讲，χ^2 检验方法检验的是样本实得次数与理论次数之间的差异性。它是实际观察次数（f_o）与某理论次数（f_e）之差的平方再除以理论次数，是一个与 χ^2 分布非常近似的分布。f_o-f_e 有正有负，但平方后将差异归于一个方向，因此虽然 χ^2 分布做双侧检验，但只有一个临界值。

基本公式如下：

$$\chi^2 = \sum \frac{(f_o - f_e)^2}{f_e} \tag{10-18}$$

4）期望次数的计算

在独立性检验与同质性检验中，如果两个变量或两个样本无关联时，期望值为列联表中各单元格的理论次数，即各个单元格对应的两个边缘次数的积除以总次数，如表 10-6 所示。

表 10-6　双变量交叉表的期望值

B 因素	A 因素		合计
	类别 1（A_1）	类别 2（A_2）	
类别 1（B_1）	$N_{A_1} N_{B_1} / N_t$	$N_{A_2} N_{B_1} / N_t$	N_{B_1}
类别 2（B_2）	$N_{A_1} N_{B_2} / N_t$	$N_{A_2} N_{B_2} / N_t$	N_{B_2}
合计	N_{A_1}	N_{A_2}	N_t

5）小期望次数的连续性矫正

χ^2 检验的假设之一是，每一单元格中的期望次数应该至少 5 个。当单元格的人数过少

时，有四种处理方法。

第一，单元格合并法。若有一格或多个单元格的期望次数小于 5 时，在配合研究目的的情况下，可适当调整变量的分类方式，将部分单元格予以合并。如在学历层次中，如果博士生过少，可将博士生与硕士生合并成为研究生再进行计算。

第二，增加样本量。

第三，去除样本法。如果样本无法增加，次数偏低的类别又不具有分析与研究的价值时，可以将该类被试去除，但研究的结论不能推论到这些被去除的母总体中。

第四，使用校正公式。在 2×2 的列联表检验中，若单元格的期望次数低于 10 但高于 5，可使用耶茨校正公式；若期望次数低于 5 时，或样本总人数低于 20 时，则应使用费舍精确概率检验法；当单元格内容牵涉到重复测量设计时，可使用麦内玛检验。

（二）回归分析

回归是由英国著名统计学家 Francis Galton 在 19 世纪末期研究孩子及他们的父母的身高时提出来的。Galton 发现身材高的父母，他们的孩子也高。但这些孩子平均起来并不像他们的父母那样高。比较矮的父母的情形也类似：他们的孩子比较矮，但这些孩子的平均身高要比他们的父母的平均身高要高。Galton 把这种孩子的身高向中间值靠近的趋势称为一种回归效应，而他发展的研究两个数值变量的方法称为回归分析。

回归分析分为线性回归和非线性回归。线性回归是分析连续型变量在数值上线性依存关系的统计方法；而非线性回归是分析连续型变量在数值上为非线性关系的统计学方法。

线性回归分为简单线性回归和多重线性回归。简单线性回归研究一个因变量与一个自变量之间的线性依存关系；多重线性回归研究一个因变量与多个自变量之间的线性依存关系。

回归分析的任务有三个：一是建立回归方程，即从一组样本数据出发，确定变量之间的数学关系式（自变量的个数、函数形式、估计函数中的参数）；二是检验方程的有效性，即对这个关系式的可信程度进行各种统计检验，看方程是否有价值，判断它的有效性高低，对这个方程是否为最佳方程做研究；三是利用所求出的方程，进行估计、预测和控制。下面着重介绍多重线性回归分析方法。

1. 多重线性回归的基本概念

多重线性回归是研究一个因变量和多个自变量之间线性关系的统计学分析方法。其目的是建立多个自变量与一个因变量之间的数量依存关系，从而对因变量做出更为准确的解释和预报。

多重线性回归分析的数学模型为

$$Y = \beta_0 + \beta_1 X_1 + \beta_2 X_2 + \cdots + \beta_m X_m + \varepsilon \qquad (10\text{-}19)$$

该式表示 m 个自变量共同作用于因变量 Y。如果 $m=1$，方程即变为一元线性方程。式（10-19）中的参数 β_0 称为截距；β_j（$j=1，2，\cdots，m$）称为偏回归系数，它表示在其他自变量不变的情况下，自变量 X_j 每改变一个观察单位，Y 的改变量，它反映了该自变量对因变量的影响程度。误差项 ε 表示观察不到的可能对因变量造成影响的条件。

多重线性回归模型的应用须满足如下条件。

（1）Y 与 X_1，X_2，$\cdots$，X_m 之间有线性关系；

（2）各列观察值 Y_i（$i=1$，2，$\cdots$，n）相互独立；

（3）残差 ε 服从均数为 0、方差为 σ^2 的正态分布，它等价于任意一组自变量 X_1，X_2，$\cdots$，X_m 值，因变量 Y 应具有相同方差，并且服从正态分布。

相应地，由样本估计得到的多重线性回归方程为

$$Y^u= b_0+ b_1X_1+b_2X_2+\cdots+b_mX_m+\varepsilon \qquad （10\text{-}20）$$

式中，Y^u 为 $X=$（X_1，X_2，$\cdots$，X_m）时，因变量 Y 的总体平均值的估计值；b_0 为常数项，又称 Y 轴截距，是式（10-19）中 β_0 的估计值，表示当所有自变量为 0 时因变量 Y 的总体平均值的估计值；b_m 为自变量 X_m 的偏回归系数，是 β_m 的估计值。

2. 多重线性回归分析步骤

多重线性回归分析步骤包括多重线性回归方程的建立、假设检验及评价两部分。

1）多重线性回归方程的建立

建立多重线性回归方程的核心是计算回归方程的参数。模型参数的估计通常采用最小二乘法，其基本原理是：利用观察或收集到的因变量和自变量的一组数据建立一个因变量关于自变量的函数模型，使得这个模型的理论值和观察值之间的离差平方和尽可能小。

根据观察到的 n 例数据，代入式（10-19），可建立等式：

$$Q=\sum(Y-Y^u)^2=\sum[Y-(b_0+ b_1X_1+b_2X_2+...+b_mX_m)]^2 \qquad （10\text{-}21）$$

根据最小二乘法求解 $b_1,b_2,\cdots,b_m$，即应该使选定的 $b_1,b_2,\cdots,b_m$ 能够让式（10-21）的残差平方和达到极小，然后求 b_0。

为了使残差平方和达到极小，可将 Q 对 b_1，b_2，$\cdots$，b_m 求一阶导数，并使之等于 0，经简化可得到下列方程组：

$$\begin{aligned} L_{11}b_1 + L_{12}b_2 + \ldots + L_{1m}b_m &= L_{1Y} \\ L_{21}b_1 + L_{22}b_2 + \ldots + L_{2m}b_m &= L_{2Y} \\ &\vdots \\ L_{m1}b_1 + L_{m2}b_2 + \ldots + L_{mm}b_m &= L_{mY} \end{aligned} \qquad （10\text{-}22）$$

式（10-22）中，

$$L_{ij}=\sum X_iX_j-\sum X_i\sum X_j/n, \quad i, j=1, 2, \cdots, m \qquad （10\text{-}23）$$

$$L_{jY}=\sum X_iY-\sum X_j\sum Y/n, \quad j=1, 2, \cdots, m \qquad （10\text{-}24）$$

式（10-21）是一个自变量的离均差平方和（$i=j$）、式（10-23）是两个自变量的离均差积差和（$i\neq j$）；式（10-24）是自变量 X_j 与因变量 Y 的离均差积和。

尽管多重线性回归分析估计的原理和计算方法与简单线性回归分析相同，但是随着自

变量个数的增加其计算量变得相当大，现在一般依靠 SPSS 软件来完成。

2）多重线性回归方程的假设检验与评价

建立了多重线性回归方程后，需要进行显著性检验，以确认建立的数学模型是否很好地拟合了原始数据，即该回归方程是否有效。检测内容为：利用方差分析对回归方程的假设检验；利用 t 检验对方程中各偏回归系数的假设检验；利用残差分析确定回归方程是否违反了假设检验。

（1）整体回归效应的假设检验。

按照简单回归参数的计算方法，算出回归系数的样本估计值 b_0，b_1，b_2，$\cdots$，b_m 后，还需要进一步检验，以确定就整体而言，所得回归方程是否有意义，常用方差分析来进行，步骤如下。

i）建立假设检验，确定 α 显著性水平。H_0：$\beta_1=\beta_2=\cdots=\beta_m=0$，$H_1$：各 β_j（$j=1,2,\cdots,m$）不全为 0，$\alpha=0.05$。

ii）计算统计量：

$$F = \frac{SS_{回} / m}{SS_{残} / (n-m-1)} = \frac{MS_R}{MS_E} \sim F(m, n-m-1) \qquad （10\text{-}25）$$

式中，$SS_{回}$ 为回归平方和，反映了方程中 m 个自变量与因变量 Y 间的线性关系；m 为回归自由度，即方程中所含自变量的个数；$SS_{残}$ 为剩余平方和，说明除自变量外，其他随机因素对 Y 变异的影响；$n-m-1$ 为剩余自由度。显然 $SS_{残}$ 越小，F 值越大，则方程拟合效果越好。

iii）确定 p 值，做结论。若 $F<F$（$m,n-m-1$），则在 α 水平上接受 H_0，反之，若 $F>F$（$m,n-m-1$），则在 α 水平上拒绝 H_0。

（2）偏回归系数假设检验。

检验某个总体偏回归系数等于 0 的假设，以判断是否相应的那个自变量对回归确有贡献。检验方法可用 F 检验或 t 检验。在 SPSS 统计软件中，多重线性回归偏回归系数假设检验以 t 检验作为结果给出报告。以 t 检验为例，步骤如下。

i）建立假设检验，确定 α 水准。H_0：$\beta_j=0$，H_1：$\beta_j \neq 0$，$\alpha=0.05$。

ii）计算统计量：

$$t_j = b_j / S_{bj} \sim t（n-m-1） \qquad （10\text{-}26）$$

式中，b_j 为偏回归系数的估计值；S_{bj} 为 b_j 的标准误，S_{bj} 的计算比较复杂，要应用矩阵运算获得。

iii）确定 p 值，做结论。若 $t_j<t_{(n-m-1)}$，则在 α 水平上接受 H_0，反之，若 $t_j \geq t_{(n-m-1)}$，则在 α 水平上拒绝 H_0，这说明该数据与 Y 有线性回归关系。t 的绝对值越大，说明该变量对 Y 的回归所起的作用越大。

（3）残差分析。

残差是指观测值与回归模型拟合值之差，它反映模型与数据拟合的信息。残差分析旨在通过残差深入了解数据与模型之间的关系，评价实际资料是否符合回归模型假设，判断是否还须向自己的模型中继续引入新的变量及识别异常点等。检验内容分为：残差的独立性检验、残差的正态性检验和残差的方差齐性检验。

残差的独立性检验：使用 Durbin-Watson 检验法进行诊断。

残差的正态性检验：最直观、最简单的方法是观察残差直方图和正态概率图（P-P 图）。

残差的方差齐性检验：一般通过生成和分析残差与标准化预测值的散点图来实现。

（4）多重线性回归方程的评价标准。

复相关系数 R：复相关系数又称多元相关系数，用 R 表示，衡量模型中所有自变量（X_1，X_2，…，X_m）与因变量 Y 之间的线性相关程度。实际上它是 Y_i 与其估计值的相关程度，即皮尔逊相关系数。复相关系数 R 的取值范围为（0，1），没有负值。R 值越大，说明线性回归关系越密切。

决定系数 R^2：复相关系数的平方称为决定系数，与简单线性回归的决定系数相类似，它表示因变量 Y 的总变异中可由回归模型中的自变量解释的部分所占的比例，是衡量所建模型效果好坏的指标之一。

矫正系数 R_a^2：决定系数的值随着进入回归方程的自变量个数 n 的增加而增大。因此，为了消除自变量的个数及样本量的大小对决定系数的影响，形成了矫正系数。

其他标准：衡量模型拟合的标准还有很多，如剩余标准差 S_y，C_p 统计量，贝叶斯信息准则等。

第四节　SPSS 统计软件的应用

在化学教育科研中经常需要对所收集的数据进行分析，然而，由于缺少统计处理方法，常常只是对数据绝对值进行简单的直观比较，这样既不能确保结论的合理性和正确性，又不能深入有效地挖掘数据的潜在意义，因此，熟悉和把握一种数据统计软件的操作原理和操作方法，对于提高化学教育科研水平和科研能力具有重要的意义[1]。

一、SPSS 软件录入及功能

（一）SPSS 简介

SPSS（Statistical Product and Service Solutions）是在 Windows 系统下运行的社会科学统计软件包，中文全称为"统计产品与服务解决方案"，是目前世界上流行的三大统计分析软件之一，除了适合于社会科学以外，还适合于自然科学各领域的统计分析。近年来，SPSS 为我国经济、工业、管理、医疗、卫生、体育、心理、教育等领域的科研工作者广泛使用。

SPSS 的统计分析功能有：描述性统计、均值比较、方差分析、回归分析、因素分析、缺失值分析、非参数检验等。

① 吴鑫德. 化学教育心理学[M]. 北京：化学工业出版社，2011：207-231.

（二）SPSS 数据的录入

在安装完 SPSS 软件后，启动 SPSS for Windows 程序，将出现一个对话框供选择。

Run the tutorial——"运行操作指导"，选此项，可查看基本操作指导；

Type in data——"在数据窗中输入数据"，选此项，则显示数据编辑窗口，等待新数据录入；

Run an existing query——"运行一个已经存在的问题文件"，选此项，可打开已存在的 spq 文件；

Create new query using Database Wizard——使用数据库获取窗口，建立新文件选项；

Open existing file——选此项，可打开一个已经存在的 sav 格式文件。

选择 Type in data 窗口，即可进行新数据的录入。

1. 变量的定义

在屏幕下方的任务栏中选择变量定义窗口 Variable View 或在纵列变量名称上双击鼠标即变为变量定义窗口（图 10-10），然后可逐一对每一个变量进行定义。

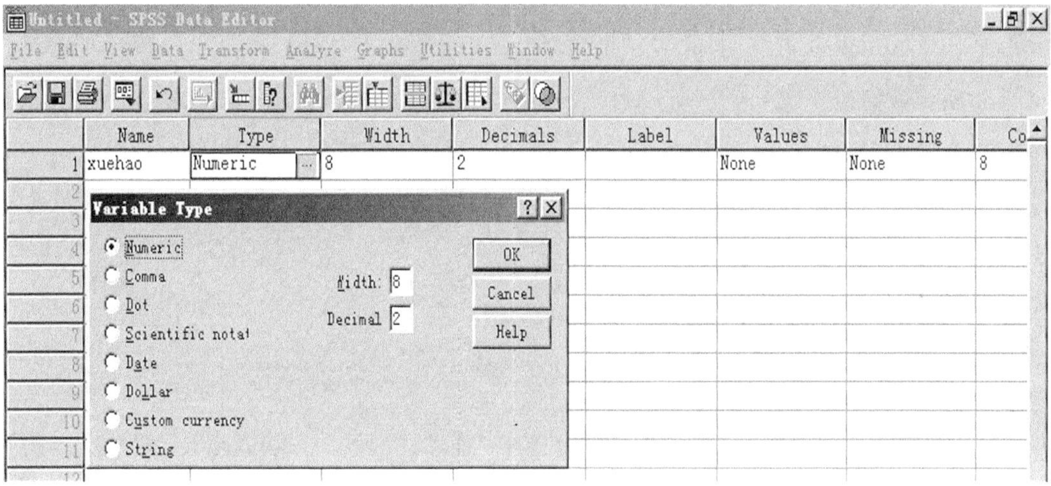

图 10-10 变量定义窗口

（1）Name 表示变量的代码，由研究者自行确定，一般使用英文字母或中文拼音。

（2）Type 表示该列数据的类型，通常选择数字型（Numeric）或中文型（String）。但如果选择中文型（String），则输入数字不会显示，如果选择数字型（Numeric），则输入中文不会显示。因此，一般对于姓名常常选择中文型，对于测试分数一定只能选择数字型。为了数据输入方便，对于学校名称、年级、性别等信息通常选择数字代替，这时必须选择数字型，如性别，可用"1"表示男，用"0"表示女。

（3）Width 表示该列数据的宽度所需要的字符数，一般可以在此设置，也可采用鼠标来拖拉调整。

（4）Decimals 表示该列数据保留的小数点位数，一般只有数字型的数据才可以设置。

（5）Label 表示该列数据的符号 Name 项所代表的中文名称，如用 SCH 表示学校，则在此位置输入"学校"，用 GENDER 表示性别，则在此位置输入"性别"。

（6）Values 表示该列数据中各个数字所代表的意义，如可用"1"表示男，用"0"表示女，则从对话框中分别填写"1""男"，按回车键即可看到"1=男"，然后再分别填写"0""女"，按回车键又可看到"0=女"，至此性别这列数据就已经定义完毕，当你在数据编辑窗口（Data View）输入每个被试的性别对应数据 1 或 0 时，计算机可自动识别为男或女，数据统计结果显示的也为中文"男"或"女"。

2. 数据的编辑

当在数据定义窗口对每个被试的信息数据都逐一进行定义后，即可在屏幕下方的任务栏中选择数据编辑窗口 Data View，然后，按照各个变量的性质分别输入对应的数据。

注意：①同一变量不同水平的数据只能录入同一列中，如实验班与对照班的化学成绩不能列为两列，只能为一列，否则，计算机无法调取数据进行相关的统计处理。②数据定义与数据编辑应完全一致，如在定义性别时，用"1"表示男，用"0"表示女，如果数据编辑时，将某被试的性别误输为"2"，计算机将无法识别。因此，数据编辑后，应对数据进行检查与整理。

（三）SPSS 数据统计界面功能简介

将所有数据录入后，在屏幕上方的任务栏中，不同的栏目对应不同的功能。

（1）File——文件，对应的功能有"打开""新建""保存""另存为"等。

（2）Edit——编辑，对应的功能有"剪切""复制""粘贴"等。

（3）View——视图，对应的功能有"工具""格式"等。

（4）Date——数据处理，对应的功能有"插入一个新变量""插入一个新被试信息""一个数据表格的拆分""多个数据表格的整合"等。

（5）Transform——数据转换，对应的功能有"多个变量数据通过计算变为一列新的数据"等。

（6）Analyze——统计分析，对应的功能有"描述性统计""均值检验""相关分析""参数检验"等。

（7）Graphs——作图，对应的功能有"曲线图""直方图""馅饼图"等。

二、SPSS 数据统计的基本操作

选定分析功能键 Analyze/Statistics 后，再进行如下操作。

（一）描述性统计分析

从下拉菜单中选择 Descriptive Statistics。

Frequencies　频次分析
Descriptives　描述性统计
Explore　探索分析（检验方差齐次性）
Crosstabs　交叉列表

1. Frequencies 表示频率分析

常用于对调查问卷中各个选择项的频数进行统计，其中：Statistics 为统计量选项；Charts 为图表选项；Format 为统计结果输出格式选项；Display 为是否显示频率分析表选项。

2. Descriptives 表示描述统计分析

常用于人数、平均值、标准差等统计项目的计算，其中：Save Standardized Values as Variables 复选框表示是否保存所选择的每个变量的标准分数值（Z 值）；Options 为所需要的统计量与输出结果显示选择项。

（二）均值差异性检验

从下拉菜单中选择 Compare Means。

> Means ——默认的多层均值比较
> One-sample T test ——单一样本 t 检验
> Independent-sample T Test——独立样本 t 检验
> Paired-Sample T test——配对样本 t 检验
> One-way ANOVA——单因素方差分析

1. 多层均值的计算——采用 Means

例如，计算某学校、某年级、某班级男生的化学考试平均成绩，采用 Means。

2. 同一自变量两个不同水平之间均值差异显著性分析——采用 t 检验

t 检验常用于两列具有正态分布的数据之间均值大小差异显著性检验，并由样本均值的差异性推断总体是否具有显著差异。但如果两个样本数据为非正态分布，那么只能采用非参数检验；如果多个样本之间比较不能分别进行两两之间的 t 检验，只能进行方差分析。

（1）单一样本 t 检验（One-Sample T Test），用于检验某一变量的均值是否与给定的常数之间存在显著差异，例如，某学校所有高三学生的高考化学成绩与全省化学平均成绩是否具有显著差异，就采用该操作。也就是在 Test Variables 框内将左边待检验的变量移入其中，在 Test Value 框内输入标准值，再点击 OK 即可得出分析结果。

（2）独立样本 t 检验（Independent-Sample T Test），用于检验两个不相关的样本之间的均值是否存在显著差异，例如，男生与女生之间的化学成绩差异显著性比较，则采用该操作。也就是在 Test Variables 框内将左边待检验的变量移入其中，然后将要比较的两个样本的分类变量移入 Grouping Variable 框中，再点击 Define Groups 按钮，将分类变量的代码输入该对话框中（图 10-11），再点击 OK 即可得出分析结果（表 10-7）。表 10-7 表明，通过 F 检验，方差是齐性的，这时应观察第一行 t 值及其显著性水平，即男女生期末化学考试成绩没有显著差异（$t=-0.398$，$p=0.691>0.05$），其中，显著性水平 0.691 表示假设男女生期末化学考试成绩具有差异错误的概率为 69.1%，也就是说，期末化学考试成绩不存在显著的性别差异。

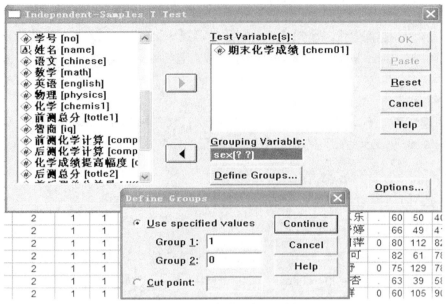

图 10-11　独立样本 t 检验示意图

表 10-7　独立样本 t 检验示意图（男女生期末化学考试成绩差异比较）

	方差相等的 Levene 检验		平均数相等的 t 检验			
	F 检验	显著性	t	自由度	显著性（双尾）	标准误差异
假设方差相等	1.053	0.306	−0.398	242	0.691	−0.87
不假设方差相等			−0.398	233.583	0.690	−0.87

　　在统计结果分析中，通常是假定样本存在差异，然后计算存在差异的假设错误的概率，最后根据错误概率大小做出是否具有显著差异的结论。一般情况下，当错误的概率大于 0.05 时，否定假设，做出"没有显著差异"的结论；当错误的概率小于 0.05 时，接受假设，做出"具有显著差异"的结论；当错误的概率小于 0.01 时，接受假设，做出"具有极其显著差异"的结论。

　　（3）配对样本 t 检验（Paired-Sample T test），用于检验两个相关样本的均值是否存在显著差异，如某班学生接受一种新的教学方法前后的学习成绩比较。注意：它只适用两列方差齐性且相关的变量之间分析。

　　3. 同一自变量多个水平之间均值差异显著性检验——采用一元方差分析（One-Way ANOVA）

　　一元方差分析用于检验几个独立的样本均值差异性比较，但各变量的数据必须均符合正态分布，且方差具有齐次性。具体操作方法如下。

　　第一步，从 Compare Means 下拉菜单中选择 One-Way ANOVA。

　　第二步，将左边所要分析的因变量移入 Dependent List 对话框中，如实验前化学计算题测试成绩。

　　第三步，将左边所要比较的自变量移入 Factor 对话框中（图 10-12），如"学校"。

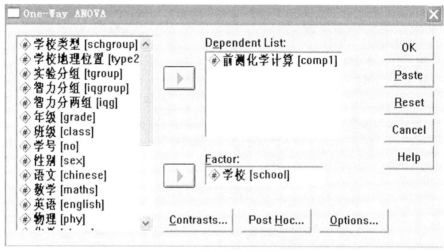

图 10-12 一元方差分析操作示意图

第四步，点击 OK 即可比较不同学校之间化学成绩的差异显著性（表 10-8）。

表 10-8 不同学校学生的前测化学计算题测试成绩比较

误差来源	平方和	自由度	均方	F 检验	显著性
组间误	73392.374	5	14678.475	95.861	0.000
组内误	82532.599	539	153.122		
总误差	155924.972	544			

表 10-8 表明，不同学校之间学生的化学计算题测试成绩具有非常明显的差异（$F = 95.861$，$p = 0.000 < 0.01$）。

如果需要在结果中显示差异显著，那么，要在 Post Hoc 选择项中选择 LSD（均值的多重比较）项，在该选择项中的其他对话框含义分别如下。

（1）Equal Variances Assumed——方差齐性时选项。

（2）Equal Vartances not Assumed——方差非齐性时选项。

Tambane's T2——t 检验配对比较；

Dunnett's T3——正态分布下的配对比较；

Game-Howell——方差不具齐性的配对比较；

Dunnett's C——正态分布下的配对比值。

（3）Significance Level ——显著性水平选项。

注意：只有通过检验方差是齐性的，才能选择 LSD，否则只能考查 Tamhane（t 检验配对比较）。

（三）多元方差分析

多元方差分析（MANOVA models）是在有多个自变量同时影响某个因变量的情况下

进行的统计分析，它既可分析出同一自变量不同水平之间所具有的差异，也可分析各个自变量之间的交互作用。具体操作如下。

第一步，在 Analyze 任务栏的下拉菜单中选择 General Linear Model 及其对应项 Univariate。

第二步，将左边所要分析的因变量移入右边的 Dependent Variable 对话框中，将左边几个自变量分别移入右边的 Fixed Factors 对话框中，将左边的随机变量移入 Random Factors 对话框中，将左边的协变量移入 Covariates 对话框中（图 10-13），点击 OK 即可得出分析结果（表 10-9）。

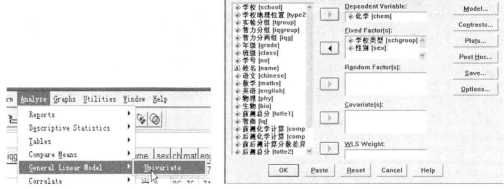

图 10-13　多元方差分析示意图

表 10-9　学校类别与性别对学生化学成绩的影响

误差来源	平方和	自由度	均方值	F 检验	显著性
学校类别 SCHGROUP 主效应	8993.187	1	8993.187	35.362	0.000
性别 GENDER 主效应	5.012	1	5.012	0.020	0.888
SCHGROUP *GENDER 交互作用	22.031	1	22.031	0.087	0.769
总误差	70108.340	243			

表 10-9 表明，普通学校与重点学校学生的化学成绩具有极其显著的差异（$F =35.362$，$p =0.000<0.001$）；男生与女生的化学成绩没有显著的差异（$F =0.020$，$p =0.888>0.05$）；两个自变量之间的交互作用不显著（$F =0.087$，$p =0.769>0.05$）。

（四）相关分析（correlate analysis）

在 Analyze 或 Statistics 下拉菜单中找到 Correlate。

> Bivariate ——两变量间积差相关
> Partial ——偏相关分析
> Distances ——距离相关分析

在化学教育科研中常常需要计算两列具有正态分布的变量之间的相关，所以采用积差相关（图 10-14）。

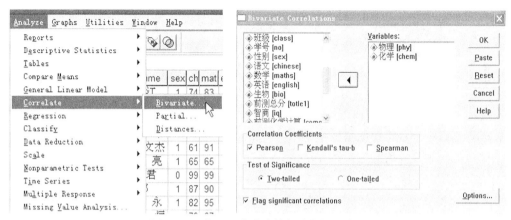

图 10-14　物理和化学成绩相关分析示意图

1. 相关系数（Correlation Coefficients）的选择

Pearson——皮尔逊相关系数，用来度量两个变量线性相关性的强弱，用于连续且服从正态分布的等比或等距数据。

Kendall's tau-b——肯德尔相关系数，用于等级相关。

Spearman——斯皮尔曼秩相关系数，是一个非参数性质（与分布无关）的秩统计参数。

2. 显著性检验（Test of Significance）

Two-tailed——双尾，事先不知道两个变量是否存在相关。

One-tailed——单尾，事先知道相关，但不知道是否明显相关。

Flag significant correlations——是否在输出结果中标明相关的显著性。通常在相关系数右上角用*表示相关的显著性水平为 $\alpha=0.05$，用**表示相关的显著性水平为 $\alpha=0.01$。因此，如果选择了该选项，那么，在统计结果中只要根据有没有*，即可判断是否存在显著相关，而不是简单比较相关系数的绝对值大小。

表 10-10 表明，学生物理和化学考试成绩具有显著的相关（$r=0.666$，$p<0.01$）。

表 10-10　学生物理和化学考试成绩的相关系数统计结果

		物理	化学
物理	相关系数	1	0.666（**）
	显著性（双尾）	.	0.000
	N	475	475
化学	相关系数	0.666（**）	1
	显著性（双尾）	0.000	.
	N	475	545

** 相关性在 0.01 水平（双尾）显著。

三、卡方检验

（一）配合度检验

1. 检验无差假说

例：随机抽取 60 名学生，询问他们在高中是否需要文理分科，赞成分科的有 39 人，反对分科的有 21 人，他们对分科的意见是否有显著差异？

解：（1）提出无效假设与备择假设。

H_0：他们对分科的意见无显著差异；

H_1：他们对分科的意见有显著差异。

（2）计算理论次数。理论次数：$f_{e1}=f_{e2}=60×1/2=30$

（3）计算卡方值。$\chi^2 = \sum \frac{(f_o - f_e)^2}{f_e} = \frac{(39-30)^2}{30} + \frac{(21-30)^2}{30} = 5.4$

（4）确定自由度。本例是二项分类，属性类别分类数 $k=2$，自由度 df$=k-1=2-1=1$

（5）查临界 χ^2 值，作出统计推断。当自由度 df$=1$ 时，查得 $\chi^2_{0.05}(1)=3.84$，$\chi^2_{0.01}(1)=6.63$，计算得 $\chi^2_{0.05}(1)<\chi^2<\chi^2_{0.01}(1)$，表明学生对分科的意见有显著差异。该结论犯错误的概率在 0.05～0.01。在这道题中，如果只允许犯错误的概率小于 0.01，还可以得出结论无显著差异。

【SPSS 操作步骤】

第一步，建立 SPSS 数据文件，如图 10-15 所示。

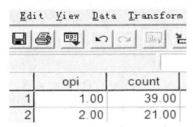

图 10-15 卡方检验数据库的建立

第二步，鼠标单击 Data/Weight Cases（观测值加权）。打开 Weight Cases 对话框，如图 10-16 所示，从左侧选择 count 变量，单击中间的箭头按钮，将其移到右边 Frequency Variable 框中作为频数变量，单击 OK。

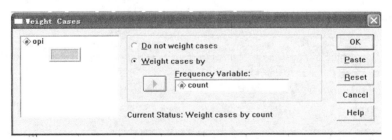

图 10-16 观察值加权操作示意图

第三步，鼠标单击 Analyze（分析）/Nonparametric Tests（非参数检验）/Chi-Square…（卡方分布），如图 10-17 所示。从左侧选择 opi 变量，单击中间的箭头按钮，将其移到右边 Test Variable List 框中作为频数变量，如图 10-18 所示。

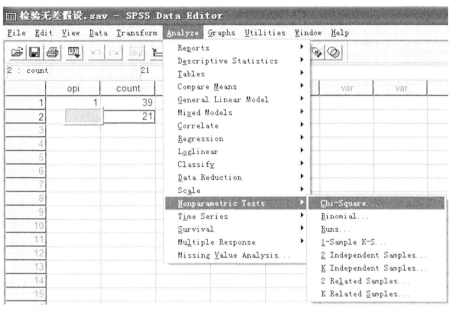

图 10-17　卡方检验操作程序的选择

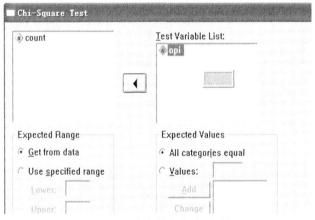

图 10-18　卡方分布指令对话框

第四步，分析结果如表 10-11 和表 10-12 所示。

表 10-11　卡方检验分析结果 1

	观察值	期望值	残差
1.00	39	30.0	9.0
2.00	21	30.0	−9.0
合计	60		

表 10-12　卡方检验分析结果 2

	opi
卡方（α）	5.400
自由度	1
渐进显著性检验	0.020

表 10-11 表明，实际观测值和理论值分别为：（39，30.0）；（21，30.0）。

表 10-12 表明，χ^2=5.400，自由度 df=1，显著性水平 p=0.020。这表明学生对分科的意见有显著差异，与上述手工计算结论一致。

2. 检验假设分布的概率

例：某班有学生 50 人，体检结果按一定标准划分为甲、乙、丙三类，其中甲类 16 人，乙类 24 人，丙类 10 人，该班学生的身体状况是否符合正态分布?

解：（1）提出无效假设与备择假设。

H_0：该班学生的身体状态符合正态分布；

H_1：该班学生的身体状态不符合正态分布。

（2）根据正态分布曲线面积计算理论次数。

甲类：50×（0.5–0.3413）=8

乙类：50×（0.3413×2）=34

丙类：50×（0.5–0.3413）=8

（3）计算统计量。$\chi^2=\sum\frac{(f_o-f_e)^2}{f_e}=\frac{(16-8)^2}{8}+\frac{(24-34)^2}{34}+\frac{(10-8)^2}{8}=11.44$

（4）确定自由度。本例是三项分类，属性类别分类数 k=3，自由度 df=k–1=3–1=2

（5）查临界 χ^2值，作出统计推断。当自由度 df=2 时，查得 $\chi^2_{0.05}$（2）=10.6，因为 $\chi^2>\chi^2_{0.05}$（2），所以该班学生的身体状态不符合正态分布。

【SPSS 操作步骤】

第一步，建立 SPSS 数据文件，如图 10-19 所示。

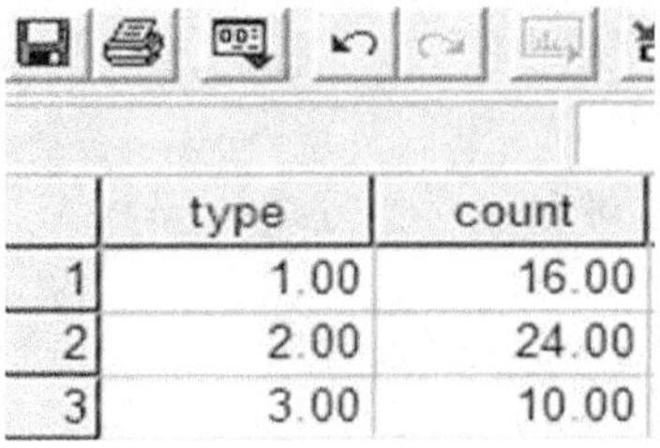

	type	count
1	1.00	16.00
2	2.00	24.00
3	3.00	10.00

图 10-19　卡方检验数据库的建立

第二步，鼠标单击 Data/Weight Cases。打开 Weight Cases 对话框，如图 10-20 所示。从左侧选择 count 变量，单击中间的箭头按钮，将其移到右边 Frequency Variable 框中作为频数变量，单击 OK。

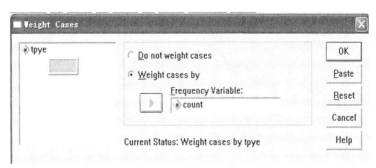

图 10-20 观察值加权操作示意图

第三步，鼠标单击 Analyze/Nonparametric Tests/Chi-Square…，如图 10-21 所示。从左侧选择 tpye 变量，单击中间的箭头按钮，将其移到右边 Test Variable List 框中作为频数变量，并将 Values 定义为"8，34，8"。单击 OK。

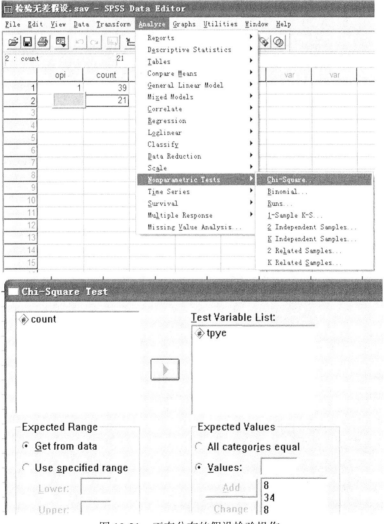

图 10-21 正态分布的假设检验操作

第四步，结果及分析如表 10-13 和表 10-14 所示。

表 10-13   正态分布的假设检验结果 1

	观察值	期望值	残差
1.00	16	8.0	8.0
2.00	24	34.0	−10.0
3.00	10	8.0	2.0
合计	50		

表 10-14   正态分布的假设检验结果 2

	类型
卡方（α）	11.441
自由度	2
渐进显著性检验	0.003

表 10-13 表明，实际次数与理论次数分别为：（16, 8.0）；（24, 34.0）；（10, 8.0）。表 10-14 表明，χ^2=11.441，自由度 df=2。该结果与手工计算结论一致。

（二）独立性检验

1. 列表资料的 χ^2 检验

例：某学者想调查学生、教师、家长三个群体对学校办理营养早餐的意见是"赞成"还是"反对"，特设计以下问卷，共调查了 100 个人，以探讨态度是否与群体类别有关联。

填答人身份：□学生　　　　　　□教师　　　　　□家长

您对学校办营养早餐的意见如何：□赞成　　　　□反对

调查结果如表 10-15 所示。

表 10-15   三个群体对学校办理营养早餐的意见调查数据汇总表

意见	身份			总计
	学生	教师	家长	
赞成	14	10	30	54
反对	16	20	10	46
总计	30	30	40	100

解：（1）提出无效假设与备择假设。

H_0：态度与身份类别无关联；

H_1：态度与身份类别有关联。

（2）求理论次数（根据正态分布曲线面积）。

赞成的理论人数：学生 54×30/100≈16

教师 $54 \times 30/100 = 16$

家长 $54 \times 40/100 = 22$

反对的理论人数：学生 $46 \times 30/100 = 14$

教师 $46 \times 30/100 = 14$

家长 $46 \times 40/100 = 18$

（3）计算统计量。

$$\chi^2 = \sum \frac{(f_o - f_e)^2}{f_e}$$

$$= \frac{(14-16)^2}{16} + \frac{(10-16)^2}{16} + \frac{(30-22)^2}{22} + \frac{(16-14)^2}{14} + \frac{(20-14)^2}{14} + \frac{(10-18)^2}{18}$$

$$= 12.91$$

（4）确定自由度。df=（2–1）×（3–1）=2

（5）查临界 χ^2 值，作出统计推断。当自由度 df=2 时，查得 $\chi^2_{0.05}$（2）=10.6，计算值 $\chi^2 > \chi^2_{0.05}$（2），说明态度与身份类别有关联。

【SPSS 操作步骤】

第一步，建立 SPSS 数据库，如图 10-22 所示。

	身份	意见	count
1	1.00	1.00	14.00
2	1.00	2.00	16.00
3	2.00	1.00	10.00
4	2.00	2.00	20.00
5	3.00	1.00	30.00
6	3.00	2.00	10.00

图 10-22　建立数据库

第二步，鼠标单击 Data/Weight Cases。打开 Weight Cases 对话框，如图 10-23 所示。从左侧选择 count 变量，单击中间的箭头按钮，将其移到右边 Frequency Variable 框中作为频数变量，单击 OK。

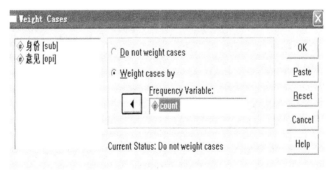

图 10-23　观测值加权操作示意图

第三步，鼠标单击 Analyze/Descriptive Statistics/Crosstabs…，从左侧选择"意见"变量，单击中间的箭头按钮，将其移到右边 Row 框中；从左侧选择"身份"变量，单击中间的箭头按钮，将其移到右边 Column 框中，如图 10-24 所示。

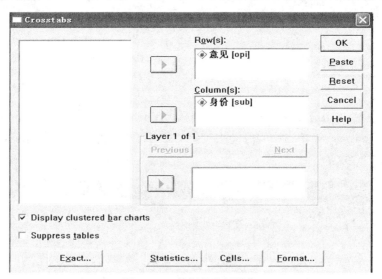

图 10-24　数据的分析操作

第四步，单击 Statistics 按钮，打开此对话框，选中 Chi-square 复选项，如图 10-25 所示。单击 Continue 回到主对话框，而后单击 OK。

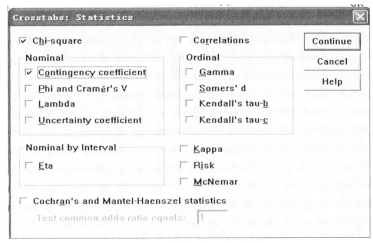

图 10-25　分析项目选择操作

第五步，结果及分析如表 10-16 和表 10-17 所示。

表 10-16　意见×身份交叉制表

		身份			合计
		学生	教师	家长	
意见	赞成	14	10	30	54
	反对	16	20	10	46
合计		30	30	40	100

表 10-17　卡方检验

	数值	自由度	渐进显著性检验（双尾）
Pearson 卡方	12.909（α）	2	0.002
概似比	13.356	2	0.001
线性对线性的关联性	6.490	1	0.011
有效案例个数	100		

表 10-16 表明各个单元格所对应的人数统计结果。

表 10-17 表明独立性卡方检验的结果。本例中 χ^2 值为 12.909，自由度为 2，p 值为 0.002，已达到 0.05 显著性水平，表明态度与身份类别两变量并非独立，有显著的相关性。

2. 配对设计两组比较的 χ^2 检验

例：某小学根据各方面条件基本相同的原则将 32 名学生配成 16 对，然后把每对学生随机分入实验组和对照组，实验组的 16 名学生参加课外科研活动，对照组的 16 名学生不参加此活动，一学期后，统一进行理解能力测验，发现有 9 对学生的理解能力测验成绩明显拉开了距离，其中 8 对实验组学生得到了"及格"，对照组学生得到"不及格"，1 对是对照组学生得到及格，实验组学生得到不及格，结果如表 10-18 所示。参不参加课外科研活动对理解能力测验及格率的影响有无差别？

表 10-18　配对设计结果统计

		对照组		合计
		及格	不及格	
实验组	及格	5（a）	8（b）	13
	不及格	1（c）	2（d）	3
合计		6	10	16

分析： 配对样本比率差异显著性检验与配对样本四格表 χ^2 检验功能相同。其检验公式为： $\chi^2 = \dfrac{(b-c)^2}{b+c}$

但基于假设要求，只要四个单元格中有一格的理论次数小于 5，就可用四格表 χ^2 校正公式。其公式为： $\chi^2 = \dfrac{(|b-c|-1)^2}{b+c}$

解：（1）建立假设。

H_0：两组学生理解能力测验及格率无差别；

H_1：两组学生理解能力测验及格率有差别。

（2）计算检验统计量。基于假设要求，只要四个单元格中有一格的理论次数小于 5，就可用四格表矫正公式，因此，采用四格表 χ^2 校正公式进行计算： $\chi^2 = \dfrac{(|8-1|-1)^2}{8+1} = 4$

（3）确定自由度。df=（2−1）×（2−1）=1

（4）查临界 χ^2 值，作出统计推断。当自由度 df=1 时，查得 $\chi^2_{0.05}$（1）=3.84，计算得 $\chi^2 > \chi^2_{0.05}$（1），说明按 α=0.05 检验水平拒绝原假设，认为两组学生理解能力测验及格率有差别。

【SPSS 操作步骤】

第一步，建立 SPSS 数据库，如图 10-26 所示。

	实验组	对照组	count
1	1.00	1.00	5.00
2	1.00	2.00	8.00
3	2.00	1.00	1.00
4	2.00	2.00	2.00

图 10-26　建立数据库

第二步，鼠标单击 Data/Weight Cases。打开 Weight Cases 对话框，如图 10-27 所示。

从左侧选择 count 变量，单击中间的箭头按钮，将其移到右边 Frequency Variable 框中作为频数变量，单击 OK。

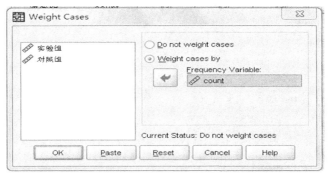

图 10-27　观测值加权操作示意图

第三步，鼠标单击 Analyze/Descriptive Statistics/Crosstabs…，从左侧选择"实验组"变量，单击中间的箭头按钮，将其移到右边 Row（占行百分比）；从左侧选择"对照组"变量，单击中间的箭头按钮，将其移到右边 Column 框中，如图 10-28 所示。

图 10-28　分析项目选择操作

第四步，单击 Statistics 按钮，选中 McNemar（卡方值）复选项，如图 10-29 所示，单击 Continue 按钮，返回主对话框。单击 OK 按钮，执行 SPSS 命令。

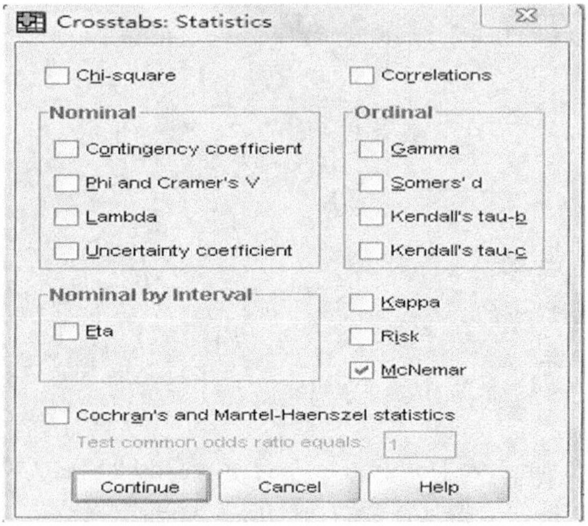

图 10-29　界定 Statistics 指令对话框

第五步，结果及分析如表 10-19 和表 10-20 所示。

表 10-19　实验组 × 对照组交叉制表

计数		对照组		合计
		及格	不及格	
实验组	及　格	5	8	13
	不及格	1	2	3
合计		6	10	16

表 10-20　卡方检验

	数值	渐近显著性（双尾）
配对卡方检验		0.039[a]
有效案例个数	16	

a. 二项分布

表 10-19 为实验组和对照组的交叉表。

表 10-20 为 McNemar 检验结果，其精确概率小于 0.039，小于 0.05 的检验水平，有统计学意义，与手工计算结果一致，可以认为参加课外科研活动理解能力测验及格率提高了。

（三）同质性检验

独立性检验是对同一样本的若干变量关联情形的检验，目的在于判明数据资料是相互关联还是彼此独立；而同质性检验则是对两个样本同一变量的分布状况的检验，是对几个样本数据是否同质做出统计决断。

例：从四所幼儿园分别随机抽出 6 岁儿童若干，各自组成一个实验组，进行实际测验。测验材料是红、绿、蓝三种颜色的字母，以单位时间内的识记数量为指标，结果如下。

分组	识记数量/个		
	红色字母	绿色字母	蓝色字母
1	24	17	19
2	15	12	9
3	20	20	14
4	10	25	28

四组数据是否可以合并分析？

解：（1）建立假设。

H_0：四个实验组是来自理论比率相同的总体；

H_1：四个实验组是来自理论比率不相同的总体。

（2）计算统计量，确定自由度。

每组儿童对三种颜色字母识记效果的理论比率各为 1/3，根据公式 $\chi^2 = \sum \dfrac{(f_o - f_e)^2}{f_e}$ 可算出各组的 χ^2 值分别为 1.3，1.5，1.33，8.86。各组的自由度 df=3−1=2。

四个组的累计 χ^2 值为 12.99，自由度为四个组的自由度之和，df=2+2+2+2=8。将四个组的数据合并，以总测试数据计算的 χ^2 值为 0.20，自由度 df=3−1=2。

计算异质性 χ^2 值为 12.99−0.20=12.79，自由度为 8−2=6。这四个实验组测试效果的异质性 χ^2 值分析结果如表 10-21 所示。

表 10-21　四个实验组测试效果的异质性 χ^2 值分析

变异原因	χ^2	自由度	p
合并 χ^2	0.20	2	>0.05
异质性 χ^2 值	12.79	6	<0.05
总计	12.99	8	

（3）查临界 χ^2 值，作出统计推断。查表得，$\chi^2_{0.05}(6)$=12.6，计算所得的异质性 $\chi^2 > \chi^2_{0.05}(6)$，说明这四个实验组不是来自理论比率相同的总体，四组数据不同质，不能合并分析。

【SPSS 操作步骤】

第一步，建立 SPSS 数据库，如图 10-30 所示。

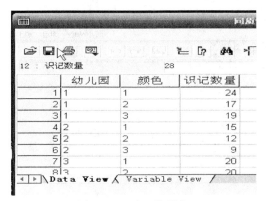

图 10-30　建立数据库

第二步，鼠标单击 Analyze/Descriptive Statistics/Crosstabs…，将"颜色"类型移至 Row 框；点击"幼儿园"类型移至 Column 框，如图 10-31 所示。

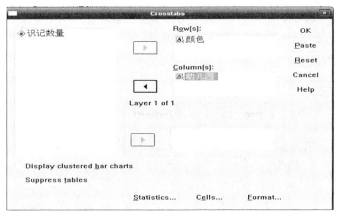

图 10-31　界定同质性检验的 Crosstabs 指令对话框

第三步，单击 Statistics 指令对话框，并点击其中的 Chi-square 选项，并单击 Continue，如图 10-32 所示。

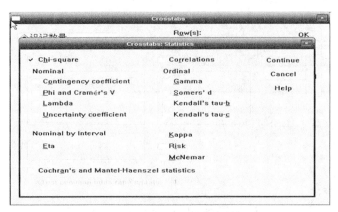

图 10-32　Statistics 指令对话框

第四步，单击 Cells 指令对话框，并点击 Observed、Row、Column、Total、Adj. Standardized 五个选项，并单击 Continue，最后点击 OK，SPSS 会自动运行分析，如图 10-33 所示。

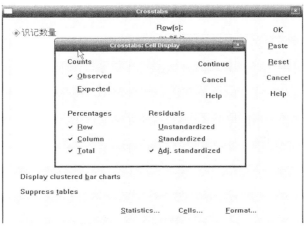

图 10-33　Cells 指令对话框

第五步，结果及分析如表 10-22、表 10-23 和表 10-24 所示。

表 10-22　参与统计处理人数

	有效值		缺失值		合计	
	N	百分比	N	百分比	N	百分比
颜色 × 幼儿园	12	100.0%	0	0.0%	12	100.0%

表 10-23　颜色 × 幼儿园交叉制表

		幼儿园				合计
		园一	园二	园三	园四	
颜色	红色	个数				
		1	1	1	1	4
		颜色				
		25.0%	25.0%	25.0%	25.0%	100.0%
		幼儿园				
		33.3%	33.3%	33.3%	33.3%	133.2%
		合计				
		8.3%	8.3%	8.3%	8.3%	33.2%
		调整后的残差				
		0.0	0.0	0.0	0.0	
	绿色	个数				
		1	1	1	1	4
		颜色				
		25.0%	25.0%	25.0%	25.0%	100.0%
		幼儿园				
		33.3%	33.3%	33.3%	33.3%	133.2%
		合计				
		8.3%	8.3%	8.3%	8.3%	33.2%
		调整后的残差				
		0.0	0.0	0.0	0.0	

续表

		幼儿园				合计
		园一	园二	园三	园四	
颜色　蓝色	个数	1	1	1	1	4
	颜色	25.0%	25.0%	25.0%	25.0%	100.0%
	幼儿园	33.3%	33.3%	33.3%	33.3%	133.2%
	合计	8.3%	8.3%	8.3%	8.3%	33.2%
	调整后的残差	0.0	0.0	0.0	0.0	
合计	个数	3	3	3	3	12
	颜色	25.0%	25.0%	25.0%	25.0%	100.0%
	幼儿园	100.0%	100.0%	100.0%	100.0%	400.0%
	合计	25.0%	25.0%	25.0%	25.0%	100.0%

表 10-24　卡方检验

	数值	自由度	渐进显著性检验（双尾）
Pearson 卡方	0.000[a]	6	1.000
概似比	0.000	6	1.000
有效案例个数	12		

a. 12 单元格（100%）的期望计数少于 5，最小期望数为 1

表 10-22 是关于数据文件中观察值在两个变量上的有效值个数的信息；

表 10-23 是二维度列联表；

表 10-24 是同质性卡方检验结果，表明 $\chi^2_{0.05}(6) > 0.05$，四者差异不显著，说明这四个实验组不是来自理论比率相同的总体，四组数据不同质，不能合并分析。

四、回归分析及 SPSS 操作

回归分析是指将一个因变量与一个或一个以上自变量间相互依赖的定量关系的一种统计分析方法。根据自变量的数目分为一元回归分析和多元回归分析。回归分析的应用主要包括：①探讨与解释自变量与因变量间关系强弱与方向；②找出因变量的最佳预测方程；③控制干扰变量后，探讨自变量与因变量的真正关系；④探讨自变量间交互作用效果与因变量的关系。

（一）手工计算

例：从 10 个居民点调查的结果如下，其中 y 表示想购置某种高档时装的青年人百分比，x_1 表示某居民点的青年人受教育水平的某种指数，x_2 表示青年人所在家庭的月均收入（元）。青年人的受教育水平和家庭月收入对购置某种高档时装是否具有预测作用？预测力如何？

项目	数值									
喜欢人数比例（y）/%	50	52	56	69	62	74	68	69	70	71
教育指数（x_1）	38	39	39	41	44	42	43	46	48	47
月均收入（x_2）/元	50	50	54	56	56	60	64	63	62	60

解：

1. 方程建立

设因变量为 y，自变量为 x_1 和 x_2，则有：$y=a+b_1x_1+b_2x_2$

	数值										$\sum$	$\sum^2$	M
y	50	52	56	69	62	74	68	69	70	71	641	41747	64.1
x_1	38	39	39	41	44	42	43	46	48	47	427	18435	42.7
x_2	50	50	54	56	56	60	64	63	62	60	575	33297	57.5

1）基本统计量的计算

$\sum x_1x_2=24682$，$\sum x_1y=27572$，$\sum x_2y=37199$

2）求偏回归系数 b_1、b_2 和 a

$\sum y=na+b_1\sum x_1+b_2\sum x_2$

$\sum x_1y=a\sum x_1+b_1\sum x_1^2+b_2\sum x_1x_2$

$\sum x_2y=a\sum x_2+b_1\sum x_1x_2+b_2\sum x_2^2$

将基本统计量带入方程组，得

$641=10a+427b_1+575b_2$

$27572=427a+18345b_1+24682b_2$

$37199=575a+24682b_1+33297b_2$

解方程组，得：$b_1=0.313$；$b_2=1.283$。

3）求截距 $a=-23.065$

所以，二元方程为：$y=-23.065+0.313x_1+1.283x_2$。

2. 方程的检验

总变离差：$\text{SST}=\sum(y-y_M)^2=658.9$

回归离差：$\text{SSR}=\sum(y_c-y_M)^2=501.007$

随机离差：$\text{SSE}=\sum(y-y_c)^2=157.893$

$\text{SST}=\text{SSR}+\text{SSE}$

$\text{MS}_R=\text{SSR}/K=250.504$（$K$ 为自变量数）

$\text{MS}_e=\text{SSE}/(n-K-1)=22.556$（$n$ 为居民点数）

$F=\text{MS}_R/\text{MS}_e=11.106$

在显著性水平 $p=0.01$ 时查表，理论值 $F(2,7)=9.55$，小于实际值 11.106，说明方程的均值差异不显著。

3. 自变量的选择

采用逐步回归法，按照 x 对 y 的作用大小，从小到大引入回归方程。自变量显著就保留，不显著则剔除。

（二）SPSS 操作

有一名研究者想了解学生学业失败的行为反应与学业成绩、努力归因、考试焦虑及学习难度设定等四个变量间的关系。在抽取 50 名中学生为样本后，分别以适当的测量工具测得样本在五个变量的分数。学生学业失败的行为反应与四个自变量间是否存在关系？四个变量对学业失败的行为反应是否有显著预测作用？预测力如何？

统计方法：逐步多元回归分析法。

第一步，建立 SPSS 数据库，fy 代表因变量"学业失败行为反应"，cj 代表"学业成绩"，gy 代表"努力归因"，jl 代表"考试焦虑"，nd 代表"学习难度设定"。如图 10-34 所示。

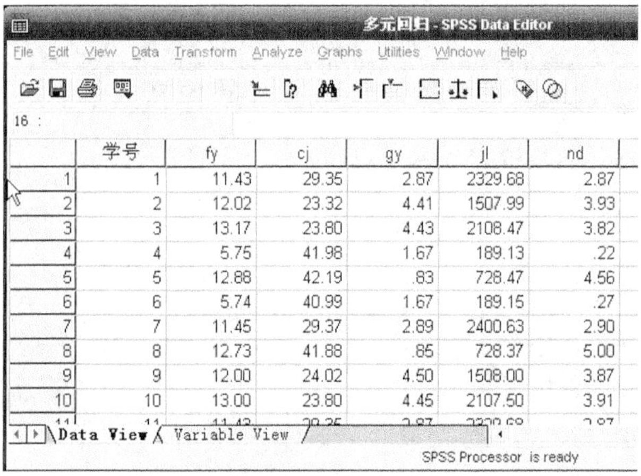

图 10-34　假设性数据 1

第二步：鼠标单击 Analyze/Regression/Linear，如图 10-35 所示；此外，将 fy 移至 Dependent 因变量方格中，将 cj、gy、jl、nd 移至 Independent 自变量方格中。对于自变量的选择方法，SPSS 内设[Enter]法，如图 10-36 所示。

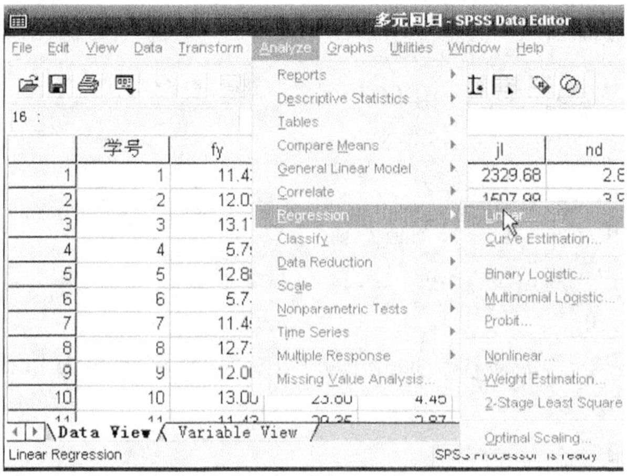

图 10-35　假设性数据 2

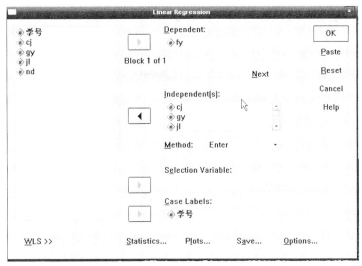

图 10-36 界定 Linear（线性）指令对话框

第三步：打开 Statistics 指令对话框，点击 Estimates（回归系数估计值）、Confidence intervals（置信区间）、Model fit（模型拟合度）、Descriptives（描述性统计量）、Collinearity diagnostics（多重共线性）、Durbin-Watson（自我相关 Durbin-Watson 值）及 Casewise diagnostics（残差值与极端值）等选项，界定回归系数估计值、置信区间、模型拟合度、描述性统计量、多重共线性检验、自我相关 Durbin-Watson 值，以及残差值与极端值分析等统计量，如图 10-37 所示，然后点击 Continue，回到图 10-36 对话框。

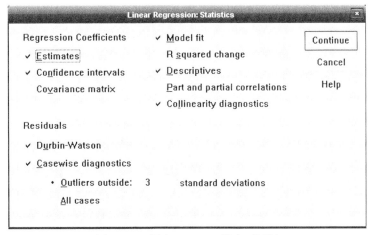

图 10-37 界定 Statistics 指令对话框

第四步：打开 Plots 指令对话框，界定绘制标准化残差值（ZRESID）与预定值（ZPRED）的交叉散点图，同时点击 Histogram（残差值的直方图）与 Normal probability plot（正态概率散点图）选项，如图 10-38 所示，然后点击 Continue，回到图 10-36 对话框。

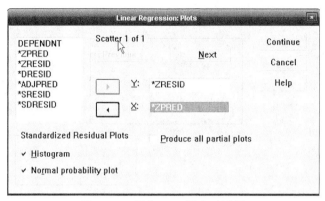

图 10-38　界定 Plots 指令对话框

第五步：打开 Save 指令对话框，界定包括未标准化预测值、Cook's 距离值、Mahalanobis 杠杆值、未标准化残差值、标准化残差值、t 化残差值、删除后标准化残差值、删除后 t 化残差值、标准化回归系数差异量、标准化预测值差异量及协方差比值等预测值或残差检验值，如图 10-39 所示，然后点击 Continue，回到图 10-36 对话框。

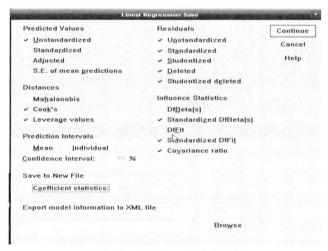

图 10-39　界定 Save 指令对话框

完成上述界定工作后，只要点击 OK 钮，SPSS 会运行统计分析。

第六步：结果与分析如表 10-25、表 10-26、表 10-27 所示。

表 10-25　描述性统计

	平均值	标准差	样本量
fy	11.1586	2.62776	50
cj	31.2620	8.24198	50
gy	3.0178	1.47497	50
jl	1415.8460	798.23436	50
nd	3.2046	1.51595	50

表 10-26　相关

		fy	cj	gy	jl	nd
Pearson 相关	fy	1.000	−0.546	0.409	0.656	0.961
	cj	−0.546	1.000	−0.976	−0.811	−0.384
	gy	0.409	−0.976	1.000	0.687	0.258
	jl	0.656	−0.811	0.687	1.000	0.442
	nd	0.961	−0.384	0.258	0.442	1.000
显著性（单尾）	fy	.	0.000	0.002	0.000	0.000
	cj	0.000	.	0.000	0.000	0.003
	gy	0.002	0.000	.	0.000	0.035
	jl	0.000	0.000	0.000	.	0.001
	nd	0.000	0.003	0.035	0.001	.
样本量	fy	50	50	50	50	50
	cj	50	50	50	50	50
	gy	50	50	50	50	50
	jl	50	50	50	50	50
	nd	50	50	50	50	50

表 10-27　选入/删除的变量（b）

模型	选入的变量	删除的变量	方法
1	nd, gy, jl, cj（a）	.	选入

a. 所有要求的变量已输入；b. 因变量：fy

表 10-25 表明输出有关变量的描述性统计，主要是平均数和标准差。

表 10-26 输出五个变量间的积差相关系数矩阵图。这个矩阵包括相关系数相关、相关系数所对应的单尾显著性检验概率值及有关的样本数。由表 10-26 可知，五个变量间都在 0.05 或 0.01 水平上存在显著或极显著相关，表明这些变量间可能存在线性回归。

表 10-27 表明有关回归方程的相关信息。由表 10-27 可知，四个变量进入回归方程的依次为学习难度设定、努力归因、考试焦虑、学业成绩。

表 10-28 表明有关回归方程的统计量。由表 10-28 可知，四个自变量与因变量的多元相关系数（$R=0.997$）的决定系数为 $R^2=0.994$，校正后决定系数 Adjusted $R^2=0.993$，根据决定系数可知，四个变量共可以解释因变量总变异量的 99%。

表 10-28　模型摘要（b）

模型	R	R 方	调整 R 方	估计的标准误	Durbin-Watson 检验
1	0.997（a）	0.994	0.993	0.21535	1.568

a. 预测变量：（常数），nd, gy, jl, cj；b. 因变量：fy

表 10-29 为输出的有关回归方程的方差分析表。由表 10-29 可知，整体回归方程的 F 值为 1812.655，已经达到 0.001 显著性水平，表示自变量和因变量间有显著相关，也表明

四个变量中至少一个与因变量相关达到显著性水平，至于哪个自变量与因变量相关显著，必须由进一步的个别回归的检验结果才能得知。

表 10-29   ANOVA（b）方差分析

模型		平方和	自由度	平均平方和	F 检验	显著性检验
1	回归	336.263	4	84.066	1812.655	0.000（a）
	残差	2.087	45	0.046		
	合计	338.350	49			

a. 预测变量：（常数），nd, gy, jl, cj; b. 因变量：fy

表 10-30 表明有关回归方程中各参数的检验结果。表 10-30 中输出有关参数的信息依序为未标准化回归系数 B、回归系数的标准误（SE）、标准化回归系数（Beta）、回归系数的 t 值、容忍度和波动值等。未标准化回归系数 B 表明，四个变量与因变量的关系为正相关。由未标准化回归系数 B 可知四个自变量与因变量存在正相关，回归系数的 t 值及 95%置信区间估计值表明回归系数均达到显著水平，说明四个自变量均能较好地预测因变量。

表 10-30   Coefficients（a）

模型		未标准化系数		标准化系数	t	显著性检验	B 的 95%置信区间		共线性统计量	
		B	标准误	Beta			下界	上界	允差	VIF
1	（常数）	-8.745	2.466		-3.546	0.001	-13.712	-3.777		
	cj	0.282	0.050	0.886	5.661	0.000	0.182	0.383	0.006	178.539
	gy	1.245	0.224	0.699	5.547	0.000	0.793	1.696	0.009	115.704
	jl	0.002	0.000	0.497	12.477	0.000	0.001	0.002	0.086	11.577
	nd	1.562	0.031	0.901	50.658	0.000	1.500	1.624	0.433	2.307

a. 因变量：fy

表 10-31 为输出有关自变量间多重共线性的检验结果。表 10-31 中所输出的有关参数的信息依序为特征值（Eigenvalue）、条件指数（Condition Index）及方差比例（Variance Proportions）。由表 10-31 可知，有 5 个特征值，且最大的条件指数为 211.427，说明自变量间有高度的多重共线性。

表 10-31   Collinearity Diagnostics（a）多重线性检验结果

模型	维度	特征值	条件指标	方差比例				
				（常数）	cj	gy	jl	nd
1	1	4.469	1.000	0.00	0.00	0.00	0.00	0.00
	2	0.339	3.633	0.00	0.00	0.00	0.02	0.00
	3	0.129	5.885	0.00	0.00	0.00	0.00	0.44
	4	0.063	8.440	0.00	0.00	0.01	0.18	0.08
	5	9.999×10^{5}	211.427	1.00	1.00	0.99	0.81	0.47

a. 因变量：fy

研究练习

1. 在知网上寻找用到定性分析的论文，学习教育研究实际操作中的定性分析。
2. 在知网上寻找用到定量分析的论文，学习教育研究实践操作中的定量分析。
3. 结合前期在化学教育研究中的实证研究的数据，采用 SPSS 练习数据统计的方法。

小结

1. 化学教育研究的资料大体可以分为非数量资料和数量资料。对搜集的资料进行分析也可大致分为定性分析和定量分析。

2. 定性分析是指运用科学的思维方法对搜集的经过整理的非数量资料，去伪存真，由表及里，形成对化学教育现象或事物理性认识的过程。其主要方法有因果分析、归纳分析、比较分析和系统分析。

3. 定量分析是指把研究搜集的资料量化，并采用数学的方法进行分析研究，对研究的问题做出理性认识的过程。

4. 对研究资料的定量分析需要借助教育统计方法。教育统计运用数理统计原理和方法搜集、整理、分析由教育调查和教育实验等途径所获得的数字资料，并以此为依据，进行科学推断，揭示出蕴涵在教育现象中的客观规律。按照教育统计方法的功能，可将教育统计分为描述统计、推断统计两个部分。

5. 描述统计的功能主要是对资料进行整理、分类和简化，描述数据的全貌以表明研究对象的某些性质。描述统计的具体内容包括数据整理、集中趋势、离散趋势及相关关系等方面，其目的在于使纷杂的数据清晰直观地显示研究对象的特征，以利于进一步的分析。

6. 推断统计的功能主要是通过局部（样本）数据来推断全局（总体）的情况。推断统计包括总体参数特征值的估计方法和假设检验的方法两大类。

7. 参数估计是由样本的统计量来估计总体的参数。经常需要对总体进行估计的两个参数是总体平均数和总体方差。如果将总体平均数和方差视为数轴上的两个点，这种估计称为点估计。如果要求估计总体的平均数或方差将落在哪一数值区间，这种估计称为区间估计。

8. 假设检验就是在推论统计中，通过建立假设再做检验来进行推论的方法。这是推断统计中最重要的内容。在这里研究者关心的是从两个样本统计值的比较中得出的差异是否真正存在于两个总体之间。由于统计中的假设检验目的在于检验差异，所以这种检验又称差异显著性检验。

9. 由于使用条件不同，参数估计和假设检验分成各种不同的类型，它们分别有着自己相应的统计公式。

10. 化学教育是一种复杂的社会活动过程，对其问题的研究往往需要将多种因素综合起来进行分析。多因素分析（即多元分析）正是处理这种问题的有力工具。

11. 利用 SPSS 可以进行一般描述性统计分析、均值差异性检验、多元方差分析、相关性分析、卡方检验及回归分析等操作。

第十一章 化学教育研究论文的撰写

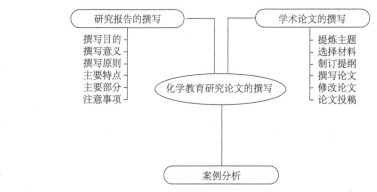

学习目标

◇能够解释"研究计划"这一术语的含义，并能列举具体的功能不同的研究计划。

◇认识撰写化学教育研究计划的目的和原则。

◇掌握撰写化学教育研究计划的主要步骤及一般方法。

◇能够列举几种不同类型的研究报告并知道其相关撰写特点、研究方法等。

◇掌握学术论文撰写步骤及其要求，了解学术论文投稿的技巧。

第一节 研究报告的撰写

研究报告就是描述教育科学研究工作的结果或进展的文件，是报告研究情况、建议、新发现和新成果的文献，可以是阶段性的，也可以是总结性的。

教育研究报告的撰写是教育科研的重要环节，也是显示教育科研成果的重要形式。教育研究报告的质量，直接影响教育研究成果的交流和运用[①]。

一、撰写目的

研究报告在形式上和研究计划非常相似，但是有两个主要的区别：①研究报告陈述的是已经做过的事情，而不是将要做的事情（难免会做某些修改）。②研究报告包含研究的实际结果，以及对这些结果的讨论。

教育科学研究经过确定选题、收集资料及对材料的整理与分析，会发现一些新事实或者形成一系列的新认识、新观点、新结论。只有将这些新认识、新观点、新结论和整个研究过程通过文字明确地表述出来，形成一定的研究成果，整个研究才能被他人所理解和认

---

① 陈时见. 教育研究方法[M]. 北京：高等教育出版社，2007：236.

识，这个过程就是教育研究结果的呈现。一项研究的水平高低，取决于研究课题是否有意义、有创见，取决于研究过程本身的质量，还取决于研究者对研究过程和研究内容、结论的理论分析及表达水平[①]。其中，研究结果的呈现是整个研究过程的缩影，在教育研究中占有十分重要的地位，是教育研究不可或缺的一个重要环节。

教育研究报告是指关于教育调查、教育实验等研究工作的报告[②]。它对研究目的、研究对象、研究方法、研究时间、研究地点、研究过程、研究结果都有比较详细的叙述。教育研究报告的基本要求是所依据的事实确凿可靠、方法科学、分析严谨、结论客观。教育研究报告也有创新性的要求，但有的研究报告，如描述教育的状况，不一定有创造性的内容。

化学教育调查研究报告是化学教育科研报告的一种，是反映化学教育调查过程和结果的一种研究报告，它着重把化学教育调查研究取得的结果、观点或某种理论，用一定的形式表达出来[③]。它是在一定教育思想指导下，通过对教育调查材料的整理、分析而写成的有事实、有分析、有理论观点的文章。它在结构、内容、表述等方面与其他研究报告（如教育实验、经验总结报告等）有明显的区别，具有其独有的特点。

二、撰写意义

教育研究者通过一定的形式，将自己的研究过程及收获和思考呈现出来形成研究报告，具有重要的意义。

（一）有助于总结、记录、深化研究的内容与过程

教育研究往往是一个漫长、复杂的过程，研究者在其中不断付出自己的智慧和劳动，对整个研究进行设计、思考并获得丰富的体验，形成一定的结论。假如研究者仅将这些内容停留在脑海中而非形成文字，这些体验、思考和结论往往是表面的、零碎的、不系统的，而用文字将自己思考的问题、研究的过程和结论及在研究过程中的体验和认识进行加工、整理、提炼，形成可以视觉化的材料，则有助于完整地记录整个研究过程，总结研究过程中的成败得失，考量研究结论的科学性。同时，也利于进一步发现新的问题和事实，使自己的创造性思考进一步展开，层层深入，进而深化、推进自己的研究，臻于某一问题的最终解决，以推动整个教育研究的科学化。

（二）有助于展示研究成果，实现教育研究价值

教育研究者通过一定的形式，对整个研究过程进行高度概括、分析和总结，并将研究结果呈现出来，公之于世。这不仅是对自身教育研究工作的推动，还可向同行或关注这一问题的人们展示研究成果，为解决某一教育问题提供理论依据以促进教育的变革和改进，实现研究的实用价值；同时，为这一领域的后续研究提供了新观点、新知识、新学

① 魏薇，王艳红，路书红. 教育研究方法[M]. 北京：高等教育出版社，2012：163.
② 朱铁成. 物理教育研究[M]. 杭州：浙江大学出版社，2002：78.
③ 苗深花，韩庆奎. 现代化学教育研究方法[M]. 北京：科学出版社，2009：80.

说，丰富了学术文献，促进了学术交流和合作，为新的研究奠定了基础，实现研究的理论价值。

（三）有助于提高研究者的思维能力和表达能力

呈现研究结果的过程，不是对教育研究活动的简单描摹或录像机式的实录，而是一个复杂而严密的思维过程。它需要研究者整体把握研究过程，对其中有价值、有意义的内容进行抽取、分析和综合；需要研究者对纷繁复杂的教育事实材料进行抽象和概括，提炼出具有说服力的研究结论，以合理解释教育现象、解决教育问题，需要研究者准确运用文字符号，将自己在研究过程中的所感、所获清晰而又形象地表达出来，形成具有一定内在逻辑的体系，为他人理解和应用。因此，在规划、记录、分析、概括、修改完善的过程中，研究者的思维能力和表达能力也不断得到提高。

三、撰写原则

教育科学研究的成果——研究报告是教育科学研究工作全过程的缩影，是研究结果的文字记载。研究报告写得不好，就不能正确、全面地反映研究结果，也必将影响研究成果的价值。因此，研究报告的撰写就成为一个十分重要的问题。根据科学研究的性质，撰写研究报告和论文应遵循以下原则[①]。

（一）科学性原则

教育研究报告的价值是以研究方法的科学性和研究结果的可靠性为条件的，只有研究方法是科学的，才能保证研究结果是可靠的。可以说，科学性是撰写教育研究报告的基本原则，要有充分的论据和严密的论证或精确可靠的实验观察数据资料来证明研究成果，论文内容要实事求是，从实际出发，无论是立论还是分析、论断，都要恰如其分，正确反映客观规律，文章的理论观点表述要准确、系统和完整，不得弄虚作假。具体而言，科学性原则主要体现在以下几个方面：论点应正确、鲜明，即立论应正确；作者赞同什么、反对什么，要明白无误地表示出来，不可含糊；论据应确凿、翔实，即材料应足以证明、支持观点；论证应合乎逻辑，充分运用演绎、归纳、类比等方法。

（二）创新性原则

教育研究报告的中心是创新，它是研究者在研究探索中获得的新理论、新见解的最直接的反映。因此，研究者研究的内容应当是别人没有研究过或别人未知的，或是在前人研究的基础上有所提高和突破。一篇研究报告，只有在观点、材料、方法或结果的某一方面或几方面有创新，有独到之处，才有学术价值。具体来说，研究报告的创新性主要体现在以下几个方面：①对教育教学领域内某一问题提出自己的认识和看法，并具有一定的理论价值或实践价值；②使用新颖的论证角度，或采用新的研究方法，研究相同

① 陈时见. 教育研究方法[M]. 北京：高等教育出版社，2007：236-237.

的课题，得出新的结论；③能够以自己有力而周密的分析，澄清人们对某一问题的混乱看法；④用较新的理论、较新的方法提出解决教育教学实际问题的策略或思路；⑤用相关学科理论较好地提出并在一定程度上解决本学科中存在的问题；⑥用新发现的材料（数据、事实、史料等）来证明已证明过的观点；⑦全面归纳、总结他人的成果，提出自己的新见解。

（三）可读性原则

科研报告反映专业内容，给本专业的行家阅读，在撰写过程中不可能做到像写文学作品那样讲究辞采，注重语言的形象、生动，但必须注意章法，推敲语言，对其进行必要的加工和润色。注意章法就是指章的结构布局一定要从论文的内容出发，看写作意图是否表达得清楚完整，中心论点与分论点的逻辑关系是否严密，材料运用是否恰当，结构布局是否匀称。在推敲文章的语言时，要做到：①能选用最贴切、最恰当的词汇，准确无误地反映自己的观点；②文章的句子合乎语法规范，通顺、流畅；③文章的叙述简练生动、通俗易懂，有很强的可读性。总之，好的研究报告和论文要做到科学与文学相结合，科学与美学相结合。

四、化学教育研究报告的特点

化学教育研究报告具有真实性、针对性、新颖性、时效性等特点[1]。

真实性有两方面含义：一是研究报告中所反映的全部材料都是真实的、客观存在的，而不是虚构的、歪曲的。二是用事实说话，忠实于事实，坚持实事求是的原则，对事实材料的分析评价不夸大也不缩小，以事实为依据，用客观事实说明观点，讲清问题。写研究报告不像写小说那样用形象思维来虚构人物和事件，而是从教育的客观事实出发，抓住要点，有详细的材料，经过认识、思考，形成符合客观规律的观点，回答和指导教育实践中亟待解决的问题。

针对性也有两层含义：一是研究报告必须明确解决什么问题。究竟是理论问题还是实践问题，应交代清楚。二是要明确研究报告的读者对象。是写给上级看的？同行看的？还是一般群众看的？必须心中有数。化学教育研究报告的针对性越强，指导意义就越大，报告的作用也就越大。

新颖性指的是教育研究报告应尽量地引用一些新颖的事实，提出一些新的观点，形成一些新的结论。只有这样，才能达到提高人们认识，指导教育实践的目的。否则，就失去其存在的价值。

时效性强调写研究报告要及时，即调查工作结束后，要立即着手写研究报告，讲究时间效果。如果研究报告延误了时间，错过了时机，成为"马后炮"，那么就失去其现实的社会意义。

① 苗深花，韩庆奎. 现代化学教育研究方法[M]. 北京：科学出版社，2009：80-81.

五、化学教育研究报告的主要部分

化学教育研究报告包括实证性研究报告、文献性研究报告和理论性研究报告。根据教育科学研究任务与方法的不同，一般将实证性研究报告分为教育调查报告、教育实验报告、经验总结报告[①]。实证性研究报告主要是用事实说明问题，要求通过有关资料、数据及典型事例的介绍和分析，总结经验，找出规律，指出问题，提出建议。这种研究报告既注重理论，又重视实践，往往与接触性的研究方法有关，如观察法、调查法、个案研究法、行动研究法。

文献性研究报告主要以文献情报资料作为研究材料，以文献法、内容分析法等非接触性研究方法为主，一般在教育史学、文献评论研究中用得较多。

理论性研究报告没有实证研究过程，因此对研究者的逻辑分析能力和思维水平有较高的要求，同时针对不同的选题还要求具有较高的专业理论素养。这里重点介绍实证性研究报告。

教育调查报告是研究者在正确的立场、观点和方法指导下，对某种教育现象进行认真的调查研究，对调查材料进行整理、分析、综合而形成的有事实分析、有理论观点的研究报告。一份良好的教育调查报告，可以通过树立典型、总结经验、指导教育实践工作，从而贯彻落实教育方针；可以通过对教育内在规律的提示，起到扶植新生事物的作用；可以通过揭露教育中存在的问题，引起社会的广泛关注，起到纠正不正之风的作用；还可以为政府和教育行政部门制定教育方针政策提供依据。可见教育调查报告有着重要的社会作用。教育调查报告按其内容的不同，可以分为典型经验的调查报告、专题调查报告、政策研究调查报告、新事物调查报告、揭露问题的调查报告等。

教育实验报告是以书面的形式反映教育实验过程和结果的一种研究报告，与教育调查报告、经验总结报告等其他研究报告相比，它更强调研究报告的客观性。这是因为教育实验报告所反映的结果，完全是通过实验操作过程获得的，不允许有外加的成分。教育实验报告对问题的阐述和解释及对结论的表述与教育调查报告一样，都要求准确、朴实、简明，不需过多的形容和富于情感的描述。

经验总结报告是研究者依据教育实践所提供的事实，深入地分析和总结教育实践中活生生的现象，使之上升到教育理论的高度，从而揭示教育实践的客观规律的一种研究报告。从学术性上看，虽然经验总结报告比不上一般的学术论文，但它却具有很强的实践性。按性质的不同，经验总结报告可分为全面总结和专题总结两大类。全面总结包括教育工作的各个方面，如对一个学校的工作进行全面总结，包括教学、科研、总务、后勤、人事等各个方面的情况。专题总结则仅是对某一个具体或独特的问题进行专门总结，如班集体建设工作经验总结。但不管是哪种形式的经验总结，其结构都是基本相同的。

不管是何种类型的教育研究报告，基本都是由标题、摘要、前言、研究方法、研究结果、问题讨论与结论等部分组成。

---

① 陈时见. 教育研究方法[M]. 北京：高等教育出版社，2007：237-240.

（一）标题

标题就是题目，它是调查研究的问题和中心思想的直接表现。通常有多种写法：一是直接用调查对象和主要问题作标题，如"现代教育技术提高学生创新能力、实践能力综合实验研究""高中化学新课标教材使用情况调查研究报告"等，题目直接表明是关于什么的研究，直截了当。二是采用一定的判断或评价作标题，如"希望在困惑中延伸"，这种标题的优点是较好地表明作者的态度，也能揭示主题，富有吸引力。但是，研究对象不够明确。因此，采用这种标题时，最好在上述主标题下加个副标题，如"——××山区中心学校化学实验教学情况调查"。

（二）摘要

摘要是研究报告中关键性内容的总结与概括，它能使读者在很短时间内了解研究报告，便于信息的取舍。另外，由于时间关系，人们在搜索信息时往往不可能直接对许多论文和研究报告进行全文阅读，而是常常根据摘要来判断某篇报告是否符合自己的兴趣和需要。因此，在撰写摘要时，用词应力求简明、准确，字数一般控制在 300 字以内。

（三）前言

前言也称引言、序言或问题的提出。这一部分的内容主要表明课题提出的缘由、问题的性质及其重要性。首先，要说明所研究的是一个什么样的问题，做这样的研究有什么意义和价值。对于这一点，研究者既可以指出所研究的问题是人们普遍关注而迄今尚未解决的问题，以表明其研究重要性与研究价值；也可以说明所研究的问题是已有理论待验证的问题，以表明其实验研究的学术价值；还可以说明所进行的实验研究是教育实践中亟待解决的重大问题，以说明其实验研究的现实意义。其次，要对研究的问题进行有关以往研究的评述即文献综述，其目的是使读者更好地了解该项研究的背景或来龙去脉，了解研究的问题是怎样提出来的，有什么理论和实践的依据，必要时还应阐明研究的目的与假设。最后，作者在说明研究问题的性质、意义、目的之外，对于文章中出现的一些重要名词必须给予界定，有的还要写出操作性定义。

（四）研究方法

研究报告的"研究方法"部分，是评价一篇实证研究报告的很重要的一个内容。在某种意义上讲，研究方法的设计影响着该项研究的价值，是体现该项研究的客观性和科学性的最重要的依据。有时，研究的结果不能按自己的愿望去验证假设，但只要研究方法设计得精密、运用恰当，该研究就具有价值，因为研究方法本身仍可提供给人们参考。具体而言，这一部分的撰写应包括如下内容：第一，研究对象。作者必须首先说明研究的对象是谁，他们是从什么样的群体中选取出来的，有多少人，被试的年龄、性别、文化程度、经济地位、家庭情况如何。如果实验是分组进行的，还应说明按什么方法分组。第二，研究工具。研究工具即研究者用来收集资料的量表、问卷等测量工具。如果研究者所采用的研究工具是公开发表的标准化量表，研究者只需说明名称及版本；如果是自编的量表，则应详细描述，或附在文后让读者参考。第三，研究步骤。即研究者除了要介绍研究对象和研究工具外，还应说明研究是怎样进行的，资料是通过什么方式搜集的，怎样处理实验变量，怎样控制无关因素，怎样观察记录等。

（五）研究结果

研究结果的陈述是研究报告的重心，因为研究的目的就是要获得一定的研究结果。因此，这部分必须详细地叙述所获得的实验结果：为了形象直观地说明问题，实验研究报告常用图表的形式来说明问题。对实验结果所得到的数据资料，在进行比较分类以后，制成各种图表，一事一表或一事一图，使之说明问题。需要注意的是，在运用图表来说明问题时，研究者应按其在文中出现的顺序为其排定数字顺序，如图1、图2，表1、表2等，分别排定，不能混排。研究结果如果属于质性描述资料，也要进行加工整理，使描述更加概括、准确。

（六）问题讨论与结论

讨论主要是对研究中观察、记录和测定的结果（包括各种数据、现象和事实）进行理论的分析和解释，从而为研究报告的结论提供理论依据。讨论时，一方面要根据实验所取得的结果指出实验的研究假设是否成立，另一方面要对实验中出现的某种特殊现象提出自己的见解，还应指出本实验研究的不足及今后研究的努力方向。结论是对实验结果概括或归纳，从理论上和概念上说明结果的意义。这一部分在写作时应十分简明概括，可以将其直接归纳为某种原理、规律或规则。

（七）参考资料

在研究报告的末尾，应一一列举文中引用的主要参考资料的来源，这样既可表示对他人劳动成果的尊重，又可向读者提供资料来源，反映该研究是在什么基础上进行的。

（八）附录

附录指附在报告后面的各种资料，包括各种调查表格、原始数据、研究记录等调查工具或原始材料，其目的是为读者提供可供分析的原始资料，以便让人分析鉴定其搜集调查材料的方法是否科学，材料是否可靠，并供其他的研究人员参考。

六、化学教育研究报告撰写注意事项

化学教育研究报告的撰写应注意：①巧用资料。撰写研究报告必须运用大量调查资料，让调查的事实"说话"，即能够为研究报告的观点服务。为此，在使用调查资料时既要注意"点""面"结合，即典型事例与反映总体情况的综合资料能够结合，又要将文字、数字、图表三种形式相结合，充分发挥三者各自表达功能的优势，这样可以使调查报告更有说服力和感染力。②表述得体。作者使用的语言要尽可能准确、简练、朴实、生动，既不拖泥带水，也不能做过多的描绘和烦琐的论证，更不能哗众取宠，随意使用夸张和奇特的比喻，或是大篇幅地进行抒情和渲染的描写，整个风格应以叙述和议论为主。

化学教育实验研究报告反映的是实验研究的过程和结果，而实验研究从被试的选择、自变量的操纵、无关变量的控制到研究材料工具、实验程序、研究方法的选择等都有着严格的研究设计，因此，实验研究的结果客观上具有较强的科学性和较高的信度及效度。为了准确地反映实验研究的过程和结果，使实验研究成果得以科学、正确地推广，研究者在撰写报告时应注意：对报告中所采用的材料要经过严格的检查核实，对材料的分析要实事求是，不能弄虚作假或故意夸大、拔高，要尽可能减少主观臆想的成分；在教育实验研究中，有些实验结果是很难用数据进行定量描述的，因此，最好能做到定量与定性相结合、数据与事例相结合、一般与典型相结合；实验研究的价值是以方法的科学性和结果的可靠性为条件的，因此，在撰写实验研究报告的方法时要交代具体、条理分明，结果部分要真实可信。

思考题

实证性研究报告和文献性研究报告在撰写过程中存在哪些差异？

化学教育经验总结报告是以所选对象的先进事迹或突出贡献来作为整个报告的支撑点的，在写作中要注意以下几点：①选择总结的对象要有典型性。典型性是指被总结的事件或思想在一定范围内具有普遍的代表意义，或具有广泛的群众基础，或有公认的实践效果，通过总结其经验能够对教育教学实践起到积极的指导作用。②进行经验总结时避免面面俱到、就事论事。要善于抓住主要矛盾，发现有价值的问题，从而突出重点，给人以深刻的印象；要在充分占有资料的基础上进行整理、提炼，使之上升到理论的高度；要认真分析事实本身的普遍含义和社会效果，分清主次，透过现象揭示事实内在的本质联系，从而概括出符合客观规律的结论。③以教育实践活动为依据。教育经验来自教育实践，教育实践活动提供了什么样的事实，就总结什么样的经验。在总结过程中，需要尊重客观事实，不能先入为主、掺杂任何主观偏见，更不能夸大事实、随意拔高或弄虚作假。

第二节　学术论文的撰写

撰写学术论文应该是一项有计划、有步骤的活动，想要写好一篇学术论文，有很多工作要做，通常有：提炼主题、选择材料、制订提纲、撰写论文、修改论文等基本程序。

一、提炼主题

学术论文的主题就是文章的中心问题。它是学术论文的宗旨和灵魂，是作者说明事物、阐明道理所表现出来的基本思想和观点。精心地提炼主题，是写好学术论文的关键。

学术论文主题的提炼，应注意三个问题：一是学术论文的主题必须与研究最初确定的主题基本一致。否则，所搜集的研究资料就不能有效地运用。当然，也要善于对最初确定的主题加以必要的校正、补充或深化。一般来说，学术论文的主题就是研究开始时确立的主题，但有时学术论文的主题也可以根据实际研究和分析进行调整，不一定拘泥于与最初的主题完全一致。二是主题要集中，不要多中心或大而空。主题过散、过大，容易使注意力分散，思考不够周密，造成观点不成熟、材料不充分。三是主题要深刻，能深入揭示事物的本质。

二、选择材料

提炼主题后，就要围绕研究主题选择材料，因为学术论文尤其是学位论文需要用事实材料说明问题。选择材料总的原则是：去伪存真，去粗取精，由此及彼，由表及里，用最有说服力的材料来论证主题和表现主题。所以研究材料有时都很好，但不能全部写到学术论文中，必须进行精选。应该把最有代表性、最典型、最能深刻说明问题本质的材料用到学术论文中去。有时，某材料虽然真实可靠，且生动有趣，但从文章的全局看并没有什么用处，就应该坚决舍掉。选择的材料必须与文章的观点、主题相对称，努力做到材料与观点、主题的有机统一。此外，选择的材料还要详略得当、主次分明。

三、制订提纲

作者在撰写学术论文之前，必须对论文的篇章结构、内容层次做一番精心设计。作者把文章布局的构思过程记录下来，就成了写作提纲。提纲是论文的前期形态和简化形式。编写提纲的主要作用是帮助作者从全局着眼，树立全篇论文的基本骨架，明确层次和重点，使文章简明具体、一目了然。

撰写学术论文，一般都需要先写好提纲，再依据提纲写作。不先拟好提纲就急于动手撰写，常常会走弯路，并有可能在论文撰写到最后还需要返工大修，这就浪费了不必要的时间和精力。

写作提纲一般分为标题式提纲和提要式（中心句）提纲两类。标题式提纲就是以简短的语句或词组构成的标题形式，扼要地提示论文要点，编排论文目次。这种写法简洁、扼要，便于短时间记忆，是应用得最为普遍的一种写法。而提要式提纲是用概括的句子，对论文全部内容做粗线条的描述。提纲里的每一个句子都是正文里一个段落的基础。这种提纲概括地写出各个层次的基本内容，其写法具体、明确，实际上是文章的雏形或缩写。

写作提纲没有粗细之分。一般应由粗到细，即先拟订粗提纲，把学术论文的几大部分定下来，再列出各部分所包含的详细提纲。提纲的粗细，反映了作者对写作内容思考的深度。提纲越细，说明思考得越深、越具体，在动笔写作时就越"顺手"。

编写提纲的过程，实际上也是理清思路的过程。理清思路就是理清作者对事物的认识秩序，是对文章的思考过程。事物总是按一定的秩序有条理地联系在一起的，只有按一定的秩序才能正确认识事物之间的联系。正确的思路，反映了事物之间的必然联系，反映了事物运动变化的条理性、规律性。由于客观事物运动变化过程的多层次性和复杂性，人们的思路在开始时，往往也反映出多层次和复杂的状况。思路的层次性，是文章划分层次的重要依据。思路的复杂性，可以使我们想到更多方面，形成文章结构上的差异。

在理清思路的过程中，要注意的问题是：①中心思想明确。只有围绕着一定的目的和中心，思路才可能是清晰的。整篇文章的中心、各段落的中心，都应该非常明确。②构思论证方法。要考虑观点与材料怎样才能做到有机的统一，如何对中心论点及分论点进行科学的、严密的论证。③细致地考虑文章的结构形式。一篇学术论文的结构往往呈树状，中心是主干，每一分支问题是支干，支干还可以再分，思路越宽广，文章的分支就越多越细。至于各分支问题如何安排组合，除了要考虑它们之间内在的纵横联系外，还必须考虑文章整体结构上的美。

对理清思路的要求，也就是对编写提纲的要求。认真理清思路后编写出来的提纲，才能取得事半功倍的效果。

四、撰写论文

拟定写作提纲后，就可以撰写论文初稿了。学术论文一般由标题、署名、摘要、关键词、正文、参考资料等部分组成。

标题是经过提炼主题以后形成的，标题必须与文章的内容相一致，必须概括、简明、新颖、醒目、有吸引力。忌讳题旨不清、题旨有误、题旨过宽或过窄。

署名一般在标题之下，用作者真实姓名，并标明作者的工作单位。署名的目的是对学术论文负责，并记下他们为科学事业发展所付出的劳动，给予他们应得的荣誉。

摘要也称提要、概要，是论文的重要组成部分，它是论文内容的高度浓缩和简介（一般 100～300 字）。内容一般包括：①研究本课题的目的、任务、范围与重要性，研究对象的特征，与其他学者研究的不同点；②研究内容与所用原理、理论、手段和方法；③主要结果与成果的意义、使用价值和应用范围；④一般的结论和今后研究方向与课题。实际写作中并不要求每篇论文的摘要都要具备以上各项，应视需要和实际情况而定，但是研究对象和研究结果是必不可少的。

关键词，是把论文中起关键作用、最说明问题、代表中心内容特征的或最有意义的单词或词组挑选出来。一般不超过 20 个字（3～8 个词或词组）。关键词便于读者了解文稿的中心内容，便于文献的编制，有利于文献进入计算机检索系统，帮助读者又快又准地检索到所需资料。

正文是学术论文的具体内容阐述，可由若干不同部分组成，一般包括：前言、主体、结尾等部分。

参考资料包括引文注释、参考文献和附录。

引文注释和参考文献是学术论文不应缺少的部分，撰写学术论文时，如果引用了别人的观点、材料，必须注明出处，这是尊重别人劳动的表现，反映出作者严肃的科学态度，体现出学术论文的科学依据。同时，也有利于读者更好地理解学术论文的内容，还能为读者深入探讨这些问题提供寻找有关文献的线索。

引文注释分为页末注（脚注）、文末注（段落后注）、文内注（行内夹注）、编后注（篇末注）和书后注等几种。页末注是在本页文章的下端，与正文之间划一条横注线，在注线下方注释。文末注是在段落的后边，一般使用"注"字或"注 1""注 2"等。文内注一般用小号字体，穿插在引文后面。编后注是在每篇学术论文后面，编制一个顺序，依次加以注释。书后注则把注释安排在全书最后。引文注释应按引文出现先后顺序标明数码或符号※、★等，然后依次加以注释。注释内容包括作者姓名、文献标题、书刊名称、卷数、册数或期数、出版地点、出版社名、出版年份、页码，从别的书上转引的材料，则应注明引自何书。同一页上的引文如与前一条相同，可注"同上"，如参考文献仅页码不同则可注"同①第几页"。注释不但可以注明材料出处，还可以对所引用的材料加以说明，也可以对引用材料中的术语、专有名词进行解释，或利用注释对文中的某个问题做补充说明。

参考文献的编排要眉目清楚，查找方便。排列顺序一般按主题分类排列，或按论文引用的先后顺序排列，也可按发表的时间顺序排列。每一项文献都应写明作者姓名、书刊名、出版地、出版社、出版时间。

附录一般直接引用原始资料，放在学术论文后面。附录的作用在于使读者更好地理解学术论文的内容，有时它对学术论文的内容也起到补充说明或提供参考材料的作用。如果附录超过一种以上，必须加附录编号的标题，如附录一、附录二等。

撰写学术论文没有千篇一律的模式，每一篇学术论文的结构可根据各自内容和体裁的不同而有所不同。撰写学术论文，既要懂得学术论文的一般结构，但又不能机械地搬用上述学术论文诸组成部分。一篇学术论文，只要能够达到结构完整、层次分明、逻辑缜密、条理清楚的要求，在写作的结构形式上可以有所不同。

五、修改论文

学术论文初稿写出来后，要反复推敲，不断修改。修改是对论文初稿所写的内容不断加深认识、对论文表达形式不断优化选择直到定稿的过程。一篇论文的修改，不仅仅是在语言修辞等枝节上找毛病，更重要的是对全文的论点及论据进行再次锤炼和推敲，使论文臻于完美。特别是引用统计数字的学术论文，一定要反复核实校对，否则可能会出一个数码、一个小数点的误差而影响学术论文的科学性和准确性。修改时，不但要对文章的内容进行核实、补充或删改，必要时，还可以对文章的结构进行适当的调整，此外，在文字上必须进行认真加工。一篇学术论文，经反复修改，即通过对观点、材料、结构、语言的认真修改，自认为满意后，最好再请别人对文章提出意见，再行修改。正如颜之推所说："学为文章，先谋亲友，得其评裁，知可施行，然后出手。"只有不厌其烦地反复审阅和修改，认真琢磨和推敲，文章才能达到比较成熟的程度。

（一）修改方式

修改论文很难有一个固定的方法，每个人的思维方式、写作习惯不同，修改的方法也就不同。对学术论文来说，一般有效的修改方法有以下几种。

1. 整体着眼，通篇考虑

修改时，首先应反复阅读初稿，注意从大的方面发现问题，不要被枝节上的毛病纠缠住。大的方面指论文的基本观点、主要论据是否成立；全文布局是否合理；论点是否明确；

结论是否正确；论证是否严谨；全文各个部分是否形成了一个有机的整体。

2. 逐步推敲，精细雕琢

初稿完成后，可逐字、逐句、逐段审查，找毛病，发现问题及时解决。一般这种修改方法需要事先对全文做大体上的通读，对文中各个部分的表述基本上做到心中有数，如果盲目进行，则效果甚微，甚至会越改越乱，越改越不称心。

3. 虚心求教，请人帮助

初稿写成后，作者头脑里已经形成了一个框框，修改时自己很难从这个框框里跳出来。同时，作者对自己煞费苦心写出的初稿往往十分偏爱，很难割舍，这种心理是正常的。这时为了保证论文的质量，最好的办法就是虚心向别人求教，把自己的稿子送给同行专家或导师看，请别人提意见。然后认真分析他们所提的意见，再做修改。

4. 暂时搁置，日后再改

这是一种灵活的修改方法。初稿完成后，头脑往往仍处于高度兴奋状态，思想也常常陶然于论文的内容之中。此时急于修改，往往不容易发现主要问题。一个有效的方法是先把原稿搁置起来，让紧张的头脑暂时轻松一下，然后再改。

（二）修改技巧

1. 论文修改的重要性

教师具有一定的写作基础，知道如何深度思考和分析问题、推理论证、撰写成文。但是，参加各级各类论文评比或投稿，一定要根据征文的需要进一步修改。因此，论文的修改一定要摒弃经验总结，尽可能往学术论文方面去努力，最终使论文具有学术性。下面谈一些修改学术论文的个人看法，供大家借鉴和参考[①]。

2. 论文题目的检查和修改

1）论文题目用词是否规范

论文题目字体非常大，又要在书的目录中出现，通常不宜采用过多的修辞手段，应该直接点题，或者点明文章所谈的问题。

2）论文题目与正文内容是否一致

论文题目是一篇论文内容的高度概括，它是读者从一篇论文中接收的第一信息。所以对论文题目的推敲不可掉以轻心。题目拟得好，读者就有可能比较认真地细看正文的内容。题目拟得不好，会给人一种陈旧或模糊的印象，必然要影响读者对正文的阅读。

有的作者由于工作比较忙，行文没有来得及推敲，往往忽视了这一点。整篇文章在内容上观点新颖，条理清楚，有很多可取之处，但标题与正文内容不完全相符。如果在检查时发现这方面问题，修改题目往往是最好的办法。

3. 正文内容的检查和修改

正文内容的检查和修改，一般有六步：一查中心论点是否明确；二查概念术语是否清晰；三查材料是否充实具体；四查中心论点是否聚焦；五查所涉及的材料是否有误；六查

---

① 卢洪利. 教师研究成果发表的技巧[M]. 长春：东北师范大学出版社，2010：130-133.

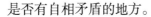

是否有自相矛盾的地方。

1）查中心论点是否明确

文章的标题有的是一个完整的命题，也就是文章的中心思想，有的只是点出了文章研究的对象或所要解决的问题，这一类标题并没正面提出中心论点。即使是论点性的标题，也因为标题字数的限制而不能做到非常明确。因此，可以说任何论文的正文部分都必须提出明确无误的中心论点，正文中找不到中心论点的文章肯定是无法发表的。

其实，检查中心论点是否明确，可以说是非常容易的，因为一般论文的中心论点多出现在论文绪论中，也就是开头部分，这点很重要；当然也有的中心论点在论文的结论部分和本论部分。如果有，但不够明确，那就把它用比较直白的文字直接写出来。

2）查概念术语是否清晰

文章中（特别是中心论点）如果有自己不明确的概念术语，就不可能是一篇好文章。在检查时，对文章中使用的重要概念术语 A，都要提出两个问题：什么是 A？哪些东西算是 A？也就是概念的内涵和外延。对这两个问题如果自己能够不假思索地回答，就可以算是清楚的，否则就是不清楚的。例如，更多的情况是，对于有些概念术语（主要是新提法）作者自己很明确但没有表达清楚，读者看起来就会很吃力。例如，《践行"研修一体"》的三个标题为："研修一体"之初、"研修一体"之中、"研修一体"之后。作者自己很明白，但是读者很费解，如果从研究的时间来理解，"研修一体"课题研究正在进行，还没有结束。这样的表述可以换一种说法：接触"研修一体"、实践"研修一体"、反思"研修一体"，从而更容易让读者理解。

3）查材料是否充实具体

文章材料无外乎理论的"引证"和事实的"例证"，论文性质不同，对材料的要求也不同。理论探讨性的论文应有权威的理论根据，而经验介绍性的论文，则应有具体生动的事实根据。好的文章应是二者的有机结合。文章写好后，自己要以读者身份多读几遍，看看文章能否说服自己，如感觉文章内容较空，就要补充材料。一般来说，如果文章中引用相关理论家的名言，将会增加文章的理论厚度。事实材料的例子可以是自己的，也可以是他人的。

4）查中心论点是否聚焦

材料不但要充实，而且必须紧扣主题，不能说明中心论点的材料要舍得"割爱"。实际上这种检查并不难，只要问两个问题：论文的中心论点是什么？现有的材料是否能说明中心论点？前一个问题是正文检查修改的第一步，对第二个问题，如果是否定的回答，就要坚决删除或者更换。例如，论文中心论点为教师专业发展研修。其中，有一段内容是写"我"作为研修员是如何认真学习新课程标准、研读相关理论的。自问一下，这是说明中心论点的材料吗？如果自己回答不是，那就毫不犹豫地删去。

还需要从整体出发检查每部分在论文中所占的地位和作用，把握文章的内容和材料的匀称性。看各部分的比例分配是否恰当，每部分能否为中心论点服务。例如，一篇实证研究型的论文，理论分析部分却占据了大量篇幅，而研究方法、研究工具、研究思路和具体实施只占了小部分篇幅，这是非常不合适的，需要加以修正。

5）查所涉及的材料是否有误

写论文是一件很严肃的事，引用的材料（包括批评、商榷的对象，作为论据的引证等）不可马虎。文章写好后，对其中有关材料必须认真核对，检查的方法有：查对原文或者查对工具书如词典）。引用的材料（特别是批评的对象、带引号的直接引文、数字）一定要准确，不确定的材料要查对工具书。

6）查是否有自相矛盾的地方

自觉检查有无自相矛盾的地方，需要良好的逻辑素养，这是论文检查、修改的程序中必经的一环。例如，有的论文中写道："教师专业发展的关键是教师继续教育。"这样的观点是否值得商榷？这个观点是否与教师专业发展的核心概念产生矛盾？

修改论文时，不妨问自己几个问题：论文名能统领全文吗？介绍性文字能让读者了解论文内容吗？段落之间有逻辑性吗？重复吗？矛盾吗？论文语句是否通畅？带着这些问题，论文修改会变得相对容易一些。

4. 语言的检查和修改

检查论文语句是否通顺、文字是否精练。文字的删改要本着一个原则：用最少的字表达最多的信息。由于文章的信息量属于内容，要求文字精炼是不言而喻的，可根据下面的步骤检查语言是否简洁。

（1）有没有可有可无的段落？若有，应毫不犹豫地删去。

（2）有没有可有可无的句子？若有，应毫不犹豫地删去。

（3）有没有可有可无的字词？若有，应毫不犹豫地删去。

（4）能改成短句而不影响内容表达的，就坚决改成短句。

六、论文投稿

学术论文是某一学术课题在实验性、理论性或观测性上具有新的科学研究成果或创新见解和知识的科学记录，或是某种已知原理应用于实际中取得新进展的科学总结，是科研人员在大量工作的基础上，通过对所得数据及信息的整理、统计、分析，得出的科学性的结论。论文形成后应尽快发表。投稿作为论文发表的终极阶段，是一个不可忽视的重要环节。只有找准期刊，才能有针对性地进行投稿，使论文成果得以有效、快速地发表在期刊上。

（一）投稿原则

很多作者认为，文章写得好，就能发得好。这种观点不免有些片面。文章能够发表的基础固然是文章本身写得好，但是易发表不仅依靠好的写作，还需要作者认真钻研投稿本身的过程与方法。

对于投稿，熟练者事半功倍，生疏者事倍功半。有些学者研究做得很好，可是由于投稿不得要领，不免有些埋没；还有一些不明就里的作者被网上鱼龙混杂的投稿方式蒙蔽，上当受骗。所以，投稿一事不能马虎，必须谨慎对待，遵循一定的原则。

首先，明白自己的发表目的。一般来说，发表论文是为了传播学术观点。文章最好发表在知名度较高的期刊上，以便学术观点可以被更为广泛地传播。因此在投稿前必须明确自己的发表诉求，然后以此确定发表的目标刊物。

其次，在经过甄别、确定了目标刊物之后，最好对这些刊物有深入的了解。因为每一种期刊都有其独特的发稿倾向和文章风格，这种风格的存在是由长期的出版生态造成的，并不是某个编辑或作者决定的，所以，向其投稿，最好能够事先综合考虑期刊的选题、风格、取向、篇幅甚至体例等，让所写文章符合期刊的选题与风格等，甚至在写作的时候便有意识地向期刊靠拢，量体裁衣，定制式地写作。因此，投稿前最好深入阅读相关刊物，知晓它的选题的方向和角度、研究方法和文章性质、文章的写法等，才能有的放矢地投稿。教育类相关期刊的投稿方式与链接见表 11-1。

表 11-1　教育类相关期刊的投稿方式与链接

编号	期刊	官网投稿信息
1	《教育研究》	http://www.nies.net.cn/jyyj/ 地址：北京市北三环中路 46 号（100088）
2	《课程·教材·教法》	http://www.pep.com.cn/bks/kcjcjf/ 地址：北京市海淀区中关村南大街 17 院 1 号楼（100081）
3	《高等教育研究》	http://gdjyyjzz.cn/ 地址：武昌喻家山华中科技大学内（430074）
4	《中国教育学刊》	http://www.jcse.com.cn/CN/volumn/home.shtml 地址：北京市东城区鼓楼外大街 56 号 9 层（100011）
5	《中国电化教育》	http://www.webcet.cn/ewebcet/homePage 地址：北京市复兴门内大街 160 号 013 信箱（100031）
6	《华东师范大学学报（教育科学版）》	http://www.xbjk.ecnu.edu.cn/CN/1000-5560/home.shtm/ 地址：上海市中山北路 3663 号干训楼 6 楼（200062）
7	《比较教育研究》	http://www.bjjy.chinajournal.net.cn/WKD/WebPublication/index.aspx?mid=bjjy 地址：北京市新街口外大街 19 号北京师范大学国际与比较教育研究所（100875）
8	《高等教育研究学报》	http://gdjyyjxb.nudt.edu.cn/ch/index.aspx 地址：湖南省长沙市开福区德雅路 109 号（410073）
9	《电化教育研究》	http://aver.nwnu.edu.cn/Index/index.do 地址：兰州市安宁东路 967 号西北师范大学（730070）
10	《教育与经济》	http://jyji.cbpt.cnki.net/WKE/WebPublication/index.aspx?mid=jyji 地址：武汉市华中师范大学教育学院（430079）
11	《教育研究与实验》	http://www.jyyjysy.net/ 地址：湖北省武汉市武昌桂子山华中师范大学教育学院（430079）
12	《中国特殊教育》	http://zgtsjyzz.cn 地址：北京市海淀区北三环中路 46 号《中国特殊教育》编辑部（100088）
13	《北京大学教育评论》	http://www.oaj.pku.edu.cn/jypl/CN/1671-9468/home.shtml 地址：北京市北京大学教育评论编辑部（100871）
14	《教师教育研究》	http://gdsz.cbpt.cnki.net/WKE/WebPublication/index.aspx?mid=GDSZ 地址：北京市新街口外大街 19 号北京师范大学英东楼《教师教育研究》编辑部（100875）
15	《开放教育研究》	http://openedu.shtvu.edu.cn 地址：上海市杨浦区国顺路 288 号上海开放大学行政楼 301 室（200433）

续表

编号	期刊	官网投稿信息
16	《中国高等教育》	http://www.jyb.cn/zggdjy/ 地址：北京市海淀区文慧园北路 10 号（100082）
17	《外国教育研究》	http://www.sfe.org.cn/WKD/WebPublication/index.aspx？mid=wgjy 地址：吉林省长春市人民大街 5268 号田家炳楼 617 室（130024）
18	《中国高教研究》	http://editor.hie.edu.cn/gj/article/add 地址：北京市海淀区学院路 35 号世宁大厦 217（100191）
19	《全球教育展望》	http://wgjn.cbpt.cnki.net/WKE/WebPublication/index.aspx？mid=wgjn 地址：上海市中山北路 3663 号（200062）
20	《现代大学教育》	http://cntg.org.cn/cnki/html/4858.html 地址：长沙市岳麓山中南大学（410083）
21	《现代教育技术》	http://xjjs.cbpt.cnki.net/WKC/WebPublication/index.aspx？mid=xjjs 地址：北京市清华大学电教中心（100084）
22	《学位与研究生教育》	www.adge.edu.cn/ch/index.aspx 地址：北京市中关村南大街 5 号（100081）
23	《清华大学教育研究》	http://tje.ioe.tsinghua.edu.cn/ 地址：北京市清华大学黄松益楼 429 室（100084）
24	《教育学报》	http://xkjy.chinajournal.net.cn/WKE/WebPublication/index.aspx？mid=xkjy 地址：北京市新街口外大街 19 号北京师范大学英东教育楼教育学院（100875）
25	《高等工程教育研究》	http://www.gdgcjyyj.cn/ 地址：武汉市洪山区珞喻路 1037 号华中科技大学（430074）
26	《复旦教育论坛》	http://www.fef.fudan.edu.cn/ch/index.aspx 地址：上海市邯郸路 220 号（200433）
27	《高教探索》	http://heecd.toug.com.cn/ 地址：广东省广州市小北路 155 号广东教育杂志社总编室（510045）
28	《江苏高教》	http://jsgj.chinajournal.net.cn/WKE/WebPublication/index.aspx？mid=JSGJ 地址：南京市草场门大街 133 号（210036）
29	《中国大学教学》	http://www.zgdxjx.cn/ 地址：北京市西城区德胜门外大街 4 号（100120）
30	《远程教育杂志》	http://dej.zjtvu.edu.cn/ 地址：杭州市教工路 42 号（310012）
31	《高教发展与评估》	http://jtgy.chinajournal.net.cn/WKE/WebPublication/index.aspx？mid=JTGY 地址：武汉市和平大道 1178 号武汉理工大学余家头校区高教发展与评估杂志社（430063）
32	《思想理论教育导刊》	http://www.sxlljydk.cn/ 地址：北京市朝阳区惠新东街 4 号富盛大厦 11 层（100029）
33	《国家教育行政学院学报》	邮编：102617；电话：010-69248888 转 3122 邮箱：xuebao@naea.edu.cn

续表

编号	期刊	官网投稿信息
34	《现代远距离教育》	http://481.qikan.qwfbw.com/ 地址：哈尔滨市和兴路 92 号（150080）
35	《大学教育科学》	http://dxjykx.cnmanu.cn/Web/CommonPage.aspx？Id=6 地址：长沙市湖南大学（410082）
36	《教育现代化》	http://www.chinajyxdh.com/Product/indexlist.asp?SortID=7 地址：北京市紫竹院邮局 22 信箱教育现代化编辑部（100048）
37	《学前教育研究》	http://www.xqjyyj.com/ 地址：长沙经济技术开发区（星沙）特立路 9 号（410100）
38	《现代远程教育研究》	http://xdyjyj.scrtvu.net/2010/ 地址：成都市一环路西三段三号（610073）
39	《教育科学研究》	http://www.esrbj.com/ 地址：北京市朝阳区北四环东路 95 号（100101）
40	《外国中小学教育》	http://www.wgzxxjy.cn/ 地址：上海市桂林路 100 号（200234）
41	《湖南师范大学教育科学学报》	http://fljy.cbpt.cnki.net/WKE/WebPublication/index.aspx？mid=fljy 地址：长沙湖南师范大学教育科学学报编辑部（410081）
42	《中小学信息技术教育》	http://www.itedu.org.cn/ 地址：北京市朝阳区文学馆路 45 号 B 段 2 层（100029）
43	《教育探索》	http://www.jytsbjb.com/ 地址：黑龙江省哈尔滨市南岗区中兴街 19 号（150080）
44	《高校教育管理》	http://zzs.ujs.edu.cn/gxjy/CN/volumn/home.shtml 地址：江苏省镇江市梦溪同巷 30 号（212003）
45	《中国远程教育》	http://ddjy.cbpt.cnki.net/WKE/WebPublication/index.aspx?mid=ddjy 地址：北京市海淀区复兴路 75 号（100039）

再次，投稿前进行自我审查。进一步思考选题是否具有创新性；是否处于学术前沿；能否反映学术研究的现状、新动向和新趋势；观点是否扎实、可靠；研究结论是否有实质性的推动；是否已经表述清楚；自己能否用简单几句话概括出论文的主要观点和创新之处；论文的材料、数据和图表是否准确、简明和完备；语言是否规范，是否条理清楚、层次明确、逻辑清晰；有无错别字、表达是否到位；注释格式和参考文献是否到位；有无涉嫌剽窃；作者信息是否完备；是否提供了电话、邮箱、单位和职称等必要信息等。要特别说明的是，投稿时要注明个人信息，如姓名、电话、通信地址、邮箱、工作单位、职称，方便编辑及时联系到自己。

最后，可以积极地向编辑推介自己的文章。推介时要注意把文章摘要和关键词等关键性的信息做得完整，尽可能简洁地陈述自己的研究贡献，提前向编辑证明自己的研究选题是有价值的、值得推介的。另外，在投稿时也可以把自己的履历、学科、研究的范围、主持的项目等展示给编辑。

（二）投稿流程

在准备发表论文之前，必须确定目标刊物，再进行投稿。要了解本专业或相关专业有哪些期刊，以及这些期刊的类别（如 CSSCI 刊物、中文核心期刊、普通期刊等），哪些期刊刊载文章与撰写的论文特征较为相符，该刊物的审稿周期多长，是否收取版面费等。合理定位自己的论文质量，锁定目标期刊。第一次投稿时建议优先选择高级别期刊，如果被拒稿，再改投其他期刊。此外，还可以根据论文所引用参考文献的刊载杂志去投稿。

选好了要投稿的期刊，就可以去该期刊的官方网站浏览（如《化学教育》期刊官方网站），阅读投稿指南，根据指南修改论文格式。

《化学教育》投稿须知[①]

感谢您向本刊投稿，感谢您对我们的信任！

《化学教育》投稿作者须知：

1. 文责自负。作者应保证对稿件内容拥有合法的著作权，请勿一稿多投，本刊不承担由于作者本人原因造成的著作权纠纷的任何连带责任。

2. 严禁重复内容多次投稿（包括以不同文种分别投稿）。

3. 严禁抄袭或剽窃他人及本人已发表的论文。一般情况下，主要内容的重复率超过 30% 即可认定为抄袭或剽窃。

4. 稿件的作者必须是直接参与研究工作或对论文有重要贡献的成员，严禁与论文无关人员挂名。

5. 来稿要求立意新颖、内容详实、论点明确、材料可靠、符合本刊相应栏目的要求（详见栏目设置）。

6. 稿件的审理情况作者可登录"作者中心"自行查询，对于不被录用的稿件，请作者自行处理或转投他刊。

7. 文章审核后如需做修改，最晚不超过 2 个月将修改稿返回编辑部，逾期按自动撤稿处理。

8. 录用稿件一般按照来稿日期排队发表。稿件刊出后，赠送当期期刊 2 册，酌致稿酬。作者若无特殊声明，将视为同意将网络传播权及电子发行的权利授予本刊，本刊一次性给付的稿酬中已包含上述授权的使用费。

9. 正式投稿之前，建议作者对照论文模板和论文写作要求进行自检，以规范稿件格式，加快稿件审理速度，提高稿件录用率。

期刊官网一般会提供在线投稿和邮寄投稿两种方式，一般选择在线投稿，也可以直接投递到投稿邮箱。

---

① 《化学教育》投稿须知[EB/OL]. [2018-05-23]. http://www.hxjy.org/CN/column/column4295.shtml.

若选择在线投稿，则需要先注册账号，完善基本信息，按指示进行投稿。

另外，在投稿时可以写明论文的创新之处，以便编辑更好地了解论文。一般杂志社收到稿件后，会对其进行编号，并指定一个编辑浏览全文，对文章进行快速评估。如果文章确实比较适合该刊物，编辑就会把它送给 2～3 名该领域专家处进行同行评议（peer-review）。

一般正规杂志需要 1～3 个月审稿时间。所以在这个时间段需要不定时地登录官网查看审稿状态，如果审稿通过，注意登录自己邮箱查看是否收到稿件录用通知书，邮件会告知修改要求，核对论文的摘要、主体、参考文献及个人基本信息等内容，以及出版信息和版面费等。

论文发表几个月后，就会收到杂志社寄来的样刊。

（三）投稿注意事项

第一，正视投稿。对于年轻作者来说，投稿、改稿也是一个提高自身学术表达水平的过程。因此，要把投稿视为学术生活的一个重要组成部分，认真研究如何投稿。

第二，熟悉学术期刊。很多作者不了解学术出版的一般特征和刊发流程，因此往往因小失大。建议作者平时多了解学术期刊的出版周期、刊发流程等基本情况。

第三，固定阅读。每一类刊物、每一本刊物，都有自己的历史、风格，通过固定阅读，可以知晓这些刊物的学术取向和选稿要求，做到知彼知己、心中有数。

第四，订阅纸版。尽管现在数字出版已经很发达，但是仍然建议作者去图书馆认真阅读纸质版期刊，有条件的，最好订阅一些自己中意的期刊。发表的每一篇文章都凝结了作者和编辑的心血，通过纸质版能更好地感受到字里行间的学术诚意。

第五，切勿海投。很多期刊严禁一稿多投，而且无的放矢的海投也绝非良策。最好平时有意识地阅读一些学术刊物，从研究阶段就熟悉、了解这些刊物，最后的成文、投稿就会更加自然、顺畅。对于有些综合刊物，建议投递打印稿。

第六，多方核实。现在很多刊物都有经费支持，甚至还有国家社会科学基金的资助，多数刊物不收版面费。网络上的投稿一定要辨明真假。最好从其主办单位的网页进入学术期刊的官网，或者打电话到编辑部询问，多方核实。

第三节　案例分析

中学生书面科学论证能力发展水平研究[①]

邓　阳，王后雄

（华中师范大学 化学教育研究所，湖北 武汉 430079）

案例分析
题目是调查研究的问题和中心思想的直接表现

摘要：本研究考察我国中学生书面科学论证能力的发展水平。建构了基于化学学科背景的书面科学论证任务，同时，基于理论研究结论和项目反应理论，建构并完善了书面科学论证能力评价标准。对 578 名不同年级的中学生开展了书面科学论证能力评价，发现年龄因素是影响学生书面科学论证能力的重要因素，随着年龄的增加，学生的书面科学论证能力在各个结构要素维度上的发展水平与路径不尽相同。在此基础上，提出了若干教学建议。

关键词：中学生；书面科学论证能力；发展水平

摘要是研究报告中关键性内容的总结与概括。通常包括：研究内容、研究对象、研究方法、研究结论及建议

科学论证作为一种典型的科学实践，近年来受到了国外科学教育研究者的密切关注[1-4]。其中，对学生的科学论证能力进行评价，是探查学生学科能力及其进阶、考察相关课程和教学的有效性的重要研究方向[5-7]。在我国科学教育研究领域，探讨科学论证的相关研究并不多见，基于实证研究开展学生科学论证能力评价的研究更是鲜有。本研究从书面科学论证这一形式出发，考察我国学生在化学学科背景下的书面科学论证能力的发展水平。

前言主要表明课题提出的缘由、问题的性质及其重要性

一、研究的理论基础

论证是一种常见的实践形式，属于非形式逻辑学的研究范畴。许多学者从个体性视角或社会性视角对论证的概念进行了界定，也有学者试图协调这两种视角，如 McNeill 提出，"论证可以依据个体的、结构的意义以及社会的、对话的意义被定义。……论证可以被看成主张或解释运用多种支持（如证据、逻辑、正当理由、推理）来辩护的过程……（也可以看作）两个或多个个体试着说服或使别

理论基础部分通常需要对本研究的核心概念进行清晰界定，阐明研究的理论基础，构建研究的理论框架

① 邓阳，王后雄. 中学生书面科学论证能力发展水平研究[J]. 课程·教材·教法，2016(3)：114-121. 本研究成果荣获东亚科学教育学会(East-Asian Association for Science Education，EASE)2015 年国际会议杰出论文奖。

人确信其主张有效性的互动。参与论证包括建构和批判多重解释，以及运用证据"[8]。本研究同样从个体性和社会性的双重角度界定论证，并强调论证的实践属性，认为论证是个（团）体在面对未知问题时，基于证据和理由建构主张，利用反驳、劝说等形式向他人说明自己的主张的合理性实践。

科学论证指的是围绕自然科学内容而开展的论证，是科学家开展科学工作的重要实践形式之一。从逻辑学视角看，科学论证需要满足非形式逻辑的基本规则，如满足 Toulmin 论证形式。Toulmin 基于法律论证的典型范例，认为符合规则的论证应该包括六类具有不同功能的结构要素，即主张（claim）、资料（data）、正当理由（warrant）、支援（backing）、限定（qualifiers）和反证（rebuttal），且这些结构要素之间应满足一定的关系[9]。从科学哲学的视角看，科学论证突出了从确证到确认，从个体性到社会性，从解释到修辞的科学哲学观的转变。科学研究的过程并不在于证实某个观点，更在于证伪，在于不同的观点之间的争辩和博弈。正是因为存在不同的观点，因此科学是一项社会性工作，这种社会性工作的基础则是科学语言。科学语言不仅仅是对科学现象和观点的说明，其意义更在于在争辩和博弈的过程中，基于修辞的手段说服他人。

由于科学论证在科学发展中起着重要作用，所以许多科学教育学者指出必须将科学论证融入到科学教育中，让学习科学的学生有机会参与科学论证，获得多方面科学素养的发展。一些研究者阐明了科学论证的教育价值，如 Jiménez-Aleixandre 和 Erduran 指出科学论证能够让认知过程公开化，能够有助于学生发展交流能力和批判思维、获得科学语言素养、适应科学文化实践、发展理性的认识标准等[10]。为了实现科学论证的教育价值，国外许多科学教育研究者设计了诸多科学论证课程和教学方法，如 IDEAS 项目[11]、ADI 模式[12]、SWH 法[13]等。究竟这些课程和教学方法是否适切，需要基于教育实验法进行检验，因此许多评价学生科学论证能力的方法应运而生。许多研究者基于 Toulmin 论证形式考察学生建构的科学论证是否满足具备足够的结构要素[14]，在此基础上，也有研究者从内容和辩护逻辑的角度考察学生所建构的科学论证的科学性和逻辑性[15]，甚至有研究者考察学生在完成科学论证过程中的语言运用能力[16]。总之，现如今，国外科学教育研究领域已经基本达成共识，认为单一的评价维度并不能够有助于全面考察学生的科学论证能力，评价标准多样化、评价对象具体化、评价领域聚焦化已经成为评价学生科学论证能力的基本原则。

书面科学论证即以书面表达的形式开展的科学论证。在科学实践中，实验报告、科技论文等书面文本的撰写都离不开书面科学论证。正如

Yore 等指出，书面科学论证清晰地表达了证据、理由和主张，反映了论证者提出的观点，同时批判了其他科学家的科学工作，建立了个体的科学知识所有权[17]。所以，书面科学论证能力应该是学生科学素养的重要侧面。

二、研究的设计

（一）评价任务设计

本研究对学生书面科学论证能力的考察，主要是探究学生在具体书面科学论证任务中所建构的科学论证的质量。基于已有研究结论[18]，每个书面科学论证任务所涉及的化学知识基础都应是学生已知的，从而避免学生因为不了解相关化学知识而无法完成相应的书面科学论证任务的情况。另外，还要考虑尽可能给予学生开展科学论证的空间和满足学生开展科学论证的需要，且学生完成任务的时间不宜过长。因此本研究主要设计了五个书面科学论证任务。囿于篇幅，本文仅呈现第一个书面科学论证任务"浓氨水瓶口的白雾哪去了？"。

> 任务一：在实验室中打开盛有浓盐酸的试剂瓶，瓶口立即产生大量的白雾；把盛有浓氨水的试剂瓶打开，在瓶口却看不到白雾。对此，甲、乙、丙三位同学分别提出了如下假设：
>
> 甲：NH_3 与水蒸气的结合能力不如 HCl 强。
>
> 乙：浓氨水的挥发性不如浓盐酸强。
>
> 丙：NH_3 的扩散速率比 HCl 快。
>
> 为了验证假设的正确性，三位同学在老师的指导下进行了下列实验：如下图所示，取一根长为 50 cm，直径约为 2 cm 的玻璃管，水平放置，在其两端分别同时塞入相同大小的、蘸有等量同浓度的浓盐酸与浓氨水的棉球，立即用橡皮塞塞紧两端。数分钟后，玻璃管中在距离浓盐酸一端约 18 cm 处开始产生白烟。（提示：$NH_3 + HCl \!\!=\!\!=\!\! NH_4Cl$，产生的白烟是 NH_4Cl 小颗粒。）

蘸有浓盐酸的棉球
蘸有浓氨水的棉球

> 你认为以上三个同学的假设哪个最能解释盛有浓盐酸试剂瓶口有大量白雾，而盛有浓氨水试剂瓶口看不到白雾的现象。为什么？请以书面文字形式详细地说明你的想法。

任务一给出了三个可能的主张，同时给出了一个以事实性文字呈现的实验事实。学生要对该事实进行分析，形成支持某个主张的证据，并且基于理由说明支持这一主张。由于存在多个主张，所以任务一还可考察学生是否能够对不成立的另有主张进行反证。

研究步骤。即研究者除了要介绍研究对象和研究工具外，还应说明研究是怎样进行的，资料是通过什么方式搜集的，怎样处理实验变量，怎样控制无关因素，怎样观察记录等其他四个书面科学论证任务与任务一类似，分别围绕化学概念、化学实验、物质结构和与化学有关的科学社会议题展开。它们与任务一的区别在于某些任务的事实资料呈现方式与任务一不同（如以表格、图像呈现实验数据），且任务二、四、五并没有呈现多个可能主张，而是让学生根据问题自主建构主张。在完成了书面科学论证任务设计之后，本研究随机选择武汉市某高中各年级的部分学生进行预测，并通过后续访谈以了解学生能否读懂试题所呈现的信息，理解试题的要求。同时，通过对若干名中学教师进行访谈，获得其关于这五个任务的修改意见，从而进一步对书面科学论证任务进行完善。

（二）评价工具的设计

本研究从学生完成书面科学论证任务的结果的结构要素、辩护逻辑、科学性和语言四个维度来考察学生的书面科学论证能力。其中，结构要素维度是先导，因为只有存在某个结构要素（主张、证据、理由或反证），才有可能进一步对该结构要素的其他维度进行评价。紧接着，考察科学论证的科学性，即判断学生能否做出科学的主张，提出真实的、可接受的证据和理由，进行合理的反驳。之后，考察书面科学论证的辩护逻辑，即考察学生提出的证据、理由和反证的充分性。最后考察学生建构书面科学论证的语言水平，要求学生能够用清晰、详细、精确的科学语言来表达科学论证。基于此，本研究确定了表1所示的《书面科学论证评价标准的设计框架》。每个书面科学论证任务所要考察的结构要素数目之和即为评价项目的总数（任务一、三中将考察主张、证据、理由、反证四个结构要素，因此各需要设计四个评价项目，其他任务不考察反证要素，只须设计三个评价项目）。

研究工具即研究者用来收集资料的量表、问卷等测量工具。如果研究者所采用的研究工具是公开发表的标准化量表，研究者只须说明名称及版本；如果是自编的量表，则应详细描述，或附在文后让读者参考

本文的研究工具是书面科学论证评价标准的设计框架和02T1E*项目（提出关于主张的证据）的内容标准与表现标准

表1　书面科学论证评价标准的设计框架

评价要素	水平0	水平1	水平2	水平3
主张	没有提出主张	提出科学的主张	提出符合科学表达规范（清晰、详细、精确）的、科学的主张	—
证据	没有提出证据	提出科学的证据	提出充分的、科学的证据	提出充分的、科学的、符合科学表达规范（清晰、详细、精确）的证据
理由	没有提出理由	提出科学的理由	提出充分的、科学的理由	提出充分的、科学的、符合科学表达规范（清晰、详细、精确）的理由
反证*	没有提出反证	对一个另有主张提出有效（科学、证据充足、理由充分）的反证	对所有另有主张提出有效（科学、证据充足、理由充分）的反证	对所有另有主张提出有效（科学、证据充足、理由充分）的反证，且符合科学表达规范（清晰、详细、精确）

*对反证的考察只针对任务一和任务三

　　针对每个书面科学论证任务的相应结构要素制定的评价项目应包含描述各个具体水平的内容标准和描述学生在具体水平下可表现的、易于判断的表现标准。表2展示的是任务一中关于证据要素的内容标准和表现标准。需要说明的是，之所以该项目中仅包含3个水平，是因为就任务一来说，学生能够根据题设资料提出支持"丙同学"主张的证据只有一个，因此没有必要从辩护逻辑的视角考察学生运用证据的充分性。这也体现了在设计具体的内容标准和表现标准过程中，更加注重于将《书面科学论证评价标准的设计框架》与具体评价任务相结合来开发评价工具，使得评价工具更具有针对性。

表2　02T1E*项目（提出关于主张的证据）的内容标准和表现标准

内容标准	表现标准
0.没有提出证据或提出不支持"丙同学"的主张的证据	没有关于证据的语言陈述，或提出不支持"丙同学"的证据，如提出"氨气比氯化氢气体易挥发"等证据
1.基于实验资料，提出支持"丙同学"的主张的证据	基于题设资料，提出支持"丙同学"的主张的证据："相同时间内氨气的运动距离比氯化氢气体要远，故而氨气运动速率大于氯化氢气体"
2.达到水平1的要求，且符合科学表达规范	达到水平1的要求，且表达完整、无歧义、无含混，符合书面用语特征。没有提到"相同时间"，或说出"白烟离浓盐酸近"（而不是离"浓盐酸棉球近"），均算作不符合科学表达规范

　　*项目编号。前两位代表项目号，如"02"代表评价标准中第二个项目。中间两位代表所要评价的具体任务，如"T1"代表该评价项目针对任务一。最后一位代表项目所针对的结构要素，"C"代表主张，"E"代表证据，"W"代表理由，"R"代表反证。

　　为了确定整个评价标准的信、效度，使其能够真正有效、科学地测量学生的书面科学论证能力，本研究通过小样本测试的方式来获得关于该评价标准质量的数据，利用项目反应理论中的Rasch测量模型来诊断该评价标准的优劣，从而进一步对评价标准进行修改和完善，形成最终的书面科学论证能力评价标准。

　　（三）评价的对象

　　由于本研究所设计的书面科学论证任务是基于化学背景的，而对于我国来说，中学化学课程主要开设在初三和高中三个年级。理论上讲，本研究需要考察初三至高三四个年级学生的书面科学论证能力。但是，在实际测评工作中，并没有选择初三学生，而是选择了大一年级学生，这是因为本研究的测评时间在9月，此时初三学生刚接触化学，不具备一定的化学知识基础，可能无法完成相应的书面科学论证任务。同时，虽然大一年级学生刚刚进入大学，但9月份是大一新生参加军训的日子，并未真正参与大学学习，因此其化学学习水平仍然可看作高三水平。同理，高一、高二、高三学生也因为几乎没有接受过更高年级水平的化学

（右侧批注）

试测可以检验研究工具的信度和效度，通过试测结果对研究工具进行修订、完善

说明研究的对象是谁，他们是从什么样的群体中选取出来的，有多少人，被试的年龄、性别、文化程度

学习，可被看作初三、高一、高二的化学学习水平。

评价对象来自广州市、日照市、武汉市和成都市的五所普通高中，以及武汉市的一所普通全日制本科高校。第一轮小样本测试在上述五所中学中共抽取 100 名学生，在高校中抽取 20 名学生，共 120 名学生。第二轮小样本测试在上述五所中学中共抽取 116 名学生，在高校中抽取 28 名学生，共 144 名学生。参与正式测试的学生样本共 578 人，其中初三年级学生 161 人，高一年级学生 157 人，高二年级学生 166 人，高三年级学生 94 人。

对研究对象的测试时间为 40～60 分钟。

三、研究的结果

（一）评价工具的质量检验

由于 Rasch 测量模型克服了经典测量理论存在的局限，且可以将被试能力与项目指标以相同的量尺统一起来，使人们更容易得出项目与被试能力之间的关系，所以本研究基于 Rasch 测量模型对第一轮、第二轮小样本测试以及正式测试的数据进行了分析。

研究结果的陈述是研究报告的重心，必须详细地叙述所获得的研究结果

Rasch 模型是项目反应理论中的一种重要测评模型

正式测试结果相对于第二轮小样本测试结果来说，对学生能力和项目难度的估计误差均有所减小，且对项目难度的估计误差比第一轮小样本测试还小。在正式测试中，各类 Rasch 分析指标均较第一轮、第二轮小样本测试有所改善，接近 Rasch 测量模型所规定的理想值。从信度来看，在正式测试中，整个评价工具的信度较前两轮小样本测试都有所提高，可利用于非高厉害性测试。另外，从能力与项目难度分布、单维性、开放题评分等级结构等指标看，在正式测试中获得的数据均符合 Rasch 测量模型的要求。因此，可以将学生的得分转化为 Rasch 分进行进一步的统计分析。

（二）测试结果

为了探究学生书面科学论证能力的发展情况，需要考察测试结果的年级差异。由于年级变量为四分类别变量，因此需要采用单因子方差分析（One-Way ANOVA）来考察测试结果的年级差异。在本研究中，用于单因子方差分析的软件是 SPSS19.0。在分析中，对于满足方差齐性要求的项目，采用最严格的 Scheffe 法进行事后比较。而对于其他未满足方差齐性要求的项目，则采用 Tamhane's T2 检验法进行事后比较[19]。表 3 呈现了不同年级学生在学生书面科学论证能力总得分和各项目得分的方差分析结果。

为了形象直观地说明问题，研究报告常用图表的形式。对实验结果所得到的数据资料，进行比较分类以后，制成各种图表，一事一表或一事一图，使之说明问题

表 3　不同年级学生在书面科学论证能力总得分和各项目得分上的方差分析结果

项目	F	事后比较	
总得分	14.757**	初三＜高一*	高一＜高二**
		初三＜高二**	高一＜高三**
		初三＜高三**	
01T1C	0.439	n.s.	

对定量研究结果的分析与描述也应准确、概括

续表

项目	F	事后比较	
02T1E	0.760	n.s.	
03T1W	0.425	n.s.	
04T1R	6.664**	初三<高二**	高一<高二*
05T2C	3.137*	高三<高二*	
06T2E	2.322	n.s.	
07T2W	3.504*	初三<高二*	
08T3C	6.114**	初三<高二* 初三<高三**	高一<高三*
09T3E	9.554**	初三<高二** 初三<高三**	高一<高三*
10T3W	1.393	n.s.	
11T3R	8.889**	初三<高二** 初三<高三**	高一<高二* 高一<高三*
12T4C	17.660**	初三<高一** 初三<高二** 初三<高三**	
13T4E	18.352**	初三<高一** 初三<高二** 初三<高三**	
14T4W	4.777**	初三<高二*	高一<高二*
15T5C	6.316**	高一<初三**	高一<高三**
16T5E	5.195**	高一<高二**	
17T5W	3.023*	初三<高二*	

注：n.s. $p>0.05$　*$p<0.05$　**$p<0.01$

由表 3 可知，不同年级的学生在书面科学论证能力总得分上存在极其显著的差异。经过事后比较可看出，初三年级学生的书面科学论证总得分（−1.327）最低，且与高一年级学生的书面科学论证总得分有显著性差异，与高二年级学生和高三年级学生的书面科学论证总得分有极其显著性差异。高一年级学生的书面科学论证总得分（−1.063）低于高二和高三年级总得分，且与高二和高三年级学生的书面科学论证总得分有极其显著性差异。高二年级学生和高三年级学生相比，前者书面科学论证总得分略高（高二年级总得分为−0.583，高三年级总得分为−0.654），但是二者没有显著性差异。以上说明学生的书面科学论证总得分随着年级的增加而提高，到了高三阶段略有降低，但降低得不是很明显。

从具体项目看，对于大多数项目来说，不同年级学生之间存在显著或极其显著的差异。具体来说，对于 05T2C、07T2W、17T5W 三个项目来说，不同年级学生之间存在显著性差异。对于 04T1R、08T3C、

09T3E、11T3R、12T4C、13T4E、14T4W、15T5C、16T5E 来说，不同年级学生之间存在极其显著性差异。

为了更细致地了解不同年级学生书面科学论证能力发展水平的情况，可从各个任务的结构要素角度对研究结果进行深入分析。

在提出主张方面，图 1 呈现了学生在各个任务中提出主张水平的年级差异。在任务二、三、四中，初三至高二年级学生提出主张的水平越来越高，且部分年级之间存在显著或极其显著的差异（表 3）。然而在任务二中，高三年级学生提出主张的水平却显著低于高二年级学生。对于任务一来说，四个年级学生提出主张的水平差别不大，都较容易地提出符合科学和语言规范的主张。对于任务五来说，由于要求学生在科学社会议题背景下提出主张，其结果是初三年级学生提出主张的水平反而比高一年级学生高，而高一、高二、高三年级学生提出主张的水平也依次升高。

在提出证据方面，研究结果与提出主张的水平相似（图 2）。首先，在任务二、三、四中，初三年级学生至高二年级学生提出证据的水平越来越高，且部分年级之间存在显著或极其显著的差异（表 3）。同样，在这三个任务中，高二年级学生和高三年级学生提出证据的水平没有明显的差异性规律，如在任务二中，高三年级学生提出证据的水平弱于高二年级学生。其次，对于任务一来说，高二年级学生、高三年级学生提出证据的水平较初三和高一两个年级较高，但是他们相互之间没有显著性差异。最后，对于任务五来说，初三年级学生提出证据的水平反而比高一年级学生高，高三年级学生提出证据的水平反而比高二年级学生低。

不同年级学生在提出理由的水平差异上与提出主张和证据的水平有所不同（图 3）。对于任务一和任务三来说，四个年级学生提出理由的水平没有太大的差别。对于任务二来说，初三年级学生提出理由的水平显著低于高二年级学生，且低于高一年级学生、高三年级学生（未达显著性）。高三年级学生提出理由的水平反而低于高一、高二年级学生。对于任务四来说，高二年级学生提出理由的水平最高，显著高于初三、高一年级学生。同样，高三年级学生提出理由的水平也比高二年级学生低，和初三、高一两个年级学生不相上下。对于任务五来说，初三年级学生提出理由的水平低于高一、高三年级学生，明显低于高二年级学生，高三年级学生提出理由的水平反而低于高一、高二年级学生。总之，学生在提出理由方面，并没有呈现出随年级增加而水平升高的趋势，初三和高三年级学生相对来说要更低一些。

从提出反证的水平上看，如图 4 所示，高二年级学生提出反证的水平较高，且初三、高一年级学生与高二年级学生之间存在显著（高一与高二）或极其显著（初三与高二）的差异。高三年级学生与高二年级学生在提出反证的水平上的差异无明显规律，在任务一中，高三年级学生提出反证的水平低于高二学生，而在任务三中，情况恰恰与之相反。

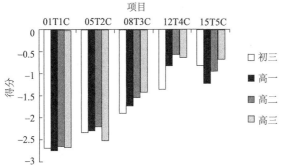

图 1 学生在各个任务中提出主张水平的年级差异

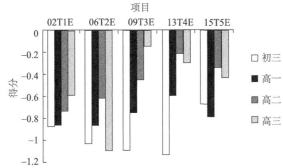

图 2 学生在各个任务中提出证据水平的年级差异

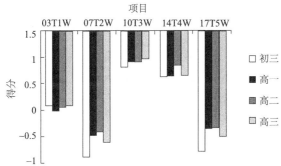

图 3 学生在各个任务中提出理由水平的年级差异

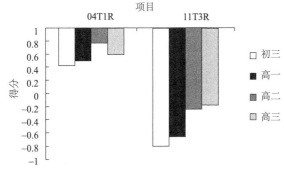

图 4 学生在各个任务中提出反证水平的年级差异

四、结论、讨论与建议

从研究结果看，不同年级的学生的书面科学论证总得分存在明显的差异：初三、高一、高二年级学生的书面科学论证总得分显著（或极其显著）提高。然而将高三年级学生和高二年级学生相比较来看，书面科学论证总得分没有显著差异。因此，随着学生年龄的增长，学生的书面科学论证能力逐渐增强。但是，到了一定阶段之后，能力的增强会上升到一个"平台期"（高二和高三阶段）。学生的书面科学论证能力随着年龄的增长存在进阶，进阶也并非永恒存在，当发展到一定水平之后，进阶会有所停滞，甚至可能回复。

那么，随着年龄的变化，学生书面科学论证能力究竟是怎么发展的呢？结合数据可以发现，在提出主张和证据方面，从初三到高二年级的学生的水平基本上是依次升高的，但也存在一些例外，例如，对于较容易提出主张的任务一来说，由于任务本身的难度较低，所以学生提出主张的水平都较高，没有显著的年级差异。再如，对于涉及社会问题的科学论证任务来说，初三年级学生提出主张和证据的能力反而更高。对于这两点例外，首先，年龄对学生书面科学论证能力的影响会受制于任务本身难度的影响，当任务过难或过易时，由于年龄差异导致的能力差异会不明显。其次，对于高年级学生来说，科学知识储备较完善，所以在解决与科学相关的社会问题时，会直接跳过科学层面的论证过程而从社会层面进行分析。相反，初三年级学生对科学问题的认识并不一定深刻，因此，更有可能先从科学层面去分析科学问题，再基于此逐步深入到社会层面中去，这样更符合围绕科学社会议题开展科学论证的基本思路。这对教学的启示有两点，一是要重视科学论证任务的设计，包括难度、类型、结构等多方面，二是要重视学生在针对科学社会议题开展科学论证时，引导学生从科学和社会两个层面有条理和逻辑地分析问题、解决问题。

在任务二中，高三年级学生提出主张和证据的水平反而更低。任务二旨在让学生根据化学反应前后各个物质相关的物理性质的数据判断是否有新物质生成从而论证是否发生了化学变化，所涉及的化学知识等都是学生在初三阶段就学习过的。问题出现的原因之一可能是由于部分学生存在关于"化学变化"的迷思概念，认为必须是物质的化学性质发生变化才会发生化学反应。原因之二是学生在开展科学论证时可能还存在一种特殊的问题解决心理：虽然学生觉得任务难度很低，但却认为教师不可能将低难度的任务交给高年级的学生完成，于是就会揣摩提问者设置该问题的意图，试图发现题目中存在的可能"陷阱"。在复查学生的回答情况时，发现部分高年级学生确实做出了这样的回答："既然题目这样问了，那么答案肯定是'不同寻常'的。"因此，在高年级科学教学中，必须重视高年级学生在解决简单问题时容易存在的"钻牛角尖"

"求难舍易"等异常心理。

在学生提出理由和反证方面，学生表现出的年级差异并不明显，这与提出理由和反证本身的难度较高有关。在提出关于任务一和任务三的理由时，四个年级学生提出理由的水平均没有太大的差别。对于任务四来说，高二年级学生提出理由的水平较高，这与学生能够深刻理解任务四中所涉及的"物质的结构与宏观性质的关系"有关。另外，部分学生在完成书面科学论证任务时，认为只需要把问题答案和原因澄清从而做出一个合理的判断即可，不需要进一步讨论为什么该判断具有合理性，为什么别的可能情况不成立。所以，他们忽视了提出理由和反证的重要性。这一点尤其突出地反映在高三年级学生在任务四的表现中，他们提出科学主张和证据的水平均较高，但是提出理由的水平较弱。另外，在提出反证方面，虽然学生提出反证的水平整体较低，但是也表现出随着年级升高，提出反证水平逐渐升高的趋势。该结论对教学的启示是，在学生面对科学问题时，不能仅仅将自己看作问题回答者，只把问题结论和原因（证据）说清，不进一步从逻辑以及事实和结论相互协调的角度讨论为什么该结论具有合理性，为什么别的可能不成立。真正的科学书面表达需要完整、清晰、客观地呈现自己的想法，利用理由有效联结主张和证据，发挥语言的劝说功能，意识到其他可能的情况，通过揭示其他可能主张的不合理性来印证自己的主张的合理性。

参 考 文 献

[1]Driver R, Newton P, Osborne J. Establishing the norms of scientific argumentation in classrooms[J]. Science Education, 2000, 84（3）: 287-312.

[2]Erduran S, Simon S, Osborne J. Tapping into argumentation: Developments in the application of Toulmin's argument pattern for studying science discourse[J]. Science Education, 2004, 88（6）: 915-933.

[3]Erduran S, Jiménez-Aleixandre M P. Argumentation in science education: Perspectives from classroom-based research[C]. Dordrecht: Springer, 2007.

[4]Khine M S. Perspectives on scientific argumentation: Theory, practice and research[C]. Dordrecht: Springer, 2012.

[5]Kelly G J, Takao A. Epistemic levels in argument: An analysis of university oceanography students' use of evidence in writing[J]. Science Education, 2002, 86（3）: 314-342.

[6]Sampson V, Enderle P J, Walker J P. The development and validation of the Assessment of Scientific Argumentation in the Classroom （ASAC） observation protocol: A tool for evaluating how students participate in scientific argumentation[A]. Khine M S. Perspectives on scientific argumentation: Theory, practice and research[C]. Dordrecht: Springer, 2012.

[7]Lee H S, Liu O L, Pallant A, et al. Assessment of uncertainty-infused scientific argumentation[J]. Journal of Research in Science Teaching, 2014, 51（5）: 581-605.

[8]McNeill K L. Elementary students' views of explanation, argumentation, and

列举文中引用的主要参考资料的来源，这样既可表示对他人劳动成果的尊重，又可向读者提供资料来源，反映该研究是在什么基础上进行的

evidence, and their abilities to construct arguments over the school year[J]. Journal of Research in Science Teaching, 2011, 48（7）: 793-823.

[9]Toulmin S. The Uses of Argument[M]. Cambridge: Cambridge University Press, 1958.

[10]Jiménez-Aleixandre M P, Erduran S. Argumentation in science education: An overview[A]. Erduran S, Jiménez-Aleixandre M P. Argumentation in science education: Perspectives from classroom-based research[C]. Dordrecht: Springer, 2007.

[11]Osborne J, Erduran S, Simon S. Ideas, evidence and argument in science （IDEAS PROJECT）[M]. London: Kings College, University of London, 2004.

[12]WalkerJ P, Sampson V, Grooms J. A performance-based assessment for limiting reactants[J]. Journal of Chemical Education, 2011, 88（9）: 1243-1246.

[13]Cavagnetto A, Hand B M. The importance of embedding argument within science classrooms[A]. Khine M S. Perspectives on scientific argumentation: Theory, practice and research[C]. Dordrecht: Springer, 2012.

[14]ErduranS, Simon S, Osborne J. Tapping into argumentation: Developments in the application of Toulmin's argument pattern for studying science discourse[J]. Science Education, 2004, 88（6）: 915-933.

[15]Choi A, Notebaert A, Diaz J, et al. Examining arguments generated by year 5, 7, and 10 students in science classrooms[J]. Research in Science Education, 2010, 40（2）: 149-169.

[16]Sandoval W A, Millwood K A. The quality of students' use of evidence in written scientific explanations[J]. Cognition and Instruction, 2005, 23（1）: 23-55.

[17]Yore L D, Florence M K, Pearson W, et al. Written discourse in scientific communities: A conversation with two scientists about their views of science, use of language, role of writing in doing science, and compatibility between their epistemic views and language[J]. International Journal of Science Education, 2006, 28（2）: 109-141.

[18]Sadler T D, Fowler S R. A threshold model of content knowledge transfer for socioscientific argumentation[J]. Science Education, 2006, 90（6）: 986-1004.

[19]吴明隆.问卷统计分析实务——SPSS 操作与应用[M]. 重庆: 重庆大学出版社, 2010.

Research on the Developmental Level of Middle School Students' Competence of Written Scientific Argumentation

DENG Yang & WANG Hou-xiong

（Institute of Chemistry Education, Huazhong Normal University,Wuhan Hubei 430079, China）

Abstract: This study is focusing on the developmental level of Chinese middle school students' competence of written scientific argumentation. The written scientific argumentation tasks in the context of chemistry have been built at first. Then, the criterion for evaluation has been constructed and improved on the thesis of the theoretical research results and the item response theory. 578 middle school students in different ages have been evaluated on the competence of written scientific argumentation. The results show that the age levels are key factors which influence students' competence of written scientific argumentation. Increased with age, the developing way of students' competence of written scientific argumentation in every structure elements is different. On this basis,some suggestions are given.

Key words:scientific argumentation; competence of written scientific argumentation; developmental level; evaluation

研究分析

目的：前言中表明了研究的缘由、问题的性质及其重要性：科学论证作为一种典型的科学实践，近年来受到国内外学者的密切关注，评价学生的科学论证能力可以探查学生学科能力及其进阶、考察相关课程和教学的有效性。但是在我国，这样的研究还不多见，基于实证开展学生科学论证能力的研究更少，因此，从书面科学论证这一形式出发，研究我国中学生在化学学科背景下的书面科学论证能力是本文的研究目的。

定义：结合已有的研究对"论证"的概念的界定，该研究从个体性和社会性的双重角度界定"论证"，并强调了论证的实践属性，认为论证是个体或者团体面对未知问题时，基于证据和理由建构主张，利用反驳、劝说等形式向他人辩护自己的主张的合理性实践。科学论证就是围绕自然科学内容而开展的论证，是科学家开展科学工作的重要实践形式之一。书面科学论证即以书面表达的形式开展的科学论证。

前行研究：文中提到了 IDEAS 项目、ADI 模式、SWH 法等国外的研究者为实现科学论证的价值设计的科学论证课程和教学方法。为了验证这些课程和教学方法是否适合，许多评价学生科学论证能力的方法应运而生。许多研究者基于 Toulmin 论证形式考察学生建构的科学论证是否具备足够的结构要素，以此为基础，也有研究者从内容和辩护逻辑的角度考察学生所建构的科学论证的科学性和逻辑性，学生在完成科学论证过程中的语言运用能力等。根据 Yore 等指出的，书面科学论证清晰地表达了证据、理由和主张，反映了论证者提出的观点，得出书面科学论证能力应该是学生科学素养的重要侧面。"科学论证""书面科学论证"前行研究，形成该研究的理论基础。

假设：该研究是对中学生书面科学论证能力发展水平的测查，所以未设计研究假设。

样本：该研究的研究对象是高一、高二、高三和大一的学生，因为调查时间是在九月军训期间，学生还没有上新课，所以可以认为相应的研究对象具有初三、高一、高二和高三的化学知识水平。具体的调查样本来自广州市、日照市、武汉市和成都市的五所普通高中，以及武汉市的一所普通全日制本科高校。第一轮小样本测试在上述五所中学中共抽取 100 名学生，在高校中抽取 20 名学生，共 120 名学生。第二轮小样本测试在上述五所中学中共抽取 116 名学生，在高校中抽取 28 名学生，共 144 名学生。参与正式测试的学生样本共 578 人，其中初三年级学生 161 人，高一年级学生 157 人，高二年级学生 166 人，高三年级学生 94 人。三个年级样本人数分布不是很均匀，相对于初三、高一年级，高三年级人数偏少。

手段：该研究设计了五个书面科学论证任务，并设计了《书面科学论证评价标准的设计框架》和《O2T1E 项目（提出关于主张的证据）的内容标准和表现标准》作为评价工具，通过小样本试测和对中学教师进行访谈，修改五个任务中表述不清的地方，并根据测试的数据检验评价工具的信度和效度，进一步修改和完善评价标准，形成最终的书面科学论证能力评价标准。最后进行实测。

信度、效度：该研究选择在九月学生军训的时候开展调查，并把刚升入高一、高二、高三及大一的学生作为初三、高一、高二及高三的学生，确保被试具备且只具备相对应年级的化学知识（不能排除学生已经先修了高一年级的化学知识），把系统误差降到了最低；同时对科学任务和评价工具进行小样本测试，并根据反馈结果进行修改完善，提高了测验的信度、效度。

数据分析：该研究利用 Rasch 测量模型对第一轮、第二轮小样本测试及正式测试的数据进行了分析。在正式测试中，利用 Rasch 测量模型对数据进行了处理，通过 SPSS 进行单因子方差分析来考察测试结果的年级差异，在分析中，对于满足方差齐性要求的项目，采用最严格的 Scheffe 法进行事后比较。对于其他未满足方差齐性要求的项目，则采用 Tamhane's T2 检验法进行事后比较。数据分析方法选择恰当。

结果：通过数据分析，得出了中学生的书面科学论证能力的发展情况。不同年级的学生的书面科学论证总得分存在明显的差异：随年级升高，中学生的书面科学论证总得分显著（或极其显著）提高。然而将高三年级学生和高二年级学生相比较，书面科学论证总得分没有显著差异。因此，随着学生年龄的增长，学生的书面科学论证能力逐渐增强。但是，到了一定阶段之后，能力的增强会上升到一个"平台期"（高二和高三阶段）。学生的书面科学论证能力随着年龄的增长存在进阶，进阶也并非一直存在，当发展到一定水平之后，进阶会有所停滞，甚至可能回落。

解释：首先，年龄对学生书面科学论证能力的影响会受制于任务本身难度的影响，当任务过难或过易时，由于年龄差异导致的能力差异会不明显。其次，对于高年级学生来说，科学知识储备较完善，所以在解决与科学相关的社会问题时，会直接跳过科学层面的论证过程而从社会层面进行分析。相反，初三年级学生对科学问题的认识并不一定深刻，因此，更有可能先从科学层面去分析科学问题，再基于此逐步深入到社会层面中去，这样更符合围绕科学社会议题开展科学论证的基本思路。同时，"迷思概念"和高年级学生在解决简单问题时容易存在的"钻牛角尖""求难舍易"等异常心理也会影响书面科学论证能力。并且，因为提出理由和反证本身难度较高，所以四个年级学生在提出理由和反证方面没有明显的差异性。作者根据研究的结果对相应的问题给出了合理的分析和解释，并对中学化学教学提出了启示。

讨论

1. 研究报告是在课题研究结束后形成的总结性的文字吗？它的作用是什么？与研究计划存在哪些差异？

2. 化学教育研究报告与化学教育研究学术论文有什么区别？

研究练习

请列举三种化学教育类期刊，并查阅其相应的投稿须知。

小结

1. 研究报告是描述教育科学研究工作的结果或进展的文件，是报告研究情况、建议、新发现和新成果的文献。内容重点是对科学研究结果的真实记录，包括整个工作的重要过程、方法、观察结果及对结果进行讨论等细节性问题。

2. 研究报告具有真实性、针对性、新颖性、时效性等特点，撰写时应遵循科学性原则、创新性原则和可读性原则。

3. 化学教育实证性研究报告一般包括教育调查报告、教育实验报告、经验总结报告。化学教育研究报告通常包括：标题、摘要、前言、研究方法、研究结果、问题讨论与结论、参考资料、附录八个部分。它们有着各自的撰写结构和需要注意的问题。

4. 论文的撰写步骤包括：提炼主题、选择材料、制订提纲、撰写论文、修改论文、等基本程序。

5. 撰写论文需要打磨一份好的提纲，拟定一个好的题目，用典型可靠的论据有力地论证论题。注意撰写过程中容易出现的问题，反复修改、编辑直至定稿。

第十二章　学位论文的撰写及课题的申报

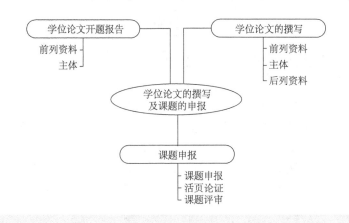

第十二章PPT

学习目标

◇掌握学位论文开题报告的主要内容及撰写要求。

◇掌握学位论文的主要内容及撰写步骤。

◇了解学位论文提纲（目录）的构建要求及编制方法。

◇了解各类教育科学规划课题中申请书格式、申报及写作要求。

教育研究学术论文，指的是对教育科学中的某个问题，通过种种途径和方法，进行科学的探索或思考而写成的以论述为主的文章。教育研究学术论文是课题研究成果的重要呈现方式。一般学术论文可分为投稿论文和学位论文。前者的目的是投寄到有关报刊发表，要求简明扼要。后者的目的是通过论文答辩而取得学士学位、硕士学位或博士学位，要求内容完整，论证严密。

第一节　学位论文开题报告的撰写

学位论文开题报告是指开题者（学生）对学位论文的研究规划所做的一种文字说明材料。开题者把自己所选择的学位论文（课题）的概况、前期的准备工作及后期研究计划，向有关专家、教师进行陈述，然后由专家、教师对研究课题进行评议，确定是否批准这一选题及其研究方案，开题者在开题中也在不断修正完善课题研究计划。开题报告作为学位论文正式写作前的一项重要工作，是答辩委员会对学生答辩资格审查的依据材料之一，开题报告的好坏直接影响学位论文写作质量的优劣。

一、前列资料

在开题报告主体部分之前所列的资料称为开题报告的前列资料。通常包括学校、学位

（学士、硕士、博士）名称、论文题目、研究者姓名、学号、导师姓名、院系、专业、研究方向、入学时间、毕业时间等。

二、主体

开题报告主体部分包括立论依据、研究方案、论文大纲三部分。主体部分是开题报告最核心的内容。

（一）立论依据

立论依据一般包括研究的背景、问题的提出、研究的意义、国内外研究现状、主要参考文献等。

1. 研究的背景

基于国家对课程、教学、评价等方面的文件精神，围绕教育改革的理论与实践问题展开研究，为教育教学改革发展服务。

2. 问题的提出

反映时代及现实的要求，体现鲜明的问题导向和创新意识，着力解决课程与教学中的全局性、战略性和前瞻性的问题。

3. 研究的意义

围绕教育发展的重要的理论与实践问题，力求具有现实性、针对性和较强的决策参考价值，具有明确的理论价值和实践意义。

4. 国内外研究现状

密切跟踪国内外学术发展的前沿和动态，客观、公正地梳理前人的研究成果及学术贡献，准确切入课题的创新性和开拓性。

5. 主要参考文献

分类列出与本研究课题有关的文献：著作教材、期刊论文、学位论文、正式文件等。

（二）研究方案

研究方案包括：研究目标、研究内容、拟解决的关键问题、研究方法、研究思路、技术路线、实验方案、可行性分析、可能的创新点等。

1. 研究目标

研究目标就是学位论文最后要达到的具体目的，要解决哪些具体问题，即本论文研究要达到的预定目标。确定目标时要紧扣题目，表述要准确、精练。

2. 研究内容

具体研究的问题、解决的问题要逐条列出，它比研究目标更具体、更细化，要注意研究内容的针对性、可行性。

3. 拟解决的关键问题

拟解决的关键问题包括学位论文主要解决什么问题，解决主要问题的难点是什么，怎样解决，如何突破。

4. 研究方法

研究的方法更具体，不能是概括性的，要注意研究方法的可行性和科学性。

5. 研究思路

研究思路主要是写如何对研究对象进行研究，如研究什么问题，采用什么方法，经过什么步骤，达到什么研究目的。必要时可用图示表达研究思路。

6. 技术路线

技术路线指对研究目标准备采取的技术手段、具体步骤及解决关键性问题的方法等在内的研究途径，要求对每一步骤的关键点阐述清楚、详尽并具有可操作性。

7. 实验方案

实验方案是进行学位论文研究的具体设想，是进行学位论文研究的工作框架，是保证研究顺利进行的必要措施。

8. 可行性分析

可行性分析是从事学位论文相关研究前的活动。它是在研究没有发生之前的研究，是对课题未来发展的情况、可能遇到的问题和结果的估计。

9. 可能的创新点

一般从研究目标、研究内容、研究方法等方面客观描述学位论文可能的突破与创新之处。

（三）论文大纲

论文大纲需遵循一定的逻辑思维和形式规范。论文大纲（提纲）是作者构思谋篇的具体体现，是论文作者正式写作论文前的必要准备，呈现的是全篇论文的基本骨架，使论文结构完整统一。需要分清层次，周密地谋篇布局，使总论点和分论点有机地统一起来。

资料卡片

学位论文大纲基本规范

摘要	四、研究思路及方法
Abstract	（一）研究思路
绪论	（二）研究方法
一、研究缘起及意义	第一章　课题研究的理论基础
（一）研究缘起	……
（二）研究意义	第二章　×××调查（量表）的设计
二、文献综述	一、初始调查问卷的编制
（一）国外研究现状	二、调查问卷项目分析与修正
（二）国内研究现状	三、调查问卷信效度检验
三、研究目标及内容	第三章　×××调查问卷的实施
（一）研究目标	一、被试对象选择
（二）研究内容	

二、数据分析方法 三、结果与讨论 第四章　××××问题及成因分析 …… 第五章　××××教学策略（对策） …… 第六章　××××实践（实证研究） ……	第七章　研究结论及展望 一、研究结论 二、研究展望 参考文献 附录 攻读学位期间发表的成果 致谢

（四）研究基础

研究基础是指研究这个课题已具备的各种条件，如前期相关成果、调查对象、实践基地、硬件环境等各方面条件的情况。

写好开题报告后，就要准备开题。开题是将开题报告内容向有关专家、教师进行陈述的过程，开题者对该课题研究的现状、研究目标、研究思路、研究方法、论文大纲及存在问题等作出说明，然后由专家、指导教师对所选课题进行评议和提出有关修改意见，对开题者后续学位论文的撰写给予必要的指导和帮助。

第二节　学位论文的主要内容

学位论文一般包括标题、署名、中文摘要、中文关键词、英文摘要、英文关键词、目录、图目录、表目录、正文、参考文献、附录和致谢等。这里将上述各部分归纳为三个方面：①论文前列资料；②论文主体；③论文后列资料。

一、前列资料

在论文主体部分之前所列的资料称为论文前列资料。这些资料通常包括：①题目页。论文的第一页就是题目页，在这一页中常载有：提交论文的学校、申请学位名称、论文题目、研究者姓名、学科专业、研究方向、导师姓名、提交论文的日期等。②论文内容目录。论文内容目录通常只包括三级标题，在章、节的标题列出后，用阿拉伯数字标明其页数。③中英文摘要、关键词。摘要是论文的重要组成部分，是论文内容的高度浓缩和准确、简洁的摘录。

例如，华中师范大学硕士学位论文封面的具体内容如图 12-1 所示。

学位论文的标题应该为一个命题，可包含副标题，但总字数不超过 30 字。

学位论文的摘要应该用极其精练的话语概括研究的背景、问题、方法和结论，同时概述论文的结构。中文摘要不少于 800 字。

学位论文的关键词应挑选集中反映学位论文核心研究内容的名词，不超过 5 个。

论文的目录仅呈现一、二、三级标题的页码。需要在论文目录后列出论文的表目录和图目录。

图 12-1　学术型硕士学位论文封面

二、主体

主体部分包括：前言、理论基础、文献综述、研究方法与步骤、研究结果与讨论等，是论文的中心部分，占绝大部分篇幅。论文的论点、论据和论证工作就在这部分进行[①]。

论文主体的结构形式多种多样，但大体上包括三部分：前言、正文、结论。

（一）前言

前言是学位论文的序言，或称导言或绪论。不同研究课题，其写法和具体要求是不同的。投稿论文的前言部分要简明扼要、直截了当地阐明研究的目的、意义。长篇论文，包括学位论文，前言则可详细一些，甚至自成一章。学位论文的前言部分阐明研究的目的与意义，还可以增加历史回顾和背景材料，课题所涉及问题的分析和研究范围、基本理论和原则、研究材料和资料等方面的内容。

（二）正文

正文部分占全文大部分篇幅。这部分必须对研究内容进行全面阐述和论证。它决定着论文的成败和水平的高低，也反映着作者的认识和业务水平。

正文的内容一般包括理论分析、研究方法和手段、研究结果的分析比较、结果的讨论等部分。例如，学位论文正文的第一章为"绪论"，主要包含以下四节：问题的提出、国内外研究现状、研究的内容和意义、研究的思路和方法。

一般学位论文的论述方法有两种类型：一是实践证明，即用作为实践结果的客观事实来检验、证实某种理论的可靠程度。二是逻辑证明，即用一个或几个真实判断来论证、确定另一个判断的真实性。逻辑证明由论题、论据和论证三个部分组成。论题，就是需要加以证明的问题。论据，是用来证明论题的一些判断。论证，是论题与论据之间的逻辑关系和证明方式。

---

① 苗深花，韩庆奎. 现代化学教育研究方法[M]. 北京：科学出版社，2009：184-188.

写作注意事项：①围绕中心论点，突出中心论点；②层次分明，结构完整；③论证充实，逻辑严密；④实事求是，客观论证。

因此，撰写一般学位论文，必须在充分掌握材料的基础上，对材料进行分析、综合、整理，经过概括、判断、推理的逻辑组织和逻辑证明，最后得出正确的观点。然后以观点为轴心，贯穿全文，用材料说明观点，使观点与材料统一；再用观点去表现主题，使观点与主题相一致。在这里，要尽量避免两种毛病：一种是只有观点，没有材料。这种论文有骨无肉，空洞无物，没有说服力。另一种情况是只有材料，没有观点。文章罗列了一大堆材料，但没有概括出明确的观点，使人读起来感到不得要领。这两种情况的出现，是由于理论脱离实际。前者，只有空洞的理论而没有实际材料作为依据，于是言之无物；后者，只有实际材料而没有坚实的理论作为指导，因此不能驾驭材料。由此可见，要写好学位论文，正确处理好观点与材料间的关系是非常重要的。

（三）结论

结论是经反复研究后形成的总体论点。结论应指出所得的结果是否支持假设，或指出哪些问题已经解决了，还有什么问题尚待进一步探讨。有的学位论文可以不写结论，但应做一简单的总结，或对研究结果开展一番讨论。有的论文可以提出若干建议，有的论文不专门写一段总结性文字，而把论点分散到整篇文章的各部分。

通常情况下，学位论文正文的最后一章为"结论与讨论"，主要包含以下三节：研究的结论，对研究结论的讨论，研究的创新、反思与展望。

资料卡片

华中师范大学硕士学位论文格式要求

学位论文正文部分的各级标题采用阿拉伯数字标明，如第一章各级标题标为"1""1.1""1.1.1"等。论文中一级标题另起一页居中排版（三号黑体），二、三级标题直接在下一段空两格排版（二级标题四号黑体，三级标题小四号黑体）。正文中最高级标题为三级标题，如在三级标题的内容下需要分条阐述，可采用"（1）""（2）"等中文括号加数字的方式标明每条的序号。

论文中所有图、表、文字、试题必须清晰，除特殊情况外，不以截图方式呈现。一般情况下，图、表内容用五号宋体排版（英文字母应统一采用 Times New Roman 字体排版），1 倍行距。表应以三线表形式呈现。图、表应标注图、表标题。表标题在表格上方，五号黑体，单倍行距，居中，按照"a—b"方式编号，其中 a 表示所在章数，b 表示本章内该表的序号。表格编号与表标题中的文字之间空一格。图标题在图片下方，五号黑体，单倍行距，居中，按照"a—b"方式编号，其中 a 表示所在章数，b 表示本章内该图的序号。图编号与图标题中的文字之间空一格。

图样例：

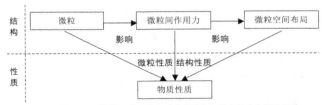

图4-2　"结构→性质"与"物质结构"核心概念之间的关联

表样例：

表4-3　"微粒间的作用力"二段式选择题答题情况

考查内容	题号	初三		高一		高二		正确答案
		选项	选中比(%)	选项	选中比(%)	选项	选中比(%)	
作用力综合	4	C/b	75.3	B/c	89.3	B/d	71.3	√
		A/b	11.3			A/a	10.7	
原子层面作用力	5	D/c	90.7	A/a	88.7	A/c	84	√
	6	C/a	86.7	A/b	82	D/c	83.3	√
分子层面作用力	7	C/b	82	D/c	93.3	B/d	90.7	√
	8	B/b	88	A/d	84.7	B/a	78	
						A/b	9.3	
	9	A/b	68	D/a	73.3	C/b	83.3	√
		C/c	15.3	B/b	12			

三、后列资料

后列资料包括：参考书目文献、附录、致谢等，附在论文的末尾。其中"致谢"是指对于曾经指导过研究工作或论文撰写，或在论文的研究期间提过有益的建议或提供便利条件的人员，如导师、协助收集资料的有关人员等，可在文章的后（前）面用简短的文字表示感谢。

这里以华中师范大学硕士学位论文格式为例，重点介绍参考文献的著录原则、方法、类型及标识并举例。

学位论文应在正文中以脚注的方式标注参考文献，且脚注标号每页从"①"重新开始。脚注的字体为小五号宋体（英文字母应统一采用小五号 Times New Roman 字体），1 倍行距。在正文之后，应列出正文中所引用的所有参考文献，此时参考文献的排列方式遵循以下要求：先中文、后英文，中文部分按照期刊、专著、学位论文、报刊、网址的顺序排列，所有参考文献的标号从"1."开始，不分类别连续排列，字体为小四号宋体（英文字母应统一采用小四号 Times New Roman 字体），1.25 倍行距。

（一）参考文献的著录原则

（1）只列出作者直接阅读过的、最主要的、发表在正式出版物上的文献。

（2）可只列主要责任者的姓名，其后不加"著""编""主编""合编"等责任说明。

（3）未公开发表的资料，一般不宜作为参考文献列出。

（二）参考文献的著录方法

（1）在引文处按论文中引用文献出现的先后用阿拉伯数字连续编序，将序号置于方括号内，并视具体情况把序号作为上角标，或作为语句的组成部分。例如："……王××[1]、李××[2]和张××[3]对这一问题做了研究，提出了五个观点，见文献[4]。"

（2）参考文献的序号按在论文中引用的顺序排列。

（3）每条文献著录项目应齐全、完整。

（4）文献的作者不超过 3 位时，要全部列出，超过 3 位只列前 3 位，后面加"等"字。

（三）参考文献的类型及标识

根据 GB/T 7714—2015 规定，以单字母标识以下各种参考文献类型（表 12-1）①。

表 12-1 参考文献类型标识

参考文献类型	专著	论文集	报纸文章	期刊文章	学位论文	报告	标准	专利
参考文献标识	M	C	N	J	D	R	S	P

（四）举例

1. 专著、论文集、学位论文、报告

[序号]姓名. 专著或教材题目[M]. 出版地: 出版者, 年: 起止页码.

参考样例：

[3]吴明隆. 问卷统计分析实务——SPSS 操作与应用[M]. 重庆: 重庆大学出版社, 2010: 347-349.

2. 译著

[序号]原著者. 文献名[M]. 译者名. 出版地: 出版者, 出版年: 起止页码.

参考样例：

[5]加德纳. H. 智能的结构[M]. 兰金仁译. 北京: 光明日报出版社, 1990: 25.

3. 期刊文章

[序号]姓名. 论文题目[J]. 期刊名称, 年, 卷（期）: 起止页码.

参考样例：

[1]郭元祥. 论教育的过程属性和过程价值——生成性思维视域中的教育过程观[J]. 教育研究, 2005（09）: 3-8.

[2]陈向明. 教师实践性知识研究的知识论基础[J]. 教育学报, 2009, 5（02）: 47-55.

[3]杨明生, 李梅, 赵以胜. 我国大陆普通高中化学课程标准与我国台湾课程纲要比较研究[J]. 化学教育, 2012, 33（02）: 9-11, 18.

4. 学位论文

[序号]姓名. 学位论文题目[D]. 学校所在城市: 学校名称, 年: 起止页码.

参考样例：

[13]潘瑶珍. 科学教育中的论证教学[D]. 上海: 华东师范大学, 2013, 13-26.

5. 报纸文章

[序号]主要责任者. 文献题名[N]. 报纸名, 出版日期（版次）.

参考样例：

[7]韩庆奎. 让学生学会学习[N]. 中国教育报, 2000-02-11（03）.

6. 国际、国家标准

[序号]标准制定者. 标准题名: 标准编号[S]. 出版地: 出版者, 年: 起止页码.

参考样例：

[8] 全国信息与文献标准化技术委员会. 文献著录: 第4部分非书资料: GB/T3792.4—2009[S]. 北京: 中国标准出版社, 2010: 3.

7. 专利

[序号]专利所有者. 专利题名[P]. 专利号. 出版日期.

参考样例：

[9]姜锡洲. 一种温热外敷药制备方案[P]. 中国专利: 881056073. 1989-07-26.

8. 外文专著、教材或期刊文章著录方式同中文对应文献类型。

中文参考文献的标注不应有空格，英文参考文献每个词之间应有空格。要特别注意英文作者姓名书写方式: Last name，First name（首字母）. Second name（首字母）. 。参考文献中所有标点在英文状态下输入。姓名之间用英文状态逗号隔开。英文参考文献中最后两个姓名之间加 ", &"。

9. 电子资源（不包括电子专著、电子连续出版物、电子学位论文、电子专利）

[序号]责任者. 题名[EB/OL]. （发布时间）[引用时间]. 网址.

例：[1]萧钰. 出版业信息化迈入快车道[EB/OL]. （2001-12-19）[2002-04-15]. http://www.crealer.com/news/20011219/200112190019.html.

拓展性阅读

学位论文质量标准

学位论文质量标准从本科到博士，从时间到地域，不一而足。这里列举出一些自我评价时需要考虑的问题。

1. 学位论文选题是否具有学术性和创新性？程度如何？理论水平如何？是否有明确的研究问题？

2. 作者是否在学位论文中对与研究问题有关的国内外研究成果进行了梳理、理解和分析？效果如何？

3. 作者是否在学位论文中合理地设计研究过程？是否运用多种研究方法开展研究？学位论文全文是否逻辑严谨、内容自洽？

4. 学位论文是否能够反映出作者在完成学位论文过程中所做的工作？工作量如何？

5. 学位论文语言表达是否流畅？图表是否规范？

6. 学位论文字数是否合乎要求？

7. 学位论文的参考文献中是否包含足够的英文文献和中文文献？另外所有参考文献的原始文件应在答辩完成后交给各导师。

8. 学位论文应严格按照本管理办法和学校的相关标准进行排版。

9. 学位论文重复率须低于15%（以各学校各学院具体查重标准为准）。

思考题

学位论文中摘要部分主要需要包括哪些方面的内容？它与结论的主要区别在哪里？

第三节　科研课题的申报与评审

一、课题申请书的内容

课题的申报与研究计划有密切的联系。研究计划是课题申报的基础，申报课题立项后，研究计划便列入科研部门的管理，并可以获得经费的资助及其他方面的支持。课题申报需要填写研究项目申请书，项目申请书大致有以下内容[①]。

1. 课题名称

课题名称包括所属课题类别、学科分类、研究类型等。

2. 课题负责人情况

课题负责人情况包括姓名、性别、民族、年龄、工作单位、职务、职称、研究专长、最后学历及学位、联系方式等。

3. 课题组重要成员情况

课题组重要成员情况包括姓名、性别、出生年月、学历、职称、工作单位、研究专长等。

4. 负责人及课题组成员近期取得的与本课题有关的研究成果

包括成果名称、作者、成果形式、发表刊物或出版单位、出版时间等。

5. 课题组成员正在研究的其他课题

包括课题名称、课题类型、实施时间、批准单位、资助金额等。

6. 课题论证

课题论证包括课题研究的目的、性质、立论依据，国内外有关研究现状及趋势，研究的实际意义和理论意义、应用前景等，主要参考文献。

7. 研究方案

研究方案包括研究目标、研究思路、研究内容、研究计划及可行性、研究过程、本项目拟解决的关键问题和特色创新之处等。

8. 研究的条件分析

研究的条件分析包括现有的研究工作基础、研究的外部条件、课题组人员结构、资料

---

① 郑金洲. 学校教育科研方法[M]. 北京：教育科学出版社，2003：279；陈时见. 教育研究方法[M]. 北京：高等教育出版社，2007：188-189.

准备情况、研究设备等。

9. 成果形式

成果形式包括主要研究阶段、最终完成时间、最终成果形式、成果的预计走向及使用范围等。

10. 经费预算

经费预算包括课题经费估算、申请经费资助的数额、开支项目及年度预算等。

11. 推荐人意见

一般而言，不具有高级专业技术职务的申请人，必须由同专业两名具有高级专业技术职务的专家作出书面推荐。推荐人主要介绍本课题负责人和课题组成员的业务水平、科研能力、科研态度、科研条件及完成课题的可能性。

12. 课题负责人所在单位领导意见和信誉保证

基层领导就申请书内容是否属实，课题负责人的科研素质、能力水平是否适合承担该课题，单位能否提供完成课题所必需的时间和条件等签署意见。

二、论证活页的撰写

课题论证的好坏是决定能否立项的前提条件。由于课题评审的第一阶段采用匿名评审的方式，即所有评审材料只呈现课题论证部分，所以活页文字表述中不得直接或间接透露个人信息或相关背景资料，否则取消参评资格。选题是关键，论证是核心，队伍是基础。在选题论证时，要突出创新点，做到论证充分，文字简练，突出重点。专家只对课题意义、研究内容、研究计划、已有的研究基础等提出评价意见。

（一）教育部人文社会科学研究项目活页论证（2018 年版）

课题名称			
研究方向及代码			
研究类别		计划完成时间	
最终成果形式			
申请经费总额(万元)		其他来源经费(万元)	

一、本课题研究的理论和应用价值，目前国内外研究的现状和趋势（限项，不能加页）

1. 理论创新和应用价值

（注：选题具有科学性和前沿性，预期能产生具有创新性和社会影响的研究成果。从理论创新和应用价值两个方面说明课题理论联系实际、研究新情况、总结新经验、回答新问题。申请项目的理论意义和现实意义要明确，才能吸引评审专家的注意力。）

2. 国内外研究的现状和趋势

（注：对选题相关领域研究现状的论证非常重要，把握研究动态是课题申报的一项不可或缺的起始性和基础性工作，梳理研究综述应能达到三个方面的要

求。第一，熟悉该领域已经做过的和正在做的研究工作。包括：提出了哪些问题，如何研究这些问题，以及研究的主要内容和观点，等等。第二，对该领域的研究工作做出客观、公正的分析和判断。包括：对已提出问题的研究方法是否科学和完善；形成的理论、观点或对策是否正确或是否深入；哪些问题已经解决，哪些问题还没有解决或没有完全解决，有没有尚未被提出研究的新问题，等等。第三，在上述基础上，准确把握研究工作的新起点和突破点。）

二、本课题的研究目标、研究内容：拟突破的重点和难点（限项，不能加页）

（一）研究目标

（注：以党和国家重要决策为指导，以重大理论和现实问题为中心，坚持基础研究和应用对策研究相结合，大力推进教育学科体系、学术观点、科研方法创新，力求具有现实性、针对性和较强的决策参考性，为党和国家教育事业创新发展服务。）

（二）研究内容

（注：以重大理论和现实问题为主攻方向，大力推进新时代理论创新、制度创新和方法创新，体现鲜明的问题导向和创新意识，着力研究教育强国的新理论、新方法、新策略。）

（三）拟突破的重点和难点

（注：研究课题主要解决什么问题，难点是什么，怎样解决，如何突破。通过论证表明你有能力解决和突破研究的重点、难点。）

三、本课题的研究思路和研究方法、计划进度、前期研究基础及资料准备情况（限项，不能加页）

（一）研究思路

（注：研究思路要沿着"提出问题—分析问题—解决问题"的逻辑思路展开，研究思路和角度要尽可能有创新，切入点至关重要，力求体现研究思路的科学性、针对性和操作性。最好用图示展示研究框架。）

（二）研究方法

（注：研究方法要具体，不能是概括性的，而且要注意这个研究方法是可行的、科学的。一般将量化研究和质性研究相结合、理论研究和实践研究相结合，最好能有研究方法的创新。）

（三）研究进度

（注：基础理论研究完成时间一般为 2～3 年，研究报告类及应用对策研究根据时效性确定，可在 1 年内完成。）

（四）前期研究基础

（注：前期研究成果包括与申报课题相关的结项课题、咨询报告、发表论文、著作、专利等，评审时前期是否有成果，这是一个很重要的条件，评审者据此可预判申请者是否具有完成课题的能力。）

（五）资料准备

（注：本部分既要精练又要详细，如文献资料要说明本研究方向有多少册藏

书，收集国内外资料具体数字，科研手段、承担项目、社会评价等情况。）

四、本课题研究的中期成果、最终成果，研究成果的预计去向（限800字）

（一）中期成果、最终成果

（注：要求分项列出，成果不要太多，也不能太少，尤其是阶段性成果的名称要写全面，要与研究目标、研究内容一致。成果形式包括研究报告、研究论文、著作等。）

（二）研究成果的预计去向

（注：教育行政部门决策参考、公开发表成果供同行借鉴等。）

五、经费预算

（注：经费栏就是要规划好经费的预算，做什么用，如何用，要有具体的计算，越详细越好，要注意参考科研经费使用的规范及要求。）

（二）全国教育科学规划课题论证活页（2018年版）

课题名称：

本表参照以下提纲撰写，要求逻辑清晰，主题突出，层次分明，内容翔实，排版清晰。除"研究基础"外，本表与《申请书》表四内容一致，总字数不超过7000字。

1. [选题依据] 国内外相关研究的学术史梳理及研究动态；本课题相对于已有研究的独到学术价值和应用价值等。

2. [研究内容] 本课题的研究对象、总体框架、重点难点、主要目标等。

3. [思路方法] 本课题研究的基本思路、具体研究方法、研究计划及其可行性等。

4. [创新之处] 在学术思想、学术观点、研究方法等方面的特色和创新。

5. [预期成果] 成果形式、使用去向及预期社会效益等。

6. [研究基础] 课题负责人前期相关研究成果、核心观点等。

7. [参考文献] 开展本课题研究的主要中外参考文献。

（研究对象：主要指明研究的范畴、主要解决什么问题，做到切入点准、聚焦精准。

总体框架：研究的逻辑框架。最好用框架流程图展示研究方案，突出研究的特色方向。

可行性：从政策依据、国际经验、国内探索及已有基础对研究可行性进行分析，力求研究结果、建议和方案能够用经验和事实所检验。

学术思想：围绕国家教育的大政方针和热点难点问题，阐述自己的理论研究导向性和解决问题的创新思维，实现课题研究的目标。

学术观点：紧跟本领域国际前沿理论和方法，以敏锐的目光及时发现教育改革发展的难点问题，探索和把握其中的内在规律，以创新的思路提出解决问题的对策和建议。

核心观点：课题的关键性研究假设、预期的重要结论、解决问题的重要思路和措施，在本部分一定要树立创新意识和精品观念。）

此外，各省市级及教育学会的各级教育科学规划课题申请书的填写要求大致相同，在专家评审中决定取舍的唯一依据便是申请书水平的高低。因此，下大功夫提高申请书的撰写水平，尤其是选题及其设计论证的水平，就成为争取课题入围和立项的关键。

三、课题的评审过程

由于课题立项评审主要根据研究项目申请书的各项内容来考虑是否给予课题立项，因此填写研究项目申请书至关重要。一定要实事求是，充分论证[①]。

课题论证是研究设计的最后环节，也是科研课题评审立项的步骤之一。课题论证有组织、有系统地对所选定的课题是否有价值、是否有新意、是否切实可行进行实事求是的分析和评价，目的在于避免由于选题不当造成的人力、物力、财力的浪费。另外，通过论证还可以进一步完善课题计划，为顺利实施研究提供保证。了解课题论证的形式和课题评审的标准，可以反思所制定的研究计划的合理性。

课题论证是一项严肃认真的工作，对课题申报人员和评审人员都有严格的要求。课题论证要求课题申报人员认真准备论证材料，详细介绍课题情况，虚心听取论证意见，并根据论证结论修改完善研究计划；要求评审人员以实事求是的科学态度对待课题论证，详细审查研究计划，充分发表自己的意见。评审人员一般要具有高级职称，必须是相关研究领域的专家，且具有良好的职业道德。

（一）课题论证的形式[②]

1. 课题论证会

课题论证会也称开题报告会，通常由科研主管部门或由课题负责人邀请专家评委对课题方案进行讨论并作出可行性分析。课题负责人报告课题内容，并对专家评委的提问质疑进行解答。

2. 课题评审

课题评审指科研主管部门组织专家评委对上报科研项目申请逐一进行评议、审核。通常对申请课题的意义和内容、研究思路和方法、研究的基本条件和能否取得实质性的进展提出意见。

3. 自我论证

自我论证是课题论证会和课题评审的基础。作为个人自定的、不纳入科研规划的课题，仍需要对课题价值、创新性、可行性进行自我论证。通常可请同行、同事对所选课题进行评议，提出意见。

（二）课题评审标准

一般来说，一个好的课题计划必须兼顾研究内容、研究方法、研究程序及研究资源等

———————————

① 郑金洲. 学校教育科研方法[M]. 北京：教育科学出版社，2003：281-282.

② 陈时见. 教育研究方法[M]. 北京：高等教育出版社，2007：190.

方面。评审通常涉及课题意义的重要性、课题内容的充实性和创新性、研究思路的清晰性、研究方法的可行性、课题组的研究基础和实力、申请经费的合理性等[①]。

1. 研究内容的重要性

评审一个课题计划,首先要看研究问题和内容。重点是研究课题是否是一个与教育有关的问题;研究内容是否有理论和实践的价值;研究问题是否重要,是否值得支持;研究是否会对理论和实践产生较大的影响和效益。

2. 研究方法的可行性

研究方法是达到目的的手段,研究方法不当,则研究目的就会落空。评审课题计划时,首先要考虑研究方法是否合理恰当,能否收集到有效的资料,能否达到预期的研究目的;其次要考虑研究方法是否可行,即在现有条件基础上能否实施。

3. 研究资源的有效性

研究资源包括人力、物力、资料、时间、经费等。在评审课题计划时,要认真考虑研究人员的研究基础、课题组的人员结构、研究进度计划、研究经费的预算等。研究计划的优劣不在于资源需求的多少,而在于研究资源的规划和利用是否合理、有效。

4. 研究设计的合理性

研究设计必须是合理的、可行的。研究设计要符合研究的伦理道德,要避免研究可能对被试的身心发展和学习造成不良的影响,研究应该保护被试的隐私和权益。另外,一份好的研究计划在表达方式上,应符合约定俗成的写作格式。

以上几个方面,可以作为评审教育研究计划的要点或基本准则。归结起来,课题计划最重要的内容是研究什么和怎样研究,因此,评价的核心也就是研究的目的和方法。一个好的研究计划,不仅要以流畅的文字说明研究目的与方法,显示研究的价值和可行性,同时,也要充分表达方法与目的之间的逻辑关系,以此提示完成课题目标的可能性。把握这一关键,大体可以了解或评价一个研究计划。另外,再从研究计划的形式上看是否符合研究计划的通用格式,就可以判别研究计划的优劣了。

资料卡片

全国教育科学规划课题评审意见表

评价指标	权重	指标说明	专 家 评 分							
选题	3	主要考察选题的学术价值或应用价值,对国内外研究状况的总体把握程度	10分	9分	8分	7分	6分	5分	4分	3分
论证	5	主要考察研究内容、基本观点、研究思路、研究方法、创新之处	10分	9分	8分	7分	6分	5分	4分	3分

① 郑金洲. 学校教育科研方法[M]. 北京:教育科学出版社,2003:282-289.

研究基础	2	主要考察课题负责人的研究积累和成果	10分	9分	8分	7分	6分	5分	4分	3分
综合评价		是否建议入围	A.建议入围				B.不建议入围			
备注										
评审专家（签章）：										

说明：1.本表由通讯评审专家填写，申请人不得填写。项目登记号和项目序号不填。

2.请在"评价指标"对应的"专家评分"栏选择一个分值画圈，不能漏画，也不能多画，权重仅供参考；如建议该课题入围，请在"综合评价"栏 A 上画圈，不建议入围的圈选 B。"备注"栏可简要填写需要说明的其他事项或不填写。本表须评审专家本人签字或盖章有效。

第四节　课题论证活页案例

"中小学教师教学诊断能力发展机制研究"论证活页[①]

一、本选题的意义和价值

教师的专业成长是世界各国教育改革重要课题。中小学教师教学诊断能力是指中小学教师在教学活动中诊断已有行为与新理念、新经验的差距，完成更新理念的飞跃的能力；诊断理性的教学设计与学生实际获得的差距，完成理念向行为转移的能力。教学诊断是教师作为主体自觉、主动、能动、可持续的实践生成活动，是教师专业成长的有效途径。教学诊断能力是教师专业成长的不竭动力，教师只有不断提升教学诊断能力，才能使自己的专业结构不断完善、专业素养不断提升、专业水平不断提高，使自己始终处在不断自我完善的发展状态。发展机制是指推动教师教学诊断能力自主发展的制度与途径。

理论意义：本课题对教师教学诊断能力的结构、评价体系、影响因素、发展机制等方面的实证研究，将丰富我国教师教育研究的理论成果，为后继研究提供研究工具，还能对我国教师专业发展政策制定提供一定的理论支持。

应用价值：本课题旨在深入认识教师教学诊断能力的内涵与实际动态，分析教师教学诊断能力的发展机理，从中提炼改进我国教师教育现状的措施。同时，采用以参与式观察、课堂录像、调查、访谈为主的研究方案，以期生成大量能为广大教师、教研工作者所参考的新鲜案例。因此，本研究对普及教师教学诊断能力发展理念、促进教师专业化发展、提高教师教育质量、推动教育改革和提高创新人才培养质量具有重要现实意义。

案例分析

选题具有科学性和前沿性，预期能产生具有创新性和社会影响的研究成果。从理论创新和应用价值两个方面说明课题理论联系实际、研究新情况、总结新经验、回答新问题。申请项目的理论意义和现实意义要明确，才能吸引评审专家的注意力

① 王后雄. 湖北省"十二五"教育科学规划重点课题(项目批准号：2012A005)。

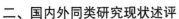
二、国内外同类研究现状述评

如何提升教师的教学能力（Conway，2001； Schulz & Mandzuk，2005）、如何促进教师的专业成长（Glazer & Hannafin，2006； Hofstein，Carmeli & Shore，2004）等已得到广泛关注，教育部最新研制的各级教师专业标准对教师职业能力的结构也做了较为清晰的阐释。教学反思是教师专业发展的核心动力，教学诊断又是教学反思的核心要素，因而有学者从教学诊断的功能与方法、教学诊断能力提高的途径等角度提供理论建议或经验总结（张伟民，2005；陈素琴，2008），但鲜有研究者对教学诊断能力的内涵、评价体系、影响因素、发展机制等方面开展系统、深入的实证研究。因此，本研究旨在探索教师教学诊断能力的内涵与意义，开发教学诊断能力的评价工具，分析影响教学诊断能力的主要因素，探索教学诊断能力的发展机制，在行动研究中总结和提炼教师教学能力的本质与发展规律，促进教师的专业化发展。

三、本课题的创新程度

本课题的创新之处主要表现在如下两个方面：

（1）理论的创新。本课题对教学诊断能力的结构、评价体系、影响因素、发展机制等方面的实证研究，将对我国教师教育研究的理论有所创新，为后继研究提供研究工具，对我国教师专业发展政策提供理论支持。

（2）应用的创新。本课题在深入认识教师教学诊断能力的内涵与实际动态的基础上，注重分析教师教学诊断能力的发展机理，并从中提炼出改进我国教师教育现状的措施。同时，采用以参与式观察、课堂录像、调查、访谈为主的研究方案，生成大量能为广大教师、教研工作者所参考的新鲜案例。因此，本研究对普及教师教学诊断能力发展理念、促进教师专业化发展、提高教师教育质量、推动教育改革和提高创新人才培养质量无疑都是在应用上的创新。

四、课题研究目标、内容、思路

本课题按照"内涵—评价工具—影响因素—发展机制"的思路，展开对教师教学诊断能力的研究，具体由四项内容构成：

（一）中小学教师教学诊断能力内涵及结构研究

在文献研究的基础上确定教师教学诊断能力内涵，分析其与教师教学效能、学生学业成就之间的相关性，厘清教师教学诊断能力的结构。

（二）中小学教师教学诊断能力评价工具开发

依据教师教学诊断能力的结构，构建各结构要素的观测指标，阐释指标内涵；通过专家咨询，获知由教师教育研究者、实施者、管理者构成的专家组对观测指标的修订意见；通过分层抽样问卷调查，获知教师对观测指标的意见；通过实证研究检验指标的信度、效度、可操作性及区分度，系统构建教师教学诊断能力评价工具。

研究综述应能达到三个方面的要求。

第一，熟悉该领域已经做过的和正在做的研究工作。包括：提出了哪些问题，如何研究这些问题，以及研究的主要内容和观点，等等。

第二，对该领域的研究工作做出客观、公正的分析和判断。

第三，在上述基础上，准确把握研究工作的新起点和突破点

论述在学术思想、学术观点、研究方法等方面的特色和创新

研究目标以党和国家重要决策为指导，以重大理论和现实问题为中心，坚持基础研究和应用对策研究相结合，大力推进教育学科体系、学术观点、科研方法创新，力求具有现实性、针对性和较强的决策参考性，为党和国家教育事业创新发展服务

研究内容以重大理论和现实问题为主攻方向，大力推进新时代理论创新、制度创新和方法创新，体现鲜明的问题导向和创新意识，着

依据教师教学诊断能力评价工具，对中小学教师实施调查与观测，了解教师教学诊断能力现状，从综合指标、分类指标对专家型、新手型教师的教学诊断能力进行比较分析。

（三）中小学教师教学诊断能力的影响因素研究

采取混合研究并行法的三角互证策略，定量与定性数据交互验证，从人格、行为、环境三大领域探索影响教师教学诊断能力的因素，采用结构方程模型进行路径分析，探寻主要影响因素。

（四）中小学教师教学诊断能力发展机制研究

依据教师教学诊断能力的影响因素研究的结论，采用准实验研究，从学习、实践、研究三者之间的结合和互动，探索教师教学诊断能力发展机制，促进教师专业发展，为教师教育模式与课程设置等提供建议。

研究思路：

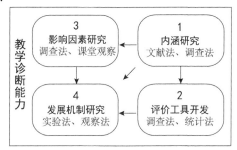

五、研究方法和步骤

（一）研究方法

（1）针对我国教师教育的实际情况，依据教育部最新研制的各级教师专业标准、《国家中长期教育改革和发展规划纲要（2010—2020年）》等重要文件对基础教育、教师教育提出的中小学新质量标准，运用文献法、调查法、专家咨询法、回归分析法研制出具有时代性、针对性的教师教学诊断能力的内涵、结构、结构要素的观测指标与评价工具，是本研究的重点，也是难点。

（2）采用混合研究并行法的三角互证策略对中小学教师教学诊断能力的状况开展实证研究，构建教师教学诊断能力影响因素的结构模型，并据此开展准实验研究，探索教师教学诊断能力的发展机制，是本研究的另一个重点。由于教师教学诊断能力的形成是一个持续的、个性化的、复杂的动态过程，各因素的交互作用更增加了影响因素的复杂性，因此，开展影响因素研究是本课题的研究难点之一。同时，该研究关系到发展机制的研究，从而影响本课题总的研究质量，因而是本课题研究拟突破的关键点之一。

（二）研究步骤

本课题计划实施的时间为 2012 年 9 月～2014 年 8 月底，计划两

（右侧批注）

力研究教育强国的新理论、新方法、新策略

研究思路要沿着"提出问题—分析问题—解决问题"的思路展开，研究思路和角度要尽可能有创新，切入点至关重要，力求体现研究思路的科学性、针对性和操作性。最好用图示展示研究框架

研究方法要具体，不能是概括性的，而且要注意这个研究方法是可行的、科学的。一般将量化研究和质性研究相结合、理论研究和实践研究相结合，最好能有研究方法的创新

基础理论研究完成时间一般为 2～3 年，研

年完成，从总体上看，本课题的研究进程分为六个阶段：

（1）2012年9月～2012年12月：采用文献法梳理中小学教师教学诊断能力的概念与内涵，形成发达国家教师教学诊断能力比较及启示的研究论文。

（2）2013年1月～2013年6月：通过文献法、专家咨询法、调查法、统计法，开展我国中小学教师教学诊断能力现状调查。

（3）2013年7月～2013年8月：通过调查，采集基本数据，开展中小学教师教学诊断能力内涵与结构研究。

（4）2013年9月～2013年10月：采用数学建模的方式，研究教师教学诊断能力的多重影响因素，开发中小学教师教学诊断能力评价工具。

（5）2013年11月～2014年2月：开展实验研究，分析中小学教师教学诊断能力发展：问题与对策。

（6）2014年3月～2014年6月：形成综合报告：中小学教师教学诊断能力发展机制研究。

六、主要参考文献（略）

研究练习

1. 学位论文开题报告与学位论文有什么联系和区别？

2. 学习下列学位论文开题报告范例，完成你的学位论文开题报告。

邓阳. 化学学习中的化学论证活动及其评价标准研究[R]. 华中师范大学博士学位论文开题报告，2013.　　童文昭. 物质结构核心概念及其学习进阶研究[R]. 武汉：华中师范大学硕士学位论文开题报告，2014.

3. 请从知网上下载并学习下列学位论文的写作规范，完成你的学位论文的写作。

（1）邓阳. 科学论证及其能力评价研究[D]. 武汉：华中师范大学博士学位论文，2015.

（2）童文昭. 物质结构核心概念及其学习进阶研究[D]. 武汉：华中师范大学硕士学位论文，2015.

4. 根据第四节课题论证活页案例，谈谈课题成功立项的关键是什么？

小结

1. 学位论文开题报告主体部分包括立论依据（研究的背景、问题的提出、研究的意义、国内外研究现状、主要参考文献等）、研究方案（研究目标、研究内容、拟解决的关

究报告类及应用对策研究根据时效性确定，可在1年内完成

开展本课题研究的主要中外参考文献

键问题、研究方法、技术路线、实验方案、可行性分析、研究思路、可能的创新点等）、论文大纲（篇章目录结构）、研究基础、导师或指导小组意见等部分。

2. 学位论文的结构主要包括：标题、署名、目录、摘要（中英文）、前言、研究方法、研究内容、讨论、结论、引文注释、参考文献、致谢、附录等部分。也可归纳为三个方面：①论文前列资料；②论文主体；③论文后列资料。

3. 科研课题申请书的内容主要包括：课题名称、负责人情况、课题组重要成员情况、课题已有的基础（前期相关成果）、课题论证、研究方案、研究的条件分析、成果形式、经费预算、推荐人意见等。撰写申请书时要注意：选题是关键，论证是核心，队伍是基础。论证时要做到：全面、深刻、简练。